功能化碳点生物成像原理及应用

Functionalized Carbon Dots for Bioimaging: Principles and Applications

陈琳 著

化学工业出版社

·北京·

内 容 简 介

本书以功能化碳点生物成像原理及应用为主线，基于对功能化碳点的基本理论、制备及生物成像原理的介绍，详细展示了笔者创新性研究的靶向高尔基体碳点荧光探针、钆掺杂碳点荧光/磁共振双模态成像探针、长寿命余辉碳点探针、多色长寿命余辉碳点探针，最后对全书内容进行了总结并对行业发展趋势进行了分析。

本书具有较强的针对性和参考价值，可供纳米碳材料领域的工程技术人员和科研人员参考，也可供高等学校材料科学与工程、生物工程及相关专业的师生参阅。

图书在版编目（CIP）数据

功能化碳点生物成像原理及应用 / 陈琳著. -- 北京 ： 化学工业出版社，2025. 4. -- ISBN 978-7-122-47295-3

Ⅰ. O482.31

中国国家版本馆 CIP 数据核字第 2025FY0766 号

责任编辑：刘　婧　杜　熠　　　　文字编辑：王云霞
责任校对：宋　玮　　　　　　　　装帧设计：刘丽华

出版发行：化学工业出版社
（北京市东城区青年湖南街 13 号　邮政编码 100011）
印　　装：中煤（北京）印务有限公司
710mm×1000mm　1/16　印张 12　彩插 16　字数 198 千字
2025 年 5 月北京第 1 版第 1 次印刷

购书咨询：010-64518888　　　　售后服务：010-64518899
网　　址：http://www.cip.com.cn
凡购买本书，如有缺损质量问题，本社销售中心负责调换。

定　　价：128.00 元

前言

光学生物成像作为一种非侵入性的成像方式，具有高的灵敏度以及良好的选择性，能够实现生物细胞和组织的可视化，在生物成像和疾病监测等领域受到广泛关注。目前，用于光学生物成像的探针主要包括有机荧光染料、半导体量子点和碳点等。其中，碳点是一种制备简单、尺寸＜10nm、表面富含多种官能团的碳纳米颗粒，具有良好的生物相容性、较低的毒性、稳定的光致发光能力和高的荧光量子产率等优异的性能，作为一种新型光学探针在生物成像领域具有潜在的应用前景。

对碳点进行功能化修饰，提升其在生物成像过程中的靶向能力以及组织穿透能力等，对于改善其生物成像性能具有重要的意义。例如，在碳点表面修饰具有亚细胞器高尔基体靶向功能的配体，赋予其特异性靶向作用，可使碳点在生物组织中主动靶向并标记高尔基体；在碳点中掺杂磁性组分得到的磁性碳点，如掺钆碳点，使其兼具碳点的荧光特性和金属的磁学性质，可作为荧光/磁共振分子探针用于双模态生物成像；开发长寿命的余辉碳点，利用长余辉成像不但能有效地消除生物自体荧光带来的干扰使得成像更加清晰，而且不需要实时激发，能够很好地减弱激发光源对细胞和生物组织的损伤。

近年来，笔者团队围绕功能化碳点的可控合成、发光性能调控以及生物应用等方向进行了比较系统的探索。本书从碳点的结构与性能的介绍出发，分别从靶向高尔基体碳点、钆掺杂碳点荧光/磁共振双模态、长寿命余辉碳点和多色长寿命余辉碳点4个方面重点介绍其合成和应用，旨在总结功能化碳点制备及生物成像原理。本书具有较强的技术性、针对性和参考价值，对进一步改进现有碳点的性能和开发新型碳点、提高其生物成像的精准度具有重要意义，可供纳米碳材料领域的工程技术人员和科研人员参考，也可供高等学校材料科学与工程、生物工程及相关专业的师生参阅。

本书所介绍的研究成果来源于国家自然科学基金（82172048，U21A20378，51972221，51803148，U1710117）、山西省科技合作交流专项重点国别科技合作项目（202304041101002）、山西省基础研究计划项目（202203021211159，202103021223439）、山西省纳米药物可控缓释技术创新中心（202104010911026）、山西浙大新材料与化工研究院科技研发项目（2021SX-FR010）、山西省回国留学人员科研资助项目（2024-058，2022-039）、山西省“四个一批”科技兴医创新计划（2023XM012）和山西省肿瘤医院国家肿瘤区域医疗中心科教培育基金（TD2023003，BD2023004，QH2023013）等基金项目，特此致谢。同时，书中部分内容是对国内外该领域的相关研究的介绍，每个章节都给出了相应的参考文献，在此向原作者表示衷心的感谢。

本书由陈琳著。在撰写和出版本书过程中，得到了太原理工大学刘旭光教授和杨永珍教授，以及山西省肿瘤医院于世平主任医师的大力支持，在此表示衷心的感谢。书中的数据和资料涉及团队成员卫迎迎、张昕、赵少岅、钟雅美和张雨琪等的研究工作，在此一并表示感谢。

限于笔者水平及撰写时间，书中不足和疏漏之处在所难免，恳请读者批评指正。

著　者

2024 年 9 月

目录

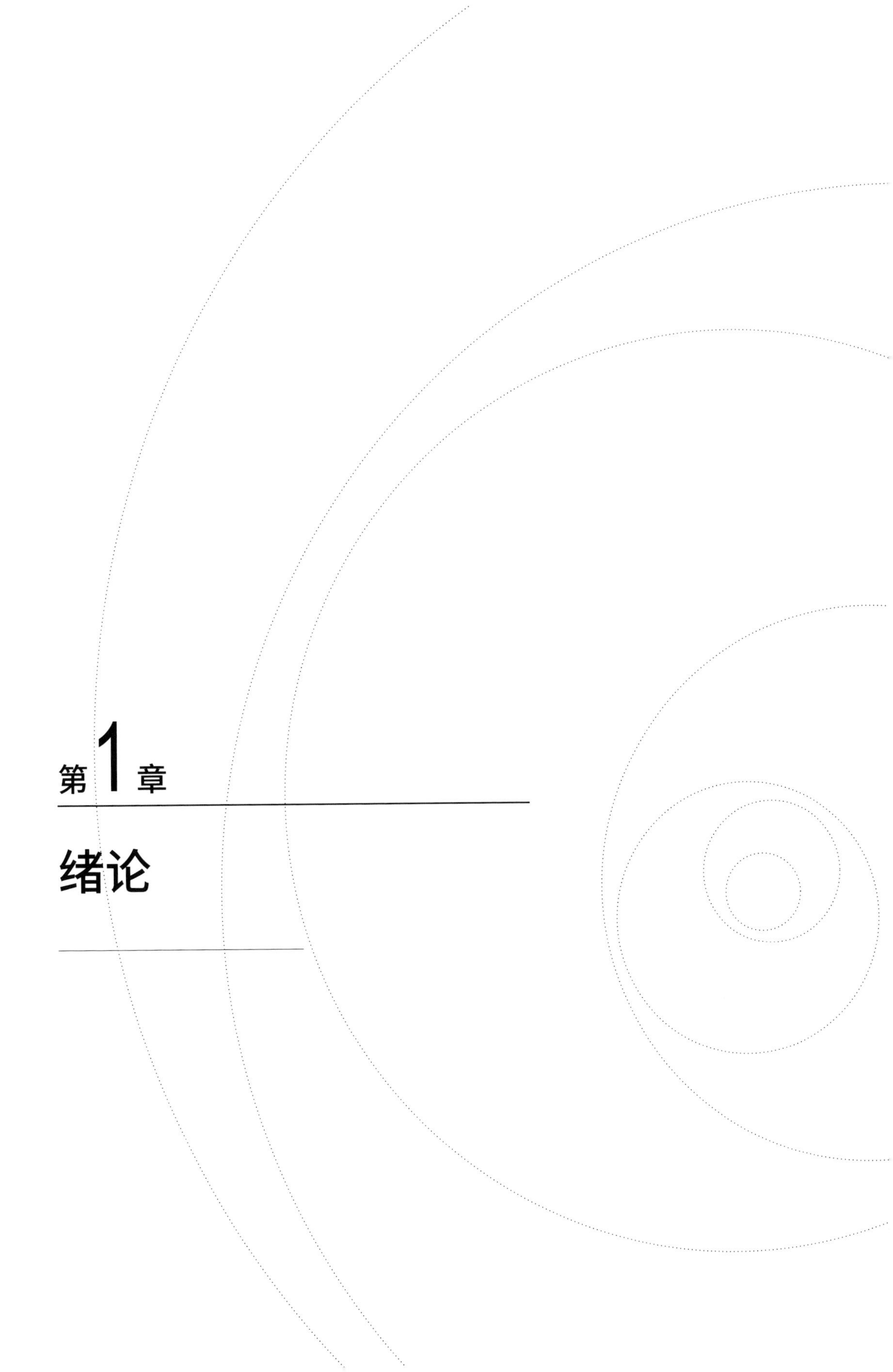

第1章

绪论

2004 年，Xu 等首次通过电泳放电在纯化烟灰产物中发现具有荧光的碳颗粒，并在 365nm 紫外光下被分离成发出蓝色、黄色以及橙色荧光的组分[1]。2006 年，Sun 等首次在电泳法制备单壁碳纳米管的纯化过程中发现一种具有光致发光性能的纳米碳颗粒，并将其命名为碳点（carbon dots，CDs）[2]。自此，零维材料 CDs 开始引发人们广泛的研究和关注。

1.1
碳点及其分类

CDs 是一类在溶剂中分散性好、尺寸＜10nm 的类球状碳纳米颗粒，且多数在透射电子显微镜（TEM）下能观察到明显的晶格条纹[3-5]。CDs 主要组成元素为 C，同时含有 H 和 O 等元素，也可以掺杂一些杂原子（金属或非金属元素，如 Mn、Ga、N 和 S 等）[6-8]。通常人们认为 CDs 主要由碳核和表面态组成，其中碳核作为 CDs 的骨架，其化学结构主要为 sp^2 杂化的石墨微晶碳或 sp^3 杂化的无定形碳[9]。根据结构的不同，目前 CDs 可以分为石墨烯量子点（GQDs）[10]、石墨相氮化碳量子点（CNQDs）[11]、碳量子点（CQDs）[12]、碳纳米点（CNDs）[13] 和碳化聚合物点（CPDs）[14,15] 等（图 1-1）。

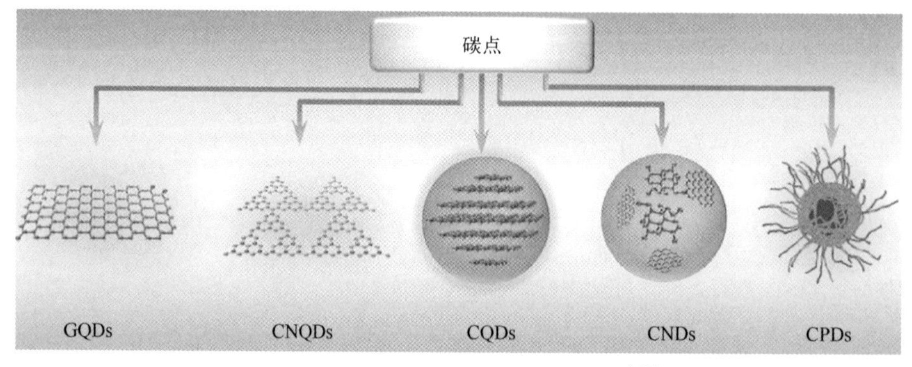

图 1-1　各种 CDs 的纳米结构示意图[15]

① GQDs 指边缘具有化学基团的单层或者小于 5 层的石墨烯结构材料，其具有典型的各向异性的碳晶格结构，由于电子运动受限，其量子

限域效应显著，可用于生物标记和治疗等方面[16]。

② CNQDs是一种二维平面结构的纳米材料，具有良好的荧光特性、化学稳定性以及水溶性。与大多数碳材料相比，CNQDs具有富电子性质，可作为光催化材料广泛应用于电化学领域[10]。

③ CQDs呈球形结构，其内核中石墨结构的层数多于GQDs。

④ CNDs通常是球状结构，分为有晶格[17]和无晶格两种，其中晶格明显的CNDs具有量子尺寸依赖特性，随尺寸的增加，其荧光发射峰位红移。而无晶格CNDs的发光中心不完全受碳核控制，具有溶剂依赖效应，其表面基团对发光有重要影响。

⑤ CPDs通常是非共轭聚合物通过脱水或部分碳化形成的交联柔性聚集体，无碳晶格结构，其继承传统CDs突出的光学特性以及聚合物的特性，表现出高氧/氮含量、优异的水溶性和荧光量子产率（quantum yield，QY）等。

优越的光学性能以及低毒性和生物相容性使CDs成为纳米材料界的生物探针新秀。尺寸小、水溶性良好、荧光稳定（可以持续数月甚至几年）、耐光漂白、荧光波长可调和优异的上转换荧光性质（有利于荧光标记）都是CDs较为突出的特质，使CDs荧光探针在生物成像以及体内监测等生物应用领域有着广阔的应用前景[18,19]。

1.2 碳点的性质

CDs主要由C、H和O等元素构成，其表面具有丰富的官能团，如羟基和羧基等。CDs的元素和结构特性使其具有诸多的优良性质，在光学性能和生物相容性两方面尤为突出[20-30]。

1.2.1 光学性能

（1）吸收性能

CDs的吸收区主要在紫外光范围，通常在210～320nm形成强吸收峰，其中在紫外光区（210～230nm）出现的强吸收峰大多归因于共轭芳香环结构中的 C ═C 键[31,32]。可见光范围只有少量吸收，通过改变 CDs 的尺寸大小、钝化剂种类和化学组成等可以使 CDs 在紫外-可见光区具有吸收。

（2）光致发光性能

CDs 在吸收能量后，通过荧光的方式释放能量。CDs 激发光谱宽且连续，从可见光范围一直延伸到近红外光区，更容易实现多色成像、检测及生物应用。Nikta 等使用青梅汁合成一种多色 CDs，并用于桃汁中农药的灵敏性检测[33]；Jiang 等用苯二胺的三种同分异构体分别制备出发射红、绿和蓝三色荧光的 CDs，用于生物成像领域的开发研究[34]。Pang 等合成一种发射波长为 683nm 的近红外发射 CDs（NIR-CDs），并用于生物成像与 H_2S 检测[35]。

（3）余辉发射性能

主要包括室温磷光（room temperature phosphorescence，RTP）和延迟荧光（delayed fluorescence，DF），还有通过福斯特共振能量转移（Foster resonance enery transfer，FRET）得到的 DF［图 1-2（a）］。RTP 是指电子在光激发后由基态 S_0 跃迁到单重激发态 $S_1, \cdots, S_n$，然后通过系间窜越（intersystem crossing，ISC）达到三重态激发态 T_1，最后以辐射跃迁的形式回到基态 S_0（$S_0 \rightarrow S_1 \rightarrow T_1 \rightarrow S_0$）[36-38]。热延迟荧光（TADF）的实现要求 T_1 和 S_1 之间的能量差（ΔE_{ST}）足够小，在热效应下 T_1 与 S_1 之间的辐射跃迁速率大于三重态激子的非辐射跃迁速率，使得三重态激子可以从 T_1 通过反系间窜越（reverse intersystem crossing，RISC）跃迁至 S_1，再从 S_1 以辐射跃迁的形式回到 S_0（$S_0 \rightarrow S_1 \rightarrow T_1 \rightarrow S_1 \rightarrow S_0$）[39,40]。此外，当能量供体和能量受体距离够近时，若能量供体的发射光谱与能量受体的吸收光谱有重叠，则会发生从能量供体的 T_1 跃迁至能量受体的 S_1^* 的 FRET，最终以辐射跃迁的形式回到 S_0（$S_0 \rightarrow S_1 \rightarrow T_1 \rightarrow S_1^* \rightarrow S_0$）[41-44]。

近年来，余辉 CDs 的研究已取得一定的进展，多色发光的余辉 CDs 也受到人们的广泛关注。已报道多色余辉 CDs 的调控策略可以分为：

① 多色 RTP CDs 的能级和发射中心调控。调整能隙可以使发射波长改变。若同时具有多个 T_1 能级，则可以实现多个发射中心的竞争。不同能级上不同发射位点的存在使得在不同的激发波长下，其发射波长

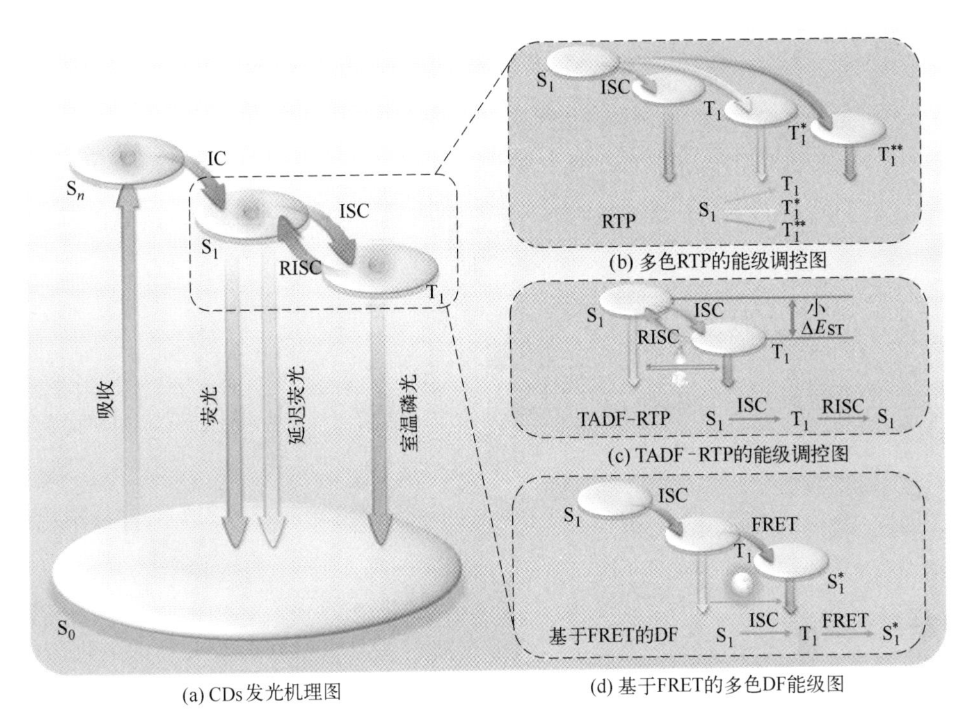

图 1-2 CDs 发光机理、多色 RTP 和 TADF-RTP 的能级调控，及基于 FRET 的多色 DF 能级图

也随之改变［图 1-2（b）］。

② 实现同时具有 RTP 和 TADF 的 CDs，即 TADF-RTP CDs。基于稳定的 T_1 能级，若 ΔE_{ST} 足够小，则处于 T_1 的三重态激子可以基于热效应再跃迁至 S_1 发生 RISC 过程，电子最终由 S_1 回到基态 S_0 实现 TADF 的发射［图 1-2（c）］。由于 RTP 具有较大的斯托克斯位移，且温度升高有利于发射 TADF，温度降低有利于发射 RTP，因此调节温度即可实现多色余辉。

③ 基于 FRET 的多色 DF，即 RTP CDs 与多种荧光染料或荧光量子点之间在一定基质中发生 FRET。RTP CDs 可以作为能量供体，处于 T_1 的三重态激子通过 FRET 向能量受体中不同的激发单线态 S_1 进行非辐射跃迁，处于 S_1 的电子回到基态可得到多色的 DF［图 1-2（d）］。

CDs 还有一个优异的光学性能就是上转换发光，即反斯托克斯发光，通常为发光中心同时吸收或连续吸收两个或多个具有长波长的光子，发出短波长的光。近红外光对细胞穿透力强、对细胞损害小，可减少背景荧光的干扰及提高荧光成像的信噪比。因此，上转换发光CDs，尤其是在近红外波段的上转换荧光，在生物标记和生物成像领域展现出广阔的应用前景。Li等在*N*,*N*-二甲基甲酰胺中通过微波辅助法剥离红光发射CDs（R-CDs），进一步制备出具有单层或少量类石墨烯层堆积结构的CDs（NIR-CDs1）[45]。在近红外光（808nm）的激发下，NIR-CDs1具有近红外上转换发光（784nm），随温度升高，上转换发光增强且峰位蓝移。其光物理性质表征证明NIR-CDs1上转换发光机制为热活化激发态电子跃迁。这一特性可促进上转换发光CDs在生物活体成像和治疗方面的应用。

1.2.2 生物相容性

相对于其他元素构成的纳米材料或重金属量子点，CDs在细胞成像以及监测治疗等方面获得广泛应用的重要原因是其具有良好的生物相容性以及低毒性。CDs可通过细胞内吞进入细胞内部而不影响细胞的活性[45]。Li等对CDs进行毒性测试，其结果表明细胞活力基本不受CDs的影响，并通过尾静脉注射测试其代谢途径，同时在肾脏及膀胱中观察到明显的荧光信号[46]。通过在不同时间收集尿液，他们发现荧光强度随时间延长先升高后降低，这证明收集在肾脏中的探针主要通过尿液排出，体现优异的生物相容性。

在生物医学应用中，磁性CDs，如钆掺杂CDs（Gd-CDs）的生物相容性尤为重要。钆离子能赋予CDs良好的磁学性质，但它在生物体中泄漏导致的毒性也不可忽视[47]，与CDs结合会形成螯合物，使其毒性大大降低，这为Gd-CDs在生物医学方面的应用提供了安全基础。Xu等用细胞计数试剂盒-8（CCK-8）测试4种含钆化合物对人肝癌细胞（$HepG_2$）的毒性，当Gd^{3+}浓度为0.2nmol/L时，$GdCl_3$的毒性最高，这是因为$GdCl_3$中游离的钆离子影响细胞内钙离子通道，使细胞凋亡[48]。而通过水热法制备的Gd-CDs的细胞毒性最低，$HepG_2$的细胞存活率可达到96%。将Gd-CDs在血清中孵育两周，发现Gd^{3+}与CDs通过螯合使游离Gd^{3+}的含量降低，从而具有较低的细胞毒性。Shang等将NGQDs-Gd（氮掺杂石墨烯量子点-钆）通过尾静脉注射进裸鼠体内，通过对主要器官的组织病理分析评估其体内安全性[49]。在注射 NGQDs-Gd 溶液 24h 后，用苏木精-伊红（HE）染色肝、肺、脾、肾和心脏等主要器官，观察发现，与对照组相比 NGQDs-Gd 组裸鼠的主要器官没有明显的细胞坏死、凋亡或组织炎症等变化，说明静脉注射 NGQDs-Gd 基本不会对活体产生病理损伤，具有良好的生物相容性。

1.3
功能化碳点

基于 CDs 具有优异的生物相容性、量子产率高以及光稳定性好等特点，CDs 常被用作荧光探针在生物成像领域发挥着巨大作用[50-54]。通过 CDs 表面功能化或原位合成可以制备一些具有特殊性质的 CDs，例如靶向高尔基体 CDs、磁性 CDs 和余辉 CDs 等。

1.3.1 功能化碳点概述

（1）靶向高尔基体碳点

高尔基体是细胞中运输和分泌蛋白质/酶的关键结构，呈弱酸性，是负责蛋白质合成和加工的重要场所，承担着物质运输的重要功能[55]。作为细胞的重要组成部分，高尔基体细微的 pH 值、电性或形态的变化都会造成生物系统紊乱，导致器官损伤，例如眼、肾和肝脏疾病等[56]。采用荧光成像技术监测高尔基体的微观结构与形态有助于阐明高尔基体相关的生理和病理过程。以靶向高尔基体碳点作为荧光探针，可以实现精确观测高尔基体的目的。例如，Li 等和袁梦可利用手性和巯基的特殊结构以两步热解法合成发射蓝光的高尔基体靶向型 CDs[57,58]，而侯鹏基于碱性配体在酸性细胞器滞留的策略合成高尔基体靶向型 CDs[59]。

（2）磁性碳点

在 CDs 中掺杂磁性组分得到的磁性 CDs，如掺钆碳点（Gd-CDs）[60]、掺锰碳点（Mn-CDs）[61] 和掺铁碳点（Fe-CDs）[62] 等，兼具 CDs 的荧光特性和金属的磁学性质，可作为荧光/磁共振成像（FL/

MRI）分子探针用于肿瘤的双模态成像。同时，磁性 CDs 在肿瘤治疗领域也展现出重要价值。磁性 CDs 表面有羧基、羟基和氨基等官能团，易功能化，可通过静电相互作用或化学偶联法与药物结合，作为药物载体用于化学治疗或光辅助治疗。Gd-CDs 也可作为放射增敏剂，提高放射治疗的效果[63-65]。因此，磁性 CDs 既可作为 FL/MRI 双模态成像探针监测病情的进展，也可作为光敏剂和化疗药物的载体以及放射增敏剂用于肿瘤的治疗，从而实现肿瘤诊疗一体化。

（3）余辉碳点

与荧光相比，余辉的寿命很长（>0.1ms），这使得其可以很容易与背景荧光区分开，而且不需要实时激发，在生物成像领域具有广阔的应用前景[66]。自 2013 年 Deng 等将 CDs 嵌入聚乙烯醇（PVA）薄膜中实现基于 CDs 基的 RTP 以来，余辉 CDs 的发光机理及其合成策略越来越成为人们研究的焦点[67]。余辉发射的根本是稳定的激发三重态 T_1，即单线态基态 S_0 的电子受激发后跃迁至激发单线态 S_1，再通过 ISC 跃迁至激发三重态 T_1。这个过程主要依赖于 ISC 过程[68]（图 1-2）。ISC 过程易受自旋轨道耦合的影响，但是弱的自旋轨道耦合导致的自旋禁阻跃迁及三重态激子易受非辐射跃迁和氧气影响失活，得到稳定的三重态激子较为困难[69]。因此，CDs 实现余辉发射有 2 个重要条件：

① CDs 具有满足电子跃迁的能级结构 T_1，再通过增强自旋轨道耦合提高三重态激子的数量，且 S_1 和 T_1 之间的能隙（ΔE_{ST}）需较小，以实现 ISC 过程；

② 构建刚性结构来避免 CDs 的发光中心发生振动和旋转，稳定三重态激子。

1.3.2 功能化碳点表征

1.3.2.1 形貌与结构表征

（1）透射电子显微镜

透射电子显微镜（transmission electron microscopy，TEM）可以在样品被电子束穿透后，收集透射过的电子信息，以分析样品的粒径、形貌及微观结构等。测试样品的制备：将少量的功能化 CDs 分散于去离子水中，并超声处理 1h 确保其充分分散。随后，使用移液枪将 3～5 滴样品溶液逐滴加至预先备好的超薄碳膜包覆的铜网表面，在常温环境下干燥样品，最后在 120kV 的加速电压下，借助 TEM 对样品的形貌和尺寸进行观察。

（2） X 射线衍射仪

X 射线衍射仪（X-ray diffraction，XRD）能够对物质进行定性分析，其原理是借助 X 射线在样品内发生衍射作用，从而获得 X 射线的特有信号，最终得到衍射图谱。测试方法：将样品研磨为粉末后放入玻璃片的凹槽中，用压片法制备样品后将其放入测试架，使用 Cu Kα 射线进行辐射（工作波长 $\lambda=1.5405$Å，1Å$=10^{-10}$m），在电压为 40kV、电流为 40mA 的条件下，选用 2θ 模式，扫描范围设置为 5°～90°，扫描速率为 4(°)/min，用 X 射线衍射仪获得 XRD 图。

（3）激光粒度仪

激光粒度仪是一种经典的光散射系统，可使用激光多普勒微量电泳法对样品表面的 zeta 电位进行测量。当电场作用于分子或颗粒时，它们将产生电泳迁移，其迁移速度受样品表面电位的影响，根据此原理计算 zeta 电位。测试方法：取微量功能化 CDs 样品分别分散于去离子水中，对其进行超声处理，使其分散均匀，然后转移至带电极的石英比色皿中，并将比色皿放入样品池，在 25℃ 下对样品进行 zeta 电位测定。

（4）傅里叶变换红外光谱

傅里叶变换红外光谱（Fourier transform infrared spectroscopy，FTIR）是通过分析分子中原子间的相对振动和分子的旋转情况，来鉴定物质分子结构的表征手段。测试方法：取少量样品与溴化钾在研钵中充分研磨后，将混合粉末均匀分布在压片模具中，用压片机压出透明或半透明的薄片（施加压力到 12MPa 左右，30s 左右后卸压），设置扫描范围为 500～4000cm^{-1}，放入红外光谱仪中分析，得到红外光谱图。

（5） X 射线光电子能谱

X 射线光电子能谱（X-ray photoelectron spectroscopy，XPS）是用 X 射线作为激发源，对样品内部的原子内层电子进行照射，从而激发产生光电子，获得其表面信息的一种表征手段。该手段可以对样品表面元素组成及其含量，以及样品表面元素的化学态和分子结构等进行分析。以 Al Ka 射线为激发源，激发电压设为 1486.6eV，采用 X 射线光电子能谱仪分析样品的元素组成和结合能。测试方法：将绝缘胶贴在铝箔上，再将待测的粉末样品撒在绝缘胶上，粉末需均匀覆盖在整个绝缘胶上，对折铝箔，然后置于压片机上（压力为 10MPa 左右，时间为 10s 左右），取下样品后放入样品槽中进行测试。

（6）电感耦合等离子体原子发射光谱

电感耦合等离子体原子发射光谱（inductively coupled plasma atomic emission spectroscopy，ICP-AES）基于样品中元素的原子在高温等离子体中的激发和电离过程，对元素进行定性和定量分析。测试方法：首先对样品进行消解预处理［用 10%的王水（浓盐酸和浓硝酸按体积比 3∶1 组成的混合物）溶解样品并在 180℃下反应 6h］，将处理好的样品溶液过滤并超声，使其充分溶解。配制 Gd 的标准溶液（1mg/L、5mg/L 和 10mg/L），对仪器进行校准，然后将样品溶液注入仪器中，打开测量程序，待仪器自动完成测量。

1.3.2.2 光学性质

（1）紫外-可见吸收光谱

紫外-可见吸收光谱（UV-visible absorption spectroscopy，UV-Vis）是利用不同结构的样品对紫外与可见光的吸收程度有所差异，因而展现出不同的紫外-可见光谱，通过对光谱处理即可分析测试样品的组成和结构。测试方法：取一定浓度的功能化 CDs 样品分散于去离子水等溶剂中备用，设置参数，扫描范围设为 200～800nm，扫描速率设为快速，间隔点设为 1nm；先以去离子水作为对照，建立扫描基线；随后取约 2mL 的待测样品溶液置于透明的石英比色皿中，再将比色皿置于样品槽中进行光谱扫描，保存测试数据进行分析。

（2）光致发光光谱

光致发光光谱（photoluminescence，PL）的原理是采用激光对物质进行激励，使其吸收光子，物质中的电子在吸收足够的光子能量后会从基态跃迁至激发态，得到荧光光谱。测试方法：先打开 150W 无臭氧氙灯光源预热 20min，取约 2mL 适宜浓度的 CDs 溶液置于透明的比色皿中，将比色皿置于样品凹槽中，设置相应的参数，确定激发波长和发射波长的扫描范围，通常在200～800nm，选择合适的狭缝，通常为1～20nm，进行测试。

（3）荧光量子产率

荧光量子产率（FLQY）的定义是在单位时间内荧光物质发射的光子数与吸收激发光的光子数之比，该比值能表征一个物质发射荧光的能力。采用瞬态荧光光谱仪测试样品的FLQY。测试方法：将适宜浓度的CDs溶液加入比色皿中，将比色皿置于样品槽中，打开荧光光谱仪，设置荧光激发波长和发射波长，选择合适的光源和检测器；然后进行仪器基准点校正，根据仪器要求进行暗电流校正和荧光强度标定；根据荧光光谱的荧光强度曲线，得出样品的FLQY。

1.3.2.3 磁学性质

（1）弛豫率

弛豫率用于评价造影剂的弛豫性能。采用磁共振造影剂弛豫率分析仪对样品进行测试。测试方法：分别用去离子水配制一系列不同浓度的磁性溶液，Gd^{3+}的浓度分别为0.1mmol/L、0.2mmol/L、0.4mmol/L、0.8mmol/L和1.6mmol/L；测量不同浓度Gd-CDs和钆双胺溶液的纵向弛豫时间T_1（温度：32℃；场强：0.5T），以Gd-CDs中Gd^{3+}的浓度为X轴，以弛豫速率（$1/T_1$）作为Y轴，以此绘制浓度与弛豫速率之间的关系曲线；纵向弛豫率r_1通过计算$1/T_1$随Gd^{3+}浓度变化曲线的斜率得出。

（2）T_1加权图像

用1T磁共振成像仪对不同Gd^{3+}浓度的Gd-CDs和钆双胺溶液进行体外磁共振成像。采用小动物核磁共振成像仪对样品进行拍照记录。测试方法：将Gd-CDs和钆双胺用去离子水稀释成不同Gd^{3+}浓度（0.1mmol/L、0.2mmol/L、0.4mmol/L、0.8mmol/L、1.6mmol/L）的溶液。使用T_1序列分别记录每个样品的T_1图像，T_1加权磁共振成像参数设置为：重复时间/回波时间（TR/TE）＝500ms/7ms，视场范围（FOV）＝20cm×20cm，层厚＝0.7mm。

1.3.2.4 生物安全性

（1）细胞毒性

通过CCK-8法分析细胞毒性，探究不同细胞在不同浓度功能化

CDs 溶液中培养一定时间（24h 或 48h）后的存活率。首先，取生长状态良好的细胞，经胰酶消化后，使用完全培养基将细胞稀释为 1×10^5 个/mL，每孔 100μL 接种到 96 孔板中，将其转移到细胞培养箱中培养至其贴壁。提前准备好不同浓度（0μg/mL、25μg/mL、50μg/mL、100μg/mL、200μg/mL）的 CDs 溶液，将细胞与其共孵育一段时间。培养结束后，用磷酸缓冲盐溶液（PBS）洗涤 2 次，每孔加入提前配制好的 CCK-8 溶液继续孵育 1h 后，使用酶标仪测定各孔在 450nm 处的吸光度（OD）。细胞存活率由下式计算：

$$细胞存活率=\frac{OD(实验组)-OD(空白组)}{OD(对照组)-OD(空白组)}\times100\%$$

（2）溶血率

通过测试溶血率可观察功能化 CDs 与红细胞的溶血作用，从而验证其生物安全性。准备健康人体血液，将其置于抗凝管中，主要是为了防止血液凝固。首先，对血液进行离心处理，转速为 1000r/min，时间为 5min，并用 PBS 冲洗 2～3 次，直至获得澄清透明的上清液，即得到干净红细胞。用 PBS 将获得的红细胞配制为 2%的红细胞悬液，然后将红细胞悬液与配制好的各梯度 CDs 溶液（3.125μg/mL、6.25μg/mL、12.5μg/mL、25μg/mL、50μg/mL、100μg/mL、200μg/mL）混合均匀后作为实验组，PBS 处理红细胞悬液后作为阴性对照组，1% Triton X-100（TX-100）处理红细胞悬液后作为阳性对照组。将上述所有溶液放入 37℃ 的水浴锅中孵育 2h，随后再次离心处理 10min，转速为 1000r/min。最后用紫外-可见吸收光谱仪测量离心后上清液的吸光度（I）。实验组的溶血率由下式计算：

$$溶血率=\frac{I(实验组)-I(阴性对照组)}{I(阳性对照组)-I(阴性对照组)}\times100\%$$

式中　I——样品在 545nm 处的吸光度值。

（3）活体代谢途径

为了研究 CDs 在活体中的代谢能力，以裸鼠为模型，给裸鼠尾静脉注射一定量浓度为 5mg/mL 的 CDs 溶液（按照裸鼠的体重，以 10mg/kg 的剂量注射），为去除背景干扰，在注射前和注射 1h、4h、6h、8h、24h 后均用酒精棉球擦拭裸鼠全身，将裸鼠放入透明箱子中，用异氟烷气体麻醉裸鼠，将其放入小动物荧光成像仪中并维持较低浓度继续麻醉裸鼠，设置拍摄条件（激发波长为520nm，发射波长为620nm），进行活体荧光成像的记录。为了监测小鼠在尾静脉注射CDs后短期内的体内生物分布与代谢情况，在拍摄完活体成像后，通过颈椎脱臼法处死小鼠，并分别取出心、肝、脾、肺和肾等主要器官，在上述拍摄条件下对主要器官进行离体荧光成像，并记录下相应的荧光信号。

（4）组织器官毒性

为了考察CDs在体内的生物安全性，采用BALB/c裸鼠作为实验的动物模型，通过尾静脉注射浓度为4mg/mL的PBS和CDs溶液（按照裸鼠的体重，以10mg/kg的剂量注射），然后在22℃的恒温动物房中继续饲养14d后，收集心、肝、脾、肺和肾等主要器官，各个组织用生理盐水冲洗干净后，再用4%的多聚甲醛固定24h，并进行脱水、浸蜡和包埋处理，然后进行苏木精-伊红（Hematoxylin-Eosin，HE）染色制作出HE染色切片。通过显微镜观察上述组织切片，以分析实验组和对照组之间的病理变化。同时监测裸鼠在14d内的体重变化，评估小鼠的生长状况。

（5）血清生化指标

为了评估CDs潜在的体内毒性，对裸鼠的血液进行生化分析。注射PBS或CDs后分别在第1天、第7天和第14天采集小鼠血液，采用血液生化分析试剂盒测定血清生化指标。4个指标分别为谷丙转氨酶（glutamic pyruvic transaminase，GPT，又称ALT）、谷草转氨酶（glutamic oxaloacetic transaminase，GOT，又称AST）、尿素氮（urea nitrogen，UREA）和肌酐（creatinine，CREA）。

1.3.2.5 细胞FL/MRI双模态成像

首先用完全培养基将细胞分散成密度为1×10^4个/mL的细胞悬液后，用移液枪取2mL转移至培养皿中培养12h，用PBS清洗后，再次置于含2%胎牛血清的培养基中饥饿培养1h。弃去培养基，加入100μL浓度为100μg/mL的CDs溶液到培养皿中，并在细胞培养箱（37℃、5%CO_2）继续共孵育4h。随后向培养皿中加入多聚甲醛溶液固定细胞15min。最后在激光共聚焦显微镜下观察并记录细胞的荧光成像（激发波长为530nm）。

为了评价CDs的体外MRI成像能力，将细胞接种于6孔板上培养，并过夜维持细胞增殖。然后，将不同浓度（0mg/mL、0.375mg/mL、0.75mg/mL、1.5mg/mL、3mg/mL）的CDs与细胞共培养2h。然后，用PBS洗涤3次细胞，并用胰酶进行消化处理，接着将细胞离心后收集至管中，并用1%琼脂糖水溶液对细胞进行固定。使用磁共振成像系统扫描细胞的T_1加权图像，扫描参数设置为：TR=750ms，TE=7ms，层厚=0.5mm。

1.3.2.6 荷瘤鼠FL/MRI双模态成像

挑选6～8周龄的昆明BALB/c裸鼠（雌性，无特定病原体动物），用于评估其体内抗肿瘤性能。取小鼠肝癌细胞H22细胞构建荷瘤鼠肿瘤模型。将H22细胞用培养基溶液重悬后进行细胞计数，将其浓度调整为1.0×10^7个/mL，接着对雌性裸鼠的右前肢腋下进行消毒处理，每只小鼠注射200μL 1.0×10^7个/mL的细胞溶液进行接种。接种后，小鼠在标准实验室条件下饲养，并每日对接种部位组织的生长变化情况进行观察，观察裸鼠有无腹泻、精神萎靡和死亡等现象。取接种区域的肿瘤并用游标卡尺测量，待其生长到60～100mm^3，表明肿瘤种植成功，为活体实验做准备。

为研究CDs的体内FL/MRI双模态成像效果，以H22荷瘤鼠为模型，给荷瘤鼠静脉注射100μL浓度为5mg/mL的CDs溶液。以未注射的荷瘤鼠为对照组，在注射2h后将2只荷瘤鼠共同麻醉并放入小动物荧光成像仪中，设置拍摄条件（激发波长为520nm，发射波长为620nm），进行活体荧光成像的拍摄。此外，在注射6h后分别对两只荷瘤鼠进行T_1加权MRI成像的扫描，设置参数为TR/TE=500ms/7ms，FOV=32cm×32cm，层厚=0.7mm。

1.3.3 功能化碳点功能

（1）靶向高尔基体成像性能

结合现有高尔基体靶向型CDs探针的研究，实现其靶向高尔基体的作用机制主要分为：基于弱酸性环境的被动靶向作用；基于靶向物质/官能团等配体的主动靶向作用。

由于碱性配体易富集在酸性细胞器中，而高尔基体pH处于弱酸性范围内（6.0～6.7）。因此，富含碱性氨基配体也是一种高尔基体靶向的设计方向。侯鹏等合成的高尔基体靶向CDs探针（y-CDs）中游离的氨基对高尔基体靶向有显著促进作用[59]。由于碱性配体会在酸性环境中选择性滞留，在高尔基体内部pH值环境相对外部环境较高的神经细胞中，y-CDs无法特异性染色高尔基体，证实环境pH值是y-CDs靶向高尔基体的要素之一。此外，用乙酸分子封闭y-CDs表面的游离氨基官能团后，修饰后的y-CDs在细胞内无特异性富集现象。因此，y-CDs特异性高尔基体靶向机理可归因于y-CDs的碱性氨基在酸性环境中的选择性富集。但是氨基作为碱性官能团可能会靶向其他的酸性细胞器，除氨基外可能还有其他研究者未发现的靶向因素，需要进一步研究探索。

鉴于富含半胱氨酸残基的生物分子（半乳糖基转移酶和蛋白激酶D等）能够特异性靶向高尔基体，Li等通过实验进一步发现巯基以及手性结构可赋予材料高尔基体靶向性能，开展了手性材料对高尔基体靶向性能影响的研究[57]。袁梦可根据竞争实验，与Li等得到类似结论，他们在两种高尔基体靶向型CDs探针（L-Pen-CA CDs和D-Pen-CA CDs）与Hep-2细胞孵育前，分别加入青霉胺（L-Pen或D-Pen），通过实验发现L-Pen-CA CDs和D-Pen-CA CDs在Hep-2细胞中变分散，与高尔基体染料的重叠区域变小，主要是因为L-Pen和D-Pen分子中手性结构和巯基会优先与高尔基体结合，而抑制L-Pen-CA CDs和D-Pen-CA CDs与高尔基体的结合[58]。这些工作证明手性和巯基是高尔基体靶向的决定因素。

虽然实验可以证实巯基和手性结构对于高尔基体成像不可或缺，但是仍然无法解释含有巯基的手性材料以何种方式同高尔基体进行作用，即作用靶点和靶向机制尚不明确，对于半胱氨酸、Pen等材料的靶向机理仍有很大的研究空间。

（2）荧光/磁共振双模态成像性能

Yao等将Gd-CDs与负载阿霉素（DOX）的天然载铁蛋白纳米笼（AFn）连接，并在AFn上连接叶酸（FA）得到靶向磁性CDs复合体[Gd-CDs/AFn（DOX）/FA]，用于FL/MRI双模态成像[70]。Gd-CDs/AFn（DOX）/FA用于人乳腺癌细胞（MCF-7）的成像，显示出明亮的绿色荧光。Gd-CDs/AFn（DOX）/FA 的 r_1 值为 11.429mL/(mg·s)，说明其也可作为 MRI 的 T_1 造影剂。将其注射到荷瘤鼠体内与注射生理盐水的荷瘤鼠对照发现 3h 后肿瘤的 MRI 信号比对照组增强了 71.6%±4.5%。此外，由于 FA 配体可以与癌细胞表面过度表达的 FA 受体特异性结合，以实现靶向癌细胞的作用，使得 Gd-CDs/AFn（DOX）/FA 能更精准地进行肿瘤的双模态成像。

除了单色荧光成像，磁性 CDs 还能实现多色荧光成像，增强与正常组织的对比度，提高检测肿瘤组织的准确性。Yue 等将 MnCQDs 与 HeLa 细胞共培养以验证其体外荧光成像能力[71]。用不同激发波长激发时，细胞分别显示出蓝色、绿色和红色荧光。此外，MnCQDs 的 T_1 加权磁共振图像随 Mn^{3+} 浓度的增加而变亮，证实其是一种磁共振 T_1 造影剂。以上结果说明 MnCQDs 有望作为多色 FL/MRI 双模态成像探针用于监测肿瘤的进展。

（3）余辉成像性能

与短寿命的荧光探针成像相比，余辉探针具有发光寿命长、可排除自荧光干扰、无需实时激发等优点，兼具优异的余辉性能和良好的生物相容性，因此多色余辉 CDs 探针在生物成像领域中崭露头角。

Li 等制备了一种在水溶液中实现 RTP 发射的 CDs@SiO_2 复合材料。首先选用豆芽作为模型来验证其在植物组织中的成像效果[72]。将种子放入 CDs@SiO_2 水溶液中生长 3d，所得绿豆芽用去离子水彻底洗涤。与未处理样品对照，处理样品的生长发育无明显差异。由于豆芽在 365nm 波长的光激发下发出强烈的自发荧光。很难将未处理样品与 CDs@SiO_2 处理样品区分开来，但在关闭激发后 CDs@SiO_2 处理样品可以观察到绿色磷光信号。Liu 等还在动物细胞中进行了成像测试，用 CDs@SiO_2 孵育后的 EM-6 小鼠乳腺癌细胞内可以观察到荧光和磷光信号，说明 CDs@SiO_2 在活细胞成像方面极具应用前景。Liang 等制备了一种氮（N）掺杂 CDs（CNDs），通过将 CNDs 限制在 SiO_2 基质中实现了 RTP 发射[73]。在小鼠背部皮下注射 CNDs，原位照射 1min 激活磷光。去除紫外光源后，在体内成像系统（IVIS）中可以很容易地检测到 CDs 的绿色磷光信号，证明 RTP CDs 体内成像的潜力。Chen 等合成了一种具有交联结构和丰富氢键网络的长寿命无基质磷光 B、N、P 共掺杂

CDs（B,N,P-CDs）[69]。随后，通过溶胶-凝胶法将 B,N,P-CDs 与 SiO_2 复合得到 B,N,P-CDs@SiO_2，其磷光寿命为 1.97s，是目前液相磷光 CDs 中寿命最长的。将其应用于生物成像，展现出高效良好的成像性能。

长波长发射在生物成像中具有更强的穿透能力，受以上启发，Mo 等通过将 RTP CDs 和荧光染料［罗丹明 6G（Rh6G）、罗丹明 B（RhB）和磺胺 101］共同嵌入 SiO_2 纳米粒子中，利用级联 FRET 来实现水溶液中波长可调长余辉的新策略，得到多色余辉 CDs（系统 1～系统 4）。首先利用 HepG2 细胞验证其体外成像能力[74]。在 405nm 激光激发下，与系统 1～系统 4 一起孵育的 HepG2 中清晰地观察到多色荧光信号。此外，将系统 1～系统 4 分别皮下注射到未脱毛的小鼠体内，在紫外灯（365nm）照射后立即在 IVIS 上观察注射后活体小鼠的余辉衰减，发现小鼠体内的余辉剂（系统 1～系统 4）表现出极高的信噪比和 0.2s 的余辉衰减。即使使用没有脱毛的小鼠，余辉剂体内余辉成像的信噪比也高出荧光染料 81.5 倍；将系统 1～系统 4 注射到小鼠的 4 个不同皮下部位，在停止激发后注射系统 1～系统 4 的小鼠分别显示出明显的绿色、黄色、橙色和红色余辉信号。若将系统 1～系统 4 注射到小鼠离体器官孵育 3h 后，可以在器官结缔组织中观察到明显的余辉信号，表明该系统可以穿透器官并维持余辉，由此系统 1～系统 4 对生物器官成像的能力也得到验证。

对于生物成像来说，RTP CDs 探针可以很好地避免生物自发荧光的干扰，且无需实时激发。更重要的是，多色余辉 CDs 对于实现长波长发射、进一步加强组织穿透能力具有重要意义，更加促进 CDs 在生物成像中的应用。

参考文献

［1］ Xu X, Ray R, Gu Y, et al. Electrophoretic analysis and purification of fluorescent single-walled carbon nanotube fragments ［J］. Journal of the American Chemical Society, 2004, 126 (40): 12736-12737.

［2］ Sun Y, Zhou B, Lin Y, et al. Quantum-sized carbon dots for bright and colorful photo luminescence ［J］. Journal of the American Chemical Society,

2006，128（24）：7756-7757.

[3] Kumar A，Asu S，Mukherjee P，et al. Single-step synthesis of N-doped carbon dots and applied for dopamine sensing，in vitro multicolor cellular imaging as well as fluorescent ink [J]. Journal of Photochemistry and Photobiology A：Chemistry，2021，406：113019.

[4] Lu F，Ma Y，Wang H，et al. Water-solvable carbon dots derived from curcumin and citric acid with enhanced broad-spectrum antibacterial and antibiofilm activity [J]. Materials Today Communications，2021，26：102000.

[5] Singh B，Bahadur R，Rangara M，et al. Influence of surface states on the optical and cellular property of thermally stable red emissive graphitic carbon dots [J]. ACS Applied Bio Materials，2021，4（5）：4641-4651.

[6] Du J，Wang C，Yuan P，et al. One-step hydrothermal synthesis of nitrogen-doped carbon dots as a super selective and sensitive probe for sensing metronidazole in multiple samples [J]. Analytical Methods，2021，13（39）：4652-4661.

[7] Sun S，Zhao L，Wu D，et al. Manganese-doped carbon dots with redshifted orange emission for enhanced fluorescence and magnetic resonance imaging [J]. ACS Applied Bio Materials，2021，4（2）：1969-1975.

[8] Yuan K，Zhang X，Li X，et al. Great enhancement of red emitting carbon dots with B/Al/Ga doping for dual mode anti-counterfeiting [J]. Chemical Engineering Journal，2020，397：125487.

[9] Xia C，Zhu S，Feng T，et al. Evolution and synthesis of carbon dots：From carbon dots to carbonized polymer dots [J]. Advanced Science，2019，6（23）：1901316.

[10] Wang L，Wu B，Li W，et al. Industrial production of ultra-stable sulfonated graphene quantum dots for Golgi apparatus imaging [J]. Journal of Materials Chemistry B，2017，5（27）：5355-5361.

[11] Liu R. Phosphors，up conversion nano particles，quantum dots and their applications [M]. Singapore：Springer，2016.

[12] Wei Y，Chen L，Wang J，et al. Rapid synthesis of B-N co-doped yellow emissive carbon quantum dots for cellular imaging [J]. Optical Materials，2020，100：109647.

[13] Boonruang S，Naksen P，Anutrasakda W，et al. Use of nitrogen-doped amorphous carbon nanodots（N-CNDs）as a fluorometric paper-based sensor：a new approach for sensitive determination of lead（Ⅱ）at a trace level in highly ionic matrices [J]. Analytical Methods，2021，13（32）：3551-3560.

[14] Zhu S，Song Y，Shao J，et al. Non-conjugated polymer dots with crosslink-enhanced emission in the absence of fluorophore units [J]. Angewandte Chemie International Edition，2015，47（6）：14626-14637.

[15] Li S，Li L，Tu H，et al. The development of carbon dots：From the perspective of materials chemistry [J]. Materials Today，2021，51：188-207.

[16] Qi L, Pan T, Ou L, et al. Biocompatible nucleus-targeted graphene quantum dots for selective killing of cancer cells via DNA damage [J]. Communications Biology, 2021, 4 (1): 214.
[17] Wang L, Zhang X, Yang K, et al. Oxygen/nitrogen-related surface states controlled carbon nanodots with tunable full-color luminescence: mechanism and bio-imaging [J]. Carbon, 2020, 160: 298-306.
[18] Liang C, Xie X, Zhang D, et al. Biomass carbon dots derived from wedelia trilobata for the direct detection of glutathione and their imaging application in living cells [J]. Journal of Materials Chemistry B, 2021, 9 (28): 5670-5681.
[19] Lee K, Lee J, Park C, et al. Bone-targeting carbon dots: Effect of nitrogen-doping on binding affinity [J]. RSC Advances, 2019, 9 (5): 2708-2717.
[20] Zhang X, Chen L, Wei Y, et al. Cyclooxygenase-2-targeting fluorescent carbon dots for the selective imaging of Golgi apparatus [J]. Dyes and Pigments, 2022, 201: 110213.
[21] Wei Y, Chen L, Zhang X, et al. Orange-emissive carbon quantum dots for ligand directed Golgi apparatus-targeting and in vivo imaging [J]. Biomaterials Science, 2022, 10 (15): 4345-4355.
[22] Wang S, Chen L, Wang J, et al. Enhanced-fluorescent imaging and targeted therapy of liver cancer using highly luminescent carbon dots-conjugated foliate [J]. Materials Science & Engineering C, 2020, 116: 111233.
[23] Zhang X, Chen L, Wei Y, et al. Advances in organelle-targeting carbon dots [J]. Fullerenes, Nanotubes and Carbon Nanostructures, 2020, 29 (5): 394-406.
[24] 张文莉，陈琳，薛宝霞，等. 碳点及其抗菌复合材料的研究进展，复合材料学报 [J]. 2023, 40 (7): 1-18.
[25] Li Q, Fan J., Mu H., et al. Nucleus-targeting orange-emissive carbon dots delivery adriamycin for enhanced anti-liver cancer therapy [J]. Chinese Chemical Letters, 2024, 35 (6): 108947.
[26] Wei Y, Gao Y, Chen L, et al. Carbon dots based on targeting unit inheritance strategy for golgi apparatus-targeting imaging [J]. Frontiers of Materials Science, 2023, 17 (1): 230627.
[27] Zhong Y., Chen L, Yu S., et al. Advances in magnetic carbon dots: A theranostics platform for fluorescence/magnetic resonance bimodal imaging and therapy for tumors [J]. ACS Biomaterials Science & Engineering, 2023, 9 (12): 6548-6566.
[28] Du J, Zhou S, Ma Y, et al. Folic acid functionalized gadolinium-doped carbon dots as fluorescence/magnetic resonance imaging contrast agent for targeted imaging of liver cancer [J]. Colloids and Surfaces B: Biointerfaces, 2024, 234: 113721.
[29] Zhang Y, Chen L, Liu B, et al. Multicolor afterglow carbon dots: Lumines-

cence regulation, preparation, and application [J]. Advanced Functional Materials, 2024, 34: 2315366.
[30] Jia F, Zhou S, Liu J, et al. Metal-modified carbon dots: synthesis, properties, and applications in cancer diagnosis and treatment [J]. Applied Materials Today, 2024, 37: 102133.
[31] Miao X, Yan X, Qu D, et al. Red emissive sulfur, nitrogen codoped carbon dots and their application in ion detection and theraonostics [J]. ACS Applied Materials & Interfaces, 2017, 9 (22): 18549-18556.
[32] Jiao Y, Liu Y, Meng Y, et al. Novel processing for color-tunable luminescence carbon dots and their advantages in biological systems [J]. ACS Sustainable Chemistry & Engineering, 2020, 8 (23): 8585-8592.
[33] Nikta A, Assariha S, Esfandiari N, et al. Off-on sensor based on concentration-dependent multicolor fluorescent carbon dots for detecting pesticides [J]. Nano-Structures & Nano-Objects, 2021, 26: 100706.
[34] Jiang K, Sun S, Zhang L, et al. Red, green, and blue luminescence by carbon dots: Full-color emission tuning and multicolor cellular imaging [J]. Angewandte Chemie, 2015, 127 (18): 5450-5453.
[35] Pang L, Sun Y, Guo X, et al. Cell membrane-targeted near-infrared carbon dots for imaging of hydrogen sulfide released through the cell membrane [J]. Sensors and Actuators B Chemical, 2021, 345: 130403.
[36] Zhao W, He Z, Lam Jacky W, et al. Rational molecular design for achieving persistent and efficient pure organic room-temperature phosphorescence [J]. Chem, 2016, 1 (4): 592-602.
[37] Zhao J, Wu W, Sun J, et al. Triplet photosensitizers: From molecular design to applications [J]. Chemical Society Reviews, 2013, 42 (12): 5323-5351.
[38] Xu S, Chen R, Zheng C, et al. Excited state modulation for organic afterglow: materials and applications [J]. Advanced Materials, 2016, 28 (45): 9920-9940.
[39] Park M, Kim H S, Yoon H, et al. Controllable singlet-triplet energy splitting of graphene quantum dots through oxidation: From phosphorescence to TADF [J]. Advanced Materials, 2020, 32 (31): 2000936.
[40] Liu J, Wang N., Yu Y., et al. Carbon dots in zeolites: A new class of thermally activated delayed fluorescence materials with ultralong lifetimes [J]. Science advances, 2017, 3 (5): e1603171.
[41] Sk B, Tsuru R, Hayashi K, et al. Selective triplet-singlet Förster-resonance energy transfer for bright red afterglow emission [J]. Advanced Functional Materials, 2023, 33 (11): 2211604.
[42] Peng H, Xie G, Cao Y, et al. On-demand modulating afterglow color of water-soluble polymers through phosphorescence FRET for multicolor security printing [J]. Science Advances, 2022, 8 (15): 2925.
[43] Wang Z, Li A, Zhao Z, et al. Accessing excitation- and time-responsive af-

terglows from aqueous processable amorphous polymer films through doping and energy transfer [J]. Advanced Materials, 2022, 34 (31): 2202182.

[44] Kong L, Zhu Y, Sun S, et al. Tunable ultralong multicolor and near-infrared emission from polyacrylic acid-based room temperature phosphorescence materials by FRET [J]. Chemical Engineering Journal, 2023, 469: 143931.

[45] Li D, Liang C, Ushakova E V, et al. Photoluminescence: Thermally activated upconversion near-infrared photoluminescence from carbon dots synthesized via microwave assisted exfoliation [J]. Small, 2019, 15 (50): 1970288.

[46] Li Y, Bai G, Zeng S, et al. Theranostic carbon dots with innovative NIR-Ⅱ emission for in vivo renal excreted optical imaging and photothermal therapy [J]. ACS Applied Materials & Interfaces, 2019, 11 (5): 4737-4744.

[47] Weng Q, Hu X, Zheng J, et al. Toxicological risk assessments of iron oxide nanocluster- and gadolinium-based T1MRI contrast agents in renal failure rats [J]. ACS Nano, 2019, 13 (6): 6801-6812.

[48] Xu Y, Jia X H, Yin X B, et al. Carbon quantum dot stabilized gadolinium nanoprobe prepared via a one-pot hydrothermal approach for magnetic resonance and fluorescence dual-modality bioimaging [J]. Analytical Chemistry, 2014, 86 (24): 12122-12129.

[49] Shang L, Li Y, Xiao Y, et al. Synergistic effect of oxygen- and nitrogen-containing groups in graphene quantum dots: Red emitted dual-mode magnetic resonance imaging contrast agents with high relaxivity [J]. ACS Applied Materials & Interfaces, 2022, 14 (35): 39885-39895.

[50] 卫迎迎. 基于立体结构继承策略手性碳量子点的合成及其生物成像性能 [D]. 太原: 太原理工大学, 2021.

[51] 张昕. 以环氧合酶-2为靶点的荧光碳点构建及其高尔基体靶向成像 [D]. 太原: 太原理工大学, 2022.

[52] 赵少岷. 长寿命室温磷光硼氮磷共掺杂碳点及其二氧化硅复合材料的合成与性能研究 [D]. 太原: 太原理工大学, 2023.

[53] 钟雅美. 基于钆掺杂碳点药物递送系统在肿瘤荧光/磁共振双模态诊疗中的应用 [D]. 太原: 太原理工大学, 2024.

[54] 张雨琪. 碳点/二氧化硅多色液相余辉复合材料的合成与生物成像 [D]. 太原: 太原理工大学, 2024.

[55] Liu J, Huang Y, Li T, et al. The role of the golgi apparatus in disease (Review) [J]. International Journal of Molecular Medicine, 2021, 47 (4): 38.

[56] Casey J R, Grinstein S, Orlowski J. Sensors and regulators of intracellular pH [J]. Nature Reviews Molecular Cell Biology, 2010, 11 (1): 50-61.

[57] Li R, Gao P, Zhang H, et al. Chiral nanoprobes for targeting and long-term imaging of the golgi apparatus [J]. Chemical Science, 2017, 8 (10): 6829-6835.

[58] 袁梦可. 光学活性碳点的制备及分析应用研究 [D]. 重庆: 西南大学, 2018.

[59] 侯鹏. 记忆型碳点的制备及其在生物医药分析中的应用研究［D］. 重庆：西南大学，2018.

[60] Lee B H, Hasan M T, Lichthardt D, et al. Manganese-nitrogen and gadolinium-nitrogen codoped graphene quantum dots as bimodal magnetic resonance and fluorescence imaging nanoprobes [J]. Nanotechnology, 2021, 32 (9): 095103.

[61] Xu W, Zhang J, Yang Z, et al. Tannin-Mn coordination polymer coated carbon quantum dots nanocomposite for fluorescence and magnetic resonance bimodal imaging [J]. Journal of Materials Science: Materials in Medicine, 2022, 33 (2): 16.

[62] Fan P, Liu C, Hu C, et al. Green and facile synthesis of iron-doped biomass carbon dots as a dual-signal colorimetric and fluorometric probe for the detection of ascorbic acid [J]. New Journal of Chemistry, 2022, 46 (5): 2526-2533.

[63] Lin L, Luo Y, Tsai P, et al. Metal ions doped carbon quantum dots: Synthesis, physicochemical properties, and their applications [J]. TrAC Trends in Analytical Chemistry, 2018, 103: 87-101.

[64] Tejwan N, Saini A K, Sharma A, et al. Metal-doped and hybrid carbon dots: A comprehensive review on their synthesis and biomedical applications [J]. Journal of Controlled Release, 2021, 330: 132-150.

[65] 马逸骅，陈琳，杨永珍，等. 钆掺杂碳量子点的制备及其双模态成像研究进展［J］. 影像科学与光化学，2020，38（5）：763-770.

[66] Zhao S, Chen L, Yang Y, et al. Research progress of phosphorescent probe for biological imaging [J]. Journal of Molecular Structure, 2022, 1269: 133855.

[67] Deng Y, Zhao D, Chen X, et al. Long lifetime pure organic phosphorescence based on water soluble carbon dots [J]. Chemical Communications, 2013. 49 (51): 5751-5753.

[68] Chen Y, He J, Hu C, et al. Room temperature phosphorescence from moisture-resistant and oxygen-barred carbon dot aggregates [J]. Journal of Materials Chemistry C, 2017, 5 (25): 6243-6250.

[69] Chen L, Zhao S, Wang Y, et al. Long-lived room-temperature phosphorescent complex of B, N, P co-doped carbon dots and silica for afterglow imaging [J]. Sensors and Actuators B: Chemical, 2023, 390 (1): 133946.

[70] Yao H, Su L, Zeng M, et al. Construction of magnetic-carbon-quantum-dots-probe-labeled apoferritin nanocages for bioimaging and targeted therapy [J]. International Journal of Nanomedicine, 2016, 11: 4423-4438.

[71] Yue L, Li H, Liu Q, et al. Manganese-doped carbon quantum dots for fluorometric and magnetic resonance (dual mode) bioimaging and biosensing [J]. Microchimica Acta, 2019, 186 (5): 1-8.

[72] Li W, Wu S, Xu X, et al. Carbon dot-silica nanoparticle composites for ul-

tralong lifetime phosphorescence imaging in tissue and cells at room temperature [J]. Chemistry of Materials, 2019, 31 (23): 9887-9894.
[73] Liang Y, Gou S, Liu K, et al. Ultralong and efficient phosphorescence from silica confined carbon nanodots in aqueous solution [J]. Nano Today, 2020, 34: 100900.
[74] Mo L, Liu H, Liu Z, et al. Cascade resonance energy transfer for the construction of nanoparticles with multicolor long afterglow in aqueous solutions for information encryption and bioimaging [J]. Advanced Optical Materials, 2022, 10 (10): 2102666.

第2章

功能化碳点制备及生物成像原理

2.1 功能化碳点制备

功能化 CDs 的制备方法主要分为自上而下法以及自下而上法两种[1]。自上而下法是一种将大尺寸的碳材料（如碳纳米管、石墨烯和碳纤维等）切割、剥离或打碎以获得小尺寸的 CDs 的方法，主要包括电弧放电[2]、激光烧蚀[3] 以及电化学氧化[4,5] 等方法，通常使用浓氧化酸（HNO_3 或 H_2SO_4/HNO_3 混合物）进行氧化切割，将块状碳材料切成小块，最后钝化表面[6]。自下而上法则是将含羟基、羰基或氨基等有机小分子物质和小分子量的聚合物作为前驱体，在适当升高温度时发生热解脱水缩合，在高温条件下其粒子的核心会进一步碳化，从而形成功能化 CDs 的过程，主要包括热解法[7]、模板法[8]、微波法[9] 以及溶剂热/水热法[10-12] 等。

2.1.1 自上而下法

（1）电弧放电法

2004 年，Xu 等利用电弧放电法合成碳纳米管，用电泳法分离提纯电弧烟灰中的碳纳米管时，提纯出一类具有荧光发射功能的 CDs[2]。此类方法制备的 CDs 产率较低，且纯化过程较为复杂，产物收集困难。

（2）激光烧蚀法

利用激光烧蚀碳源得到 CDs 的方法称为激光烧蚀法。Sun 等在水蒸气存在下，以氩为载气，通过激光烧蚀碳靶（热压石墨粉与水泥的混合物制得），在氩气流中烘烤、固化和退火来制备 CDs[3]。但样品及水悬浮液无荧光发射特性，随后利用聚乙二醇钝化 CDs，观察到发射明亮荧光的 CDs。该方法制备过程较复杂，仪器昂贵且耗能过大，不适于大规模工业生产。

（3）电化学合成法

Zhou 等以电化学方法制备发射明亮蓝色荧光的碳纳米晶，其中电化学电池由多壁碳纳米管工作电极、铂丝对电极及 $Ag/AgClO_4$ 参比电极组成，电解质为含有四丁高氯酸铵的脱气乙腈溶液，电位在－2.0～2.0V之间循环，扫描速率为0.5V/s[5]。电解质溶液由无色到黄色最后变为深棕色，证明CDs正在逐渐累积，在紫外光的照射下发出蓝色荧光。An等使用电压互感器（220-10V）和铂电极，在NaCl溶液中对邻苯二胺进行电解，溶液逐渐变黄再变为无色最后变为棕色，然后通过透析纯化去除NaCl和未反应的邻苯二胺得到CDs[13]。该电化学法得到的CDs分散性好、结晶度高并且易提纯。

2.1.2 自下而上法

（1）热解法

热解法是一种在高温下对原料断裂化学键重组的合成过程，化学键在高温条件下断裂，再反应形成新的化学键。Zhou等用西瓜皮作为碳源，在220℃下于空气中加热2h碳化西瓜皮，然后过滤、离心和透析，得到发射稳定蓝光的CDs[14]。Li等以柠檬酸和L-半胱氨酸为原料，通过热解法合成蓝色手性CDs（LC-CQDs），将柠檬酸在200℃下加热20min后与L-半胱氨酸混合，继续加热60min得到发射波长在420nm处的LC-CQDs，其荧光量子产率（FLQY）为68％[15]。Ren等以钆喷酸单葡甲胺为原料，将其同时作为碳源和钆源，采用热解法反应2h合成钆掺杂磁性CDs［Gd(Ⅲ)/CDs］[16]。研究不同反应温度对Gd(Ⅲ)/CDs结构和性能的影响，发现在一定温度范围内，热解温度越高，Gd(Ⅲ)/CDs的粒径越大，螯合Gd离子含量越少，但sp^2杂化碳原子含量增加，导致其FLQY增大，当热解温度为350℃时，FLQY最大，为8.9％。

（2）模板法

Liu等采用模板法合成了一种无定形结构的CDs，FLQY为14.7％[8]。Zong等首先以正十六胺为表面活性剂，以正硅酸乙酯为前驱体，以氨为催化剂制备介孔二氧化硅微球。随后用复合盐以及柠檬酸混合溶液浸渍二氧化硅微球，进一步煅烧去除二氧化硅微球载体，制备出纳米级亲水性CDs[17]。利用二氧化硅微球为载体，通过孔尺寸及孔分布限制CDs的尺寸和聚集，使得到的CDs单分散性良好、具有优异的发光性能且无需进一步处理。模板法合成CDs的优势在于模板可以起到固定作用，可以通过使用不同的模板调控 CDs 的尺寸大小，同时减少团聚。但 CDs 与模板不易分离，且在去除模板过程中可能影响 CDs 的粒径和发光性能。

（3）微波法

Cilingir 等报道了一种快速简便的微波法，以二甲双胍和柠檬酸为前驱体，将其溶解于 25mL 去离子水中，搅拌 30min 并在 1000W 的家用微波炉中加热混合物 3min[18]。反应完成后，从烧杯底部收集得到棕黑色固体。继续超声分散并离心清除残留的大颗粒，对上清液过滤、透析和干燥后得到荧光 CDs（Met-CDs）。在 450nm 处具有最佳发射峰，并在孵育 1h 后开始选择性地定位在癌细胞的线粒体内。Gong 等以蔗糖、浓硫酸、氯化钆和二甘醇作为前驱体，在微波炉中以 750W 加热 50s 制备 FLQY 为 5.4%、尺寸为 5nm 的球形 Gd-CDs 并用于 FL/MRI 双模态成像[19]。微波法原料来源广泛，并且能耗低、稳定性高、重复性好和产率高等优点较为突出，可以一步制备出具有优异发光性能的 CDs，实验设备简单，相较于水热法，微波法反应时间短，反应效率高，但是由于受到压强等条件的限制，可能导致反应不均。

（4）溶剂热/水热法

溶剂热/水热法主要是将碳源溶于溶剂并置于密闭的反应釜中，使碳源在高温高压环境下充分反应碳化得到 CDs，是目前最常用的 CDs 合成方法之一。其中以去离子水为溶剂的方法称为水热法，而以有机物或非水溶剂为溶剂的方法称为溶剂热法。Shuang 等以柠檬酸和尿素为原料，通过水热法在 180℃ 下加热 4h 一步合成发射明亮蓝色荧光的氨基官能化 CDs（ACDs），其最大发射波长位于 440nm，FLQY 为 37%，可作为靶向溶酶体的生物探针[20]。Liu 等以地塞米松和 1,2,4,5-四氨基苯为原料，采用微波辅助水热法在 160℃ 下加热 15min 得到溶酶体靶向型 CDs[21]。侯鹏等以对苯二胺和乙二胺为原料在 180℃ 加热 10h 的条件下，以无水乙醇作为溶剂，通过溶剂热法合成出具有高尔基体靶向功能的发射黄色荧光的 CDs（y-CDs），实现高尔基体的荧光成像分析并用于疾病的早期诊断[22]。

Liao 等以柠檬酸为碳源、氯化钆为钆源通过简单的一步水热法合成具有较好生物相容性的 Gd-CDs[23]。原料柠檬酸作为碳源为 CDs 表面提供更多的羧基，使其具有更强的螯合钆离子的能力，从而减少游离钆离子带来的毒性。通过傅里叶变换红外光谱（FTIR）看出钆离子与CDs上的羧基螯合，得到的Gd-CDs的FLQY为4.06%。Chen等在200℃下对柠檬酸、六水硝酸钆和乙二胺（EDA）进行水热反应5h合成Gd-CDs，被用于FL/MRI双模态成像中，通过X射线光电子能谱（XPS）表征发现Gd是通过Gd—O键配合到CDs中的[24]。Gd-CDs的平均直径为2.9nm，FLQY为43.6%。其中EDA作为溶剂热反应的钝化剂，不仅提高了Gd-CDs的FLQY，还提高了其溶解度。

Huang等以谷胱甘肽、七水硫酸亚铁和乙二胺四乙酸（EDTA）为前驱体，在180℃下水热反应6h得到了磁性CDs（Fe-CDs），将其用于FL/MRI双模态成像[25]。通过能量色散X射线光谱（EDX）、XPS和FTIR表征发现Fe^{2+}与CDs中的含氧基团偶联，合成的Fe-CDs平均直径为(7.45±1.38)nm，其水溶液发射蓝色荧光，FLQY为3.8%。

Shi等以缩二脲和磷酸为原料合成一种无基质RTP CDs（FP-CDs）[26]。FP-CDs粉末的RTP具有激发依赖特性，随着激发波长从310nm到440nm的变化，发射的磷光从蓝色逐渐转变为红色，发射峰位于484～633nm。这是由于在水热过程中，部分缩二脲和磷酸脱水形成长链聚合物，部分缩二脲裂解生成尿素和氰尿酸，与CDs表面各种官能团交联反应，形成刚性的共价交联框架，促进余辉的生成。FP-CDs表面具有大量的C═O和含氮、氧、磷的官能团，且羰基和不同基团之间的空间电子连接构建出多个发射能级，因而表现出激发依赖的多色余辉。Jiang等选择琥珀酸和二乙烯三胺作为原料在较高反应温度下制备了具有激发依赖特性的无基质多色RTP CDs（MP-CDs）[27]。MP-CDs粉末在不同的激发波长下会发射多色的RTP，随着激发波长的增加，RTP从绿色变成黄色。

2.1.3 基质限域法

由于ISC过程实现的可能性低，且三重态激子易受分子振动失活且易被水和氧气等猝灭，使得余辉CDs的实现较为困难。目前实现余辉的方式主要分为以下两种：一是选用可交联和富含杂原子的化合物作为原料，直接合成类聚合物结构CDs，限制分子振动稳定三重态，促进ISC

过程，实现无基质的自保护的余辉 CDs；二是将 CDs 嵌入基质中，基质与 CDs 之间构成以共价键或氢键相连的网络结构，一方面可以减小 ΔE_{ST}，促进 ISC 和 RISC 过程，另一方面可以通过基质提供的刚性环境保护三重态激子并抑制其非辐射跃迁，实现有基质的多色余辉 CDs，包括 RTP、TADF-RTP 和基于 FRET 的 DF。其中，采用基质限域法是制备余辉 CDs 的主要方法[28]。

通过基质与 CDs 之间的共价键或氢键固定发光中心，增强结构整体刚性，抑制水和三重态氧对激发态的猝灭效应，可以实现多色 RTP、TADF-RTP 和基于 FRET 的 DF。目前，用于固定 CDs 的基质大致可分为两类：有机化合物和无机化合物。从报道来看，可以将 CDs 嵌入其中获得多色余辉的有机化合物主要包括聚乙烯醇（PVA）、尿素、三聚氰酸（cyanuric acid，CA）等，无机化合物主要包括 SiO_2、硼酸（BA）、沸石等。

2.1.3.1 有机化合物基余辉 CDs

（1） PVA 基 CDs

将 CDs 嵌入有机化合物基质中以实现多色余辉的方式已经有了一定的发展。PVA 是目前常见且理想的基质之一。Deng 等首次将 CDs 嵌入 PVA 薄膜中，所得薄膜实现了在室温环境下的绿色 RTP 发射，其中 PVA 在 RTP 发射中起着关键作用[29]。PVA 上大量的羟基与 CDs 表面丰富的官能团（C ═O、—OH 等）可以形成氢键，抑制了其分子振动并稳定了三重态激子，从而产生 RTP 发射。He 等以乙二胺为原料，通过静电纺丝法将 CDs 固定在 PVA 内合成一种温度响应的具有 TADF 和 RTP 双重发射特性的 CDs/PVA 纳米纤维，其荧光峰分别在 456nm 和 569nm 处[30]。PVA 与 CDs 复合后产生的氢键不仅能够提高其结构刚性，以稳定三重态激子增强磷光发射，而且有效地减小了 ΔE_{ST}，可促进 RISC 过程实现 TADF。

（2）尿素基 CDs

除了 PVA 之外，尿素同样可作为一种常用的基质用于构建多色余辉 CDs。Li 等以加热后重结晶的尿素和缩二脲为基质将 CDs 嵌入其中来实现发射 RTP，熔融重结晶尿素的刚性和缩二脲与 CDs 之间的氢键可以抑制 CDs 的非辐射跃迁[31]。Lin 等合成了同时具有荧光、TADF 和 RTP 的 NCD-缩二脲@尿素复合材料。以叶酸和乙醇为碳源合成 CDs，再与尿素和缩二脲结合得到复合材料（NCD1-C）[32]。其中 NCD1 的荧光发射具有激发依赖特性，但没有余辉发射，而 NCD1-C 在 254nm 和 365nm 激发后分别可以发射蓝色 DF 和绿色 RTP。进一步说明尿素作为基质不仅可以稳定三重态激子，还可以减小能隙，实现 RTP 与 TADF 双发射从而调节余辉颜色。Li 等报道了一种以尿素作为基质的具有激发依赖特性的 RTP CDs（uCDs），随着激发波长从 365nm 移至 460nm，uCDs 发射波长可以从 570nm 移至 610nm[33]。

（3）羟基氟化物基 CDs

最近，研究者发现羟基氟化物 $Y(OH)_xF_{3-x}$（YOHF）也可以作为基质实现 CDs 的多色余辉发射。Liang 等提出一种新颖且通用的“CDs-in-YOHF”策略[34]。首先合成三种发射不同荧光的 CDs（CDs-g，CDs-y，CDs-o），并将其嵌入 YOHF 当中实现了不同颜色（绿色、黄色和橙色）的 RTP 发射，显示出比传统基质（PVA、尿素、CA 等）更优越的 RTP 性能。CDs@YOHF 上丰富的 C ═O/C ═N 基团和吸电子的氟原子可以产生强自旋轨道耦合并降低 ΔE_{ST}，从而促进 ISC 过程并有效地填充三重态激子。CDs 表面具有丰富的含 O、N 和 F 的基团，使得 CDs 和 YOHF 之间产生 C—F 键和氢键。C—F 键和氢键的形成以及基质本身的约束共同对 CDs 的分子内旋转与振动产生了多重限制效应，从而稳定了三重态激子，获得发射不同颜色 RTP 的 CDs。

（4）三聚氰酸基 CDs

除了固相多色余辉 CDs，液相多色余辉 CDs 也相继被研究。三聚氰酸（CA）作为一种基质可以实现 CDs 在液相环境中发射 RTP。Li 等首次将 CDs 与 CA 结合实现了基于 CDs 的液相磷光[35]。通过 CA 表面有序的结合水在 CDs 与 CA 之间构建了坚固的氢键网络，有效地稳定了 C ═O 键，也增强了整个体系的刚性并有效隔绝了水中的游离氧。后来，Zhou 等开发了一种表面改性策略，通过共结晶过程将 CDs 嵌入 CA 晶体中，实现了 CDs 由最初的发射蓝色荧光到 CDs@CA 晶体发射绿色 RTP 的转变，甚至在液相中也可以发射 RTP[36]。Zheng 等用不同的原料合成了一系列可发射不同荧光的 CDs，然后将各种 CDs 通过水热法嵌入 CA 基质中，得到了在水环境中可以发射全色 RTP 的 CDs@CA 复合材料，证明了将杂原子掺杂的发射不同荧光的 CDs 嵌入 CA 中可以实现多色液相余辉 CDs 的普遍性[37]。

2.1.3.2 无机化合物基余辉 CDs

对于多色余辉 CDs，无机化合物作为基质的研究几乎与有机化合物基质同步发展。共价键作为 CDs 和基质之间的理想相互作用力，可以更好地稳定 CDs 的三重态激子，使 CDs 具有更稳定的余辉发射。

（1）二氧化硅基 CDs

SiO_2 是一种常被用作实现 CDs 余辉发射的无机化合物基质。Jiang 等将以间苯二胺为原料制备的 *m*-CDs 嵌入胶体纳米 SiO_2（$nSiO_2$）中得到 *m*-CDs@$nSiO_2$，以实现 DF 和少量 RTP 混合的长余辉[38]。其关键因素是 *m*-CDs 的 C—O 键和 $nSiO_2$ 之间的共价键（Si—O）不仅可以限制分子运动，稳定 CDs 的三重态激子实现余辉发射，而且可以隔绝水中溶解氧，使得 *m*-CDs@$nSiO_2$ 在固态和水溶液中同时实现余辉。

Sun 等以富含 SiO_2 的稻壳（RH）作为合成 CDs@SiO_2 的原料[39]。CDs 在嵌入 SiO_2 后形成了 Si—O—Si 和 Si—O—C，共价键构成的四面体三维网络结构不仅能够起到空间限制作用稳定三重态激子，而且在氢键、Si—O 共价键和空间约束的共同作用下能够缩小能隙，使得可以通过控制温度实现 RTP 和 TADF 的转换，调节 RTP/TADF 发射比，发射荧光颜色可以从绿色变为青色再变为蓝色。Mo 等制备了一种以 SiO_2 为基质的多色（绿色、黄色、橙色和红色）长余辉 CDs（PCDs）系统[40]。该系统主要通过将荧光染料和 RTP CDs 包覆在 SiO_2 中通过级联 FRET 过程实现了在水中发射多色余辉。其中 SiO_2 基质不仅可以稳定 CDs 的三重态激子，还给予空间让能量供体（RTP CDs）和能量受体（荧光染料）足够贴近。Zhang 等合成了以邻苯二胺（OPD）为碳源的一系列多色 CDs，并在其表面原位水解正硅酸乙酯直接形成许多共价键 Si—O—C 和 Si—C 制备 CDs@SiO_2[41]。进一步对 CDs@SiO_2 进行高温煅烧，Si—O—C 转变为刚性更强的 Si—C，使得 CDs 结构更为紧密，得到了波长为 465nm、500nm、580nm 和 680nm（$<$177K）的蓝色、绿色、黄色和红色 RTP 复合材料。

(2) 硼酸基 CDs

硼酸(BA)也可以通过共价键与 CDs 连接实现多色余辉 RTP。Li 等设计了一种可以在 BA 基质中激活 CDs 的多色(蓝色到橙色)RTP 的策略[42]。由于 CDs 被嵌入 BA 基质中,在合成过程中形成的玻璃态 BA 有效地稳定了 CDs 的三重态激子,从而产生 RTP 发射。CDs 与 BA 之间还形成了新的 B—C 共价键,B 原子上的空 p 轨道吸引 π 电子跃迁形成 p-π^* 共轭体系缩小了 ΔE_{ST},促进了 ISC 过程。该多色余辉 CDs 主要是通过将发射不同荧光的 CDs 嵌入 BA 基质中使得磷光颜色不同。受此启发,He 等制备了 6 种不同的 CDs 并与 BA 混合,高温下 BA 脱水成为熔融玻璃态,冷却后形成固体玻璃状的氧化硼(B_2O_3),得到了 CDs/B_2O_3 复合材料[43]。值得一提的是,其中以间苯二胺和乙醇为原料的 CDs 在嵌入 B_2O_3 复合材料后同时具有 TADF 和 RTP 双发射。当温度从 20℃ 升高到 100℃ 时,RTP 逐渐减少,直到完全转化为 TADF,复合材料的颜色从橙色变到蓝色。Ding 等以 BA 和柠檬酸制备了一种具全色 RTP 的 CDs 复合材料(B-CDs)[44]。随着柠檬酸量的增加和反应温度的升高,B-CDs 的粒径从 2.8nm 逐渐增加到 5.3nm,氧化程度(C═O 的相对量)从 28.16%增加到 58.16%。B-CDs 的荧光发射逐渐红移,即在较高的柠檬酸加入量和反应温度下形成的产物可发射最大红移的 RTP。再通过熔化纯 B-CDs 和 BA 的混合物实现超长 RTP 发射。可见,通过对 CDs 的碳核和表面态进行初步调控,再通过高刚性 B_2O_3 多晶网络限制分子运动并降低能隙,可实现多色 RTP。

(3) 沸石基 CDs

沸石(zeolite)是一种具有三维框架和微孔结构的铝硅酸盐或铝磷酸盐有序结晶固体,是目前负载和分散纳米颗粒以形成主客体化合物的理想基质。而且沸石的水热合成方法与 CDs 的“自下而上”法可以同时发生,已经被用于固定 CDs 构建多色余辉系统。Liu 等提出了开创性的“dots-in-zeolite”策略,在溶剂热/水热的条件下首先将不同有机物合成的 CDs 原位掺杂到不同的沸石基质中,材料表现出蓝色 TADF 发射[45]。其中沸石的空间限制不仅使 RISC 过程得以实现,而且将 CDs 与氧气隔离,抑制了非辐射跃迁。此外,沸石微孔末端的—OH 基团与

CDs 的表面官能团形成氢键和共价键，对激发的三重态激子具有显著的稳定作用。Liu 等还采用相同的策略通过原位溶剂热法合成了两种以 SBT 沸石为基质的 CDs-沸石系统，CDs@SBT-1 和 CDs@SBT-2 均同时具有 RTP 和 TADF 发射[46]。可见基质对 CDs 三重态起到重要的稳定作用，CDs 表面官能团与 SBT 沸石的游离官能团之间可以形成氢键抑制非辐射弛豫。同时，基质抑制分子内振动和旋转，可以有效地稳定 CDs 的三重态。Zhang 等提出了一种无溶剂热结晶法制备具有 455nm 发射 TADF 和 530nm 发射 RTP 的 CDs@沸石复合材料[47]。这种无溶剂的方法是直接将 AIPO-5 和 CDs 在室温下研磨，然后进行热结晶使二者复合。这种方法可最大限度地将 CDs 嵌入沸石晶体中，利用主客体相互作用限制了 CDs 的非辐射跃迁。Wen 等采用一步水热法以六亚甲基亚胺作为有机结构引导剂以及 CDs 的碳源和氮源，制备了两种 CDs@沸石复合材料（CD@MCM-22P 和 CD@ZSM-12）[48]。CD@MCM-22P 具有随温度变化的 RTP/TADF 从绿色到蓝色的余辉转换，而 CD@ZSM-12 表现出青色或绿色的 RTP 发射。两种复合材料中基质与 CDs 之间相互作用力的差异引起了不同的光致发光模式。

沸石还可作为能量转移的纳米限制空间。Wang 等将 CDs 限制在 Zn^{2+} 掺杂或 Mn^{2+} 掺杂的沸石基质中，利用能量转移策略分别实现了绿色和红色的 RTP 发射[49]。特别是在 Mn^{2+} 掺杂的沸石基质中，复合材料具有红色 RTP 发射，其关键在于 CDs 与 Mn^{2+} 掺杂沸石基质之间的能量转移减小了激发态与基态之间的能隙。在此基础上，Yu 等设计了一种共振能量转移系统，将 CDs@沸石作为能量供体，多色荧光量子点（如 PeQDs）作为能量受体，通过匹配不同余辉寿命的能量供体和不同荧光波长的能量受体，可将其余辉发射波长调节至 463～614nm[50]。

总的来说，可以通过反应原料或基质的选择在自下而上的合成过程中对 CDs 进行适当的设计，实现 CDs 的多色余辉调控。采用基质限域法制备余辉 CDs，一方面通过基质构建刚性结构降低 ΔE_{ST}，促进 ISC 过程，产生更多三重态激子；另一方面通过调控 CDs 的荧光发射，并将其嵌入基质中稳定三重态激子，也可以得到多色余辉 CDs。

2.2 功能化碳点生物成像原理

2.2.1 荧光成像

功能化 CDs 可作为荧光成像探针用于生物成像中。当 CDs 进入细胞或者组织后，利用激发光源激发样本产生荧光，一般通过荧光显微镜或激光共聚焦显微镜收集荧光信号得到细胞或组织的荧光成像图，这是荧光成像的原理。两种显微镜最大的不同是激发光源，荧光显微镜是以紫外光为光源，激发光波长较短，可用眼睛或电荷耦合器件（charge coupled device，CCD）相机探测；激光共聚焦显微镜是以激光为光源，可用紫外光或可见光激发样本，以光电倍增管（photomultiplier tube，PMT）为探测器采集信号［图 2-1（a)］。它们都能用不同波长的光激发样本，当功能化 CDs 具有激发依赖性时，随激发波长的改变，可观察到样本发射出多种颜色的荧光，获得多色的生物细胞成像图。

2.2.2 磁共振成像

MRI 的基本原理是氢质子在外加磁场中通过射频（radio frequency，RF）脉冲激发后产生共振，在弛豫过程释放的能量被线圈吸收后，经过计算机处理得到图像。人体中存在大量的水和有机物，氢质子在人体内分布最广，并做自旋运动产生磁场。在未施加磁场时，氢质子的宏观磁化矢量为零。施加外磁场后，将产生净纵向磁化矢量（$\boldsymbol{M}_0$），它是 MRI 的信号源[51]。由图 2-1（b）可知，施加射频脉冲激发后，质子将重新排列而产生共振，使横向磁化矢量（$\boldsymbol{M}_{xy}$）最大，此时纵向磁化矢量（$\boldsymbol{M}_z$）消失。射频脉冲停止后，原子核的 $\boldsymbol{M}_z$ 恢复，$\boldsymbol{M}_{xy}$ 减弱，这个返回基态的过程叫作弛豫[52]，如图 2-1（c）所示，$\boldsymbol{M}_z$ 从零恢复到最大值的 63%（即 63%$\boldsymbol{M}_0$）所用时间为纵向弛豫时间（T_1），而横向弛豫时间（T_2）是 $\boldsymbol{M}_{xy}$ 从最大值降低到最大值的 37%（即 37%$\boldsymbol{M}_0$）所用的时间。在磁共振成像中，质子的自然弛豫过程引发电信号，这些电

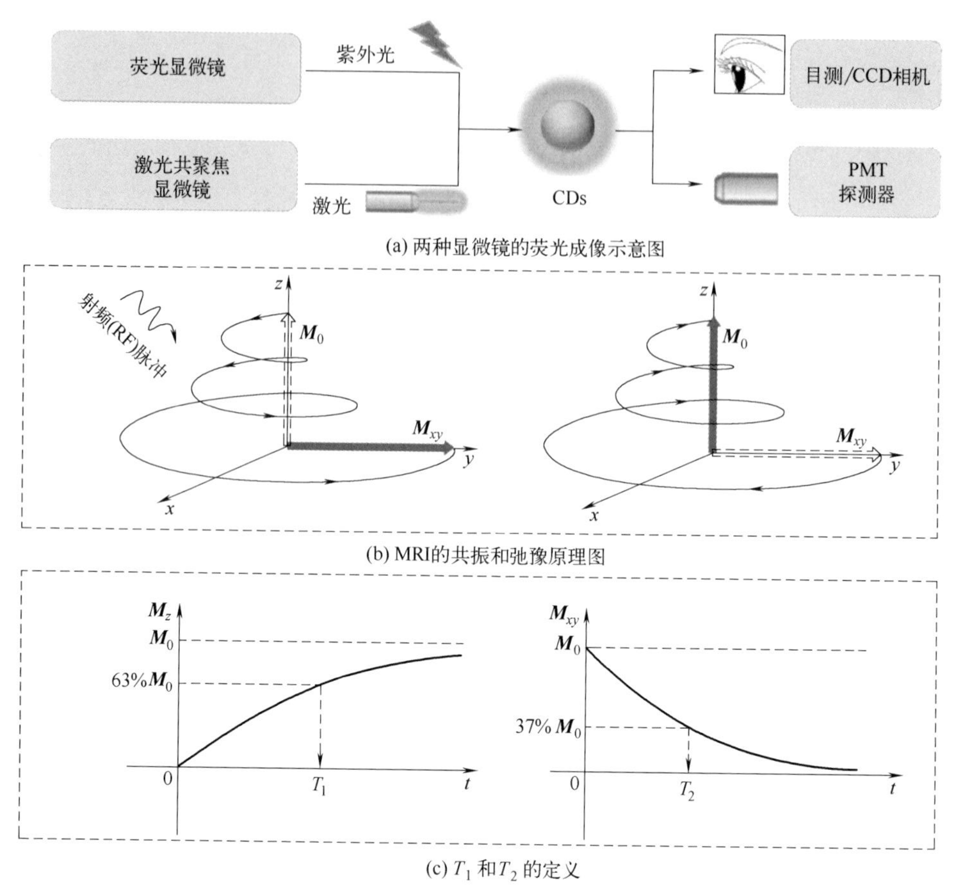

图 2-1　两种显微镜的荧光成像示意、MRI 的共振和弛豫原理图，以及 T_1 和 T_2 的定义

信号经过电子计算机的处理，最终形成图像[53]。T_1 弛豫产生 T_1 图像，T_2 弛豫产生 T_2 图像。T_1 弛豫速率越快，产生的 T_1 加权图像越亮，而 T_2 弛豫速率越快，产生的 T_2 加权图像越暗。由于顺磁性物质能与水中氢质子发生直接相互作用，功能化 CDs 进入生理环境后，将会缩短 T_1，提高 r_1 值，产生更亮的 MRI 图像[54]。

Jiang 等通过溶剂热法制备 Gd@CDs，并将阿霉素（DOX）和近红外光热剂 IR825 负载于 Gd@CDs 中得到 DOX@IR825@Gd@CDs 化合物，被开发用于 FL/MRI 双模态成像引导的光热化疗[55]。将 DOX@IR825@Gd@CDs 静脉注射到荷瘤小鼠体内，肿瘤区域的磁共振信号在 4h 后最强，可以看出其具有肿瘤聚集能力。选择带 4T1（小鼠乳腺癌细胞）荷瘤小鼠作为生物模型，发现注射 DOX@IR825@Gd@CDs 的小鼠在协同光热化疗下的效率最高，具有最显著的肿瘤抑制作用。

2.2.3 磷光成像

磷光成像的基本原理是通过光子的吸收和散射形成图像[56]。通常利用磷光探针分子在生物体内进行标记。探针被激发光源激发后发射磷光，通过检测器收集光学信号，并结合计算机图像分析技术实现对生物结构的实时观测，从而获得生物的形态特征、代谢活动以及病变等信息[57]。目前的磷光成像方式主要包括直接磷光成像、不同通道磷光成像和时间分辨磷光成像三种。

（1）直接磷光成像

直接磷光成像是利用磷光的长寿命，收集不同延迟时间下的磷光信号进行成像。例如，Liu 等使用磷光寿命为 1.46s 的基于 CDs 的磷光探针在 405nm 光激发下对人乳腺细胞 HeLa 细胞进行成像[58]。去除激发光源后，连续采集不同延迟时间间隔（200ms）的图像，可以清晰地捕捉到细胞的磷光图像（图 2-2，书后另见彩图）。

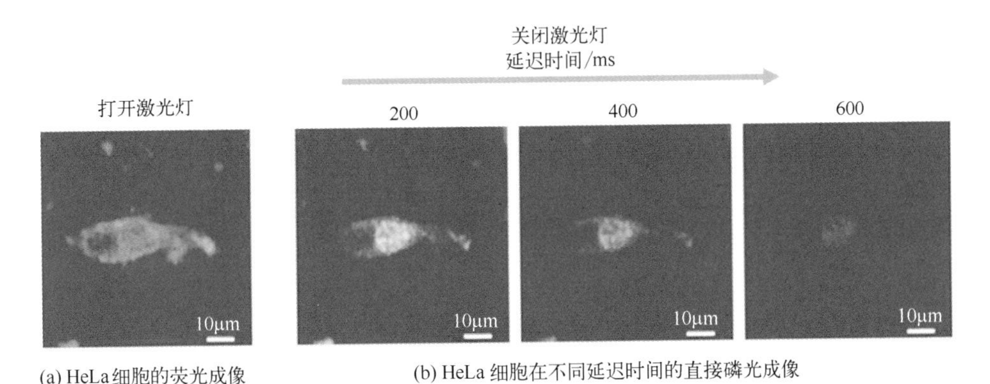

(a) HeLa细胞的荧光成像　(b) HeLa 细胞在不同延迟时间的直接磷光成像

图 2-2　HeLa 细胞的荧光成像及 HeLa 细胞在不同延迟时间的直接磷光成像[58]

（2）不同通道磷光成像

当使用同一探针被激发光源激发时，探针会同时发出荧光和磷光。一般来说，磷光相对荧光具有一定的斯托克斯位移，利用磷光这一特性使用不同的滤光片来选择性地过滤掉荧光信号并只收集磷光信号，就可以实现磷光成像。Liang 等使用基于 CDs 的磷光探针（WSP-CNDs@SiO_2）对小鼠树突状细胞 DC2.4 进行成像。这种探针会同时发出蓝色荧光和绿色磷光，探针磷光相对荧光有一个较大的斯托克斯位移[59]。在用405nm激光激发探针时，使用408～500nm和500～592nm滤光片选择性地收集磷光信号，从而成功地实现了磷光成像。通过激光共聚焦显微镜观察，能够同时获得蓝色荧光和绿色磷光的成像图像。

（3）时间分辨磷光成像

时间分辨磷光成像包括磷光寿命时间门成像技术与磷光寿命成像（phosphorescence lifetime imaging，PLIM）技术[60]。荧光的寿命通常在纳秒，而磷光的寿命可以达到微秒、毫秒甚至秒。如图2-3所示，当发光寿命短于时间门（t_0）时，短寿命荧光被滤除；当发光寿命长于t_0时，探测器记录长寿命的磷光，从而获得无荧光的磷光图像。Jin等利用铱（Ⅲ）配合物磷光探针对HeLa细胞进行成像，通过时间门成像获得不同时间间隔（50ns、100ns、200ns）的磷光成像图[60]。PLIM技术的成像原理是：用于激发成像样品的激光器通过波形发生器同步产生调制晶体管-晶体管逻辑脉冲，脉冲转化为激发光源激发样品，样品被激发后，发射的磷光经光学滤光片滤波后，由时间门控增强电荷耦合器件（intensified charge coupled device，ICCD）相机采集，这些图像由计算机处理，用于数据分析和确定寿命图像[61]。磷光寿命和强度会受到氧分压（p_{O_2}）和pH值等微环境变化的影响，因此可以利用磷光在不同条件下的变化进行成像并分析生物微环境[62]。

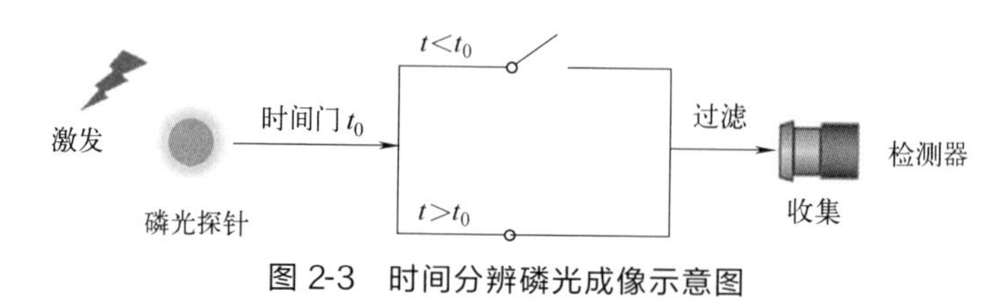

图2-3　时间分辨磷光成像示意图

参考文献

[1] Liu Y，Roy S，Sarkar S，et al. A review of carbon dots and their composite materials for electrochemical energy technologies [J]. Carbon Energy，2021，3 (5)：795-826.

[2] Xu X，Ray R，Gu Y，et al. Electrophoretic analysis and purification of fluorescent single-walled carbon nanotube fragments [J]. Journal of the American

Chemical Society, 2004, 126 (40): 12736-12737.

[3] Sun Y P, Zhou B, Lin Y, et al. Quantum-sized carbon dots for bright and colorful photoluminescence [J]. Journal of the American Chemical Society, 2006, 128 (24): 7756-7757.

[4] Zhao Q L, Zhang Z L, Huang B H, et al. Facile preparation of low cytotoxicity fluorescent carbon nanocrystals by electrooxidation of graphite [J]. Chemical Communications, 2008, 7 (41): 5116-5118.

[5] Zhou J, Booker C, Li R, et al. An electrochemical avenue to blue luminescent nanocrystals from multiwalled carbon nanotubes (MWCNTs) [J]. Journal of the American Chemical Society, 2007, 129 (4): 744-745.

[6] Tao H, Yang K, Ma Z, et al. In vivo NIR fluorescence imaging, biodistribution, and toxicology of photoluminescent carbon dots produced from carbon nanotubes and graphite [J]. Small, 2012, 8 (2): 281-290.

[7] Bourlinos A, Stassinopoulos A, Anglos D, et al. Surface functionalized carbogenic quantum dots [J]. Small, 2008, 4 (4): 455-458.

[8] Liu R, Wu D, Liu S, et al. An aqueous route to multicolor photoluminescent carbon dots using silica spheres as carriers [J]. Angewandte Chemie International Edition, 2009, 48 (25): 4598-4601.

[9] Dong S, Song Y, Fang Y, et al. Microwave-assisted synthesis of carbon dots modified graphene for full carbon-based potassium ion capacitors [J]. Carbon, 2021, 178 (30): 1-9.

[10] Naksen P, Jarujamrus P, Anutrasakda W, et al. Old silver mirror in qualitative analysis with new shoots in quantification: nitrogen-doped carbon dots (N-CDs) as fluorescent probes for "off-on" sensing of formalin in food samples [J]. Talanta, 2021, 236: 122862.

[11] 卫迎迎. 基于立体结构继承策略手性碳量子点的合成及其生物成像性能 [D]. 太原：太原理工大学，2021.

[12] 张昕. 以环氧合酶-2为靶点的荧光碳点构建及其高尔基体靶向成像 [D]. 太原：太原理工大学，2022.

[13] An Q, Lin Q, Huang X, et al. Electrochemical synthesis of carbon dots with a stokes shift of 309 nm for sensing of Fe^{3+} and ascorbic acid [J]. Dyes and Pigments, 2021, 185: 108878.

[14] Zhou J, Sheng Z, Han H, et al. Facile synthesis of fluorescent carbon dots using watermelon peel as a carbon source [J]. Materials Letters, 2012, 66 (1): 222-224.

[15] Li R, Gao P, Zhang H, et al. Chiral nanoprobes for targeting and long-term imaging of the golgi apparatus [J]. Chemical Science, 2017, 8: 6829-6835.

[16] Ren X, Liu L, Li Y, et al. Facile preparation of gadolinium (Ⅲ) chelates functionalized carbon quantum dot-based contrast agent for magnetic resonance/fluorescence multimodal imaging [J]. Journal of Materials Chemistry B, 2014, 2 (34): 5541-5549.

[17] Zong J, Zhu Y, Yang X, et al. Synthesis of photoluminescent carbogenic dots using mesoporous silica spheres as nanoreactors [J]. Chemical Communications, 2011, 47 (2): 764-766.

[18] Cilingir E, Seven E, Zhou Y, et al. Metformin derived carbon dots: Highly biocompatible fluorescent nanomaterials as mitochondrial targeting and blood-brain barrier penetrating biomarkers [J]. Journal of Colloid and Interface Science, 2021, 592: 485-497.

[19] Gong N, Wang H, Li S, et al. Microwave-assisted polyol synthesis of gadolinium-doped green luminescent carbon dots as a bimodal nanoprobe [J]. Langmuir, 2014, 30 (36): 10933-10939.

[20] Shuang E, Mao Q, Yuan X, et al. Targeted imaging of the lysosome and endoplasmic reticulum and their pH monitoring with surface regulated carbon dots [J]. Nanoscale, 2018, 10 (26): 12788-12796.

[21] Liu H, Sun Y, Li Z, et al. Lysosome-targeted carbon dots for ratiometric imaging of formaldehyde in living cells [J]. Nanoscale, 2019, 11 (7): 8458-8463.

[22] 侯鹏. 记忆型碳点的制备及其在生物医药分析中的应用研究 [D]. 重庆：西南大学，2018.

[23] Liao H, Wang Z, Chen S, et al. One-pot synthesis of gadolinium (Ⅲ) doped carbon dots for fluorescence/magnetic resonance bimodal imaging [J]. RSC Advances, 2015, 5 (82): 66575-66581.

[24] Chen H, Wang L, Fu H, et al. Gadolinium functionalized carbon dots for fluorescence/magnetic resonance dual-modality imaging of mesenchymal stem cells [J]. Journal of Materials Chemistry B, 2016, 4 (46): 7472-7480.

[25] Huang Q, Liu Y, Zheng L, et al. Biocompatible iron (Ⅱ)-doped carbon dots as T1-weighted magnetic resonance contrast agents and fluorescence imaging probes [J]. Microchimica Acta, 2019, 186 (8): 1-10.

[26] Shi H, Niu Z, Wang H, et al. Endowing matrix-free carbon dots with color-tunable ultralong phosphorescence by self-doping [J]. Chemical Science, 2022, 13 (15): 4406-4412.

[27] Jiang K, Hu S, Wang Y, et al. Photo-stimulated polychromatic room temperature phosphorescence of carbon dots [J]. Small, 2020, 16 (31): 2001909.

[28] Zhang Y, Chen L, Liu B, et al. Multicolor afterglow carbon dots: luminescence regulation, preparation, and application [J]. Advanced Functional Materials, 2024: 2315366.

[29] Deng Y, Zhao D, Chen X, et al. Long lifetime pure organic phosphorescence based on water soluble carbon dots [J]. Chemical Communications, 2013, 49 (51): 5751-5753.

[30] He J, He Y, Chen Y, et al. Construction and multifunctional applications of carbon dots/PVA nanofibers with phosphorescence and thermally activated delayed fluorescence [J]. Chemical Engineering Journal, 2018, 347: 505-513.

[31] Li Q, Zhou M, Yang Q, et al. Efficient room-temperature phosphorescence from nitrogen-doped carbon dots in composite matrices [J]. Chemistry of Materials, 2016, 28 (22): 8221-8227.

[32] Lin C, Zhuang Y, Li, et al. Blue, green, and red full-color ultralong afterglow in nitrogen-doped carbon dots [J]. Nanoscale, 2019, 11 (14): 6584-6590.

[33] Li C, Liang H, Bai S, et al. Efficient color-tunable room temperature phosphorescence through carbon dot confinement in urea crystals [J]. Journal of Luminescence, 2023, 254: 119497.

[34] Liang P, Zheng Y, Zhang X, et al. Carbon dots in hydroxy fluorides: Achieving multicolor long-wavelength room-temperature phosphorescence and excellent stability via crystal confinement [J]. Nano Letters, 2022, 22 (13): 5127-5136.

[35] Li Q, Zhou M, Yang M, et al. Induction of long-lived room temperature phosphorescence of carbon dots by water in hydrogen-bonded matrices [J]. Nature Communications, 2018, 9 (1): 734.

[36] Zhou Z, Ushakova E., Liu E, et al. A co-crystallization induced surface modification strategy with cyanuric acid modulates the bandgap emission of carbon dots [J]. Nanoscale, 2020, 12 (20): 10987-10993.

[37] Zheng Y, Zhou Q, Yang Y, et al. Full-color long-lived room temperature phosphorescence in aqueous environment [J]. Small, 2022, 18 (19): 2201223.

[38] Jiang K, Wang Y, Cai C, et al. Activating room temperature long afterglow of carbon dots via covalent fixation [J]. Chemistry of Materials, 2017, 29 (11): 4866-4873.

[39] Sun Y, Liu J, Pang X, et al. Temperature-responsive conversion of thermally activated delayed fluorescence and room-temperature phosphorescence of carbon dots in silica [J]. Journal of Materials Chemistry C, 2020, 8 (17): 5744-5751.

[40] Mo L, Liu H, Liu Z, et al. Cascade resonance energy transfer for the construction of nanoparticles with multicolor long afterglow in aqueous solutions for information encryption and bioimaging [J]. Advanced Optical Materials, 2022, 10 (10): 2102666.

[41] Zhang Y, Li M, Lu S. Rational design of covalent bond engineered encapsulation structure toward efficient, long-lived multicolored phosphorescent carbon dots [J]. Small, 2023, 19 (31): 2206080.

[42] Li W, Zhou W, Zhou Z, et al. A universal strategy for activating the multicolor room-temperature afterglow of carbon dots in a boric acid matrix [J]. Angewandte Chemie, 2019, 58 (22): 7278-7283.

[43] He W, Sun X, Cao X. Construction and multifunctional applications of visible-light-excited multicolor long afterglow carbon dots/boron oxide composites

[J]. ACS Sustainable Chemistry & Engineering, 2021, 9 (12): 4477-4486.

[44] Ding Y, Wang X, Tang M, et al. Tailored fabrication of carbon dot composites with full-color ultralong room-temperature phosphorescence for multidimensional encryption [J]. Advanced Science, 2022, 9 (3): 2103833.

[45] Liu J, Wang N, Yu Y, et al. Carbon dots in zeolites: A new class of thermally activated delayed fluorescence materials with ultralong lifetimes [J]. Science Advances, 2017, 3 (5): e1603171.

[46] Liu J, Zhang H, Wang N, et al. Template-modulated afterglow of carbon dots in zeolites: Room-temperature phosphorescence and thermally activated delayed fluorescence [J]. ACS Materials Letters, 2019, 1 (1): 58-63.

[47] Zhang H, Liu K, Liu J, et al. Carbon dots-in-zeolite via in-situ solvent-free thermal crystallization: Achieving high-efficiency and ultralong afterglow dual emission [J]. CCS Chemistry, 2020, 2 (3): 118-127.

[48] Wen J, Zeng Z, Wang B, et al. Modulating hydrothermal condition to achieve carbon dots-zeolite composites with multicolor afterglow [J]. Nano Research, 2023, 16 (5): 7761-7769.

[49] Wang B L, Mu Y, Zhang H Y, et al. Red room-temperature phosphorescence of CDs@zeolite composites triggered by heteroatoms in zeolite frameworks [J]. ACS Central Science, 2019, 5 (2): 349-356.

[50] Yu X, Liu K, Wang B, et al. Time-dependent polychrome stereoscopic luminescence triggered by resonance energy transfer between carbon dots-in-zeolite composites and fluorescence quantum dots [J]. Advanced Materials, 2023, 35 (6): 2208735.

[51] Yan G, and Zhuo R. Research progress of magnetic resonance imaging contrast agents [J]. Chinese Journal of Analytical Chemistry, 2001, 39 (015): 1233-1237.

[52] Gaeta M, Cavallaro M, Vinci S, et al. Magnetism of materials: theory and practice in magnetic resonance imaging [J]. Insights Imaging, 2021, 12 (1): 179.

[53] He X, Luo Q, Zhang J, et al. Gadolinium-doped carbon dots as nano-theranostic agents for MR/FL diagnosis and gene delivery [J]. Nanoscale, 2019, 11 (27): 12973-12982.

[54] Ren X, Yuan X, Wang Y P, et al. Facile preparation of Gd^{3+} doped carbon quantum dots: Photoluminescence materials with magnetic resonance response as magnetic resonance/fluorescence bimodal probes [J]. Optical Materials, 2016, 57: 56-62.

[55] Jiang Q, Liu L, Li Q, et al. NIR-laser-triggered gadolinium-doped carbon dots for magnetic resonance imaging, drug delivery and combined photothermal chemotherapy for triple negative breast cancer [J]. Journal of Nanobiotechnology, 2021, 19 (1): 64.

[56] Steunenberg P, Ruggi A, Van N S, et al. Phosphorescence imaging of living

cells with amino acid-functionalized tris (2-phenylpyridine) iridium (Ⅲ) complexes [J]. Inorganic Chemistry, 2012, 51 (4): 2105-2014.

[57] Xiong L, Zhao Q, Chen H, et al. Phosphorescence imaging of homocysteine and cysteine in living cells based on a cationic iridium (Ⅲ) complex [J]. Inorganic Chemistry, 2010, 49 (14): 6402-6408.

[58] Liu Y, Chen W, Lu L, et al. Si-assisted N, P co-doped room temperature phosphorescent carbonized polymer dots: Information encryption, graphic anti-counterfeiting and biological imaging [J]. Journal of Colloid and Interface Science, 2022, 609: 279-288.

[59] Liang Y, Gou S, Liu K, et al. Ultralong and efficient phosphorescence from silica confined carbon nanodots in aqueous solution [J]. Nano Today, 2020, 34: 100900.

[60] Jin C, Guan R, Wu J, et al. Rational design of NIR-emitting iridium (Ⅲ) complexes for multimodal phosphorescence imaging of mitochondria under two-photon excitation [J]. Chemical Communications, 2017, 53 (75): 10374-10377.

[61] Liu Y, Gu Y, Yuan W, et al. Quantitative mapping of liver hypoxia in living mice using time-resolved wide-field phosphorescence lifetime imaging [J]. Advanced Science, 2020, 7 (11): 1902929.

[62] Feng Z, Tao P, Zou L, et al. Hyperbranched phosphorescent conjugated polymer dots with iridium (Ⅲ) complex as the core for hypoxia imaging and photodynamic therapy [J]. ACS Applied Materials & Interfaces, 2017, 9 (34): 28319-28330.

靶向高尔基体碳点荧光探针

高尔基体在细胞中负责蛋白质的加工、分拣与运输，在生物活动过程中具有重要的作用。异常的高尔基体糖基化和膜运输与许多疾病的发病机制相关，如神经退行性疾病、缺血性中风、心血管疾病、肺动脉高压、传染病以及癌症[1]。因此，利用荧光探针对高尔基体进行成像有利于实现高尔基体可视化研究以及疾病的早期诊断。

CDs具有诸多的优良性能，如良好的水溶性、低毒性和优异的荧光性能，使其具有成为高尔基体成像探针的潜能[2,3]。但是不可避免的，大多数CDs探针由于缺乏靶向配体或被动靶向性质，导致其在进入细胞后不具有高尔基体靶向性，阻碍了高尔基体的实时、精准观察。目前，靶向高尔基体CDs的发射波长大多处于蓝绿光范围，并且一些需要通过两步法进行合成，制备方法烦琐[4]。因此，探索开发精准靶向高尔基体的CDs、促进其发射波长红移以及简化合成工艺仍是目前研究人员正在关注的主要内容。

为简单快速地制备具有明确高尔基体靶向机制的长波长发射高尔基体靶向型CDs，张昕分别以具有共轭结构的小分子对苯二胺和尼罗蓝为碳源，苯磺酰胺为靶向识别单元，通过一步溶剂热法合成两种长波长靶向高尔基型CDs探针，用于细胞中高尔基体的成像与监测[5]。

3.1 基于苯磺酰胺的橙光靶向高尔基体碳点

高尔基体是细胞中负责转运蛋白质的重要细胞器，影响着生命体的生理健康等[6]。采用靶向荧光成像技术精准监测高尔基体的生理状态对于疾病的早期诊断与治疗至关重要。

由配体与蛋白受体靶点结合的主动靶向作用是一种高效的靶向成像手段。环氧合酶-2（COX-2）是一种优良的可追踪生物标志物，在癌细胞高尔基体中大量存在[7]。COX-2属于一种同工的应激酶，一般情况下不表达，但在机体处于炎症及癌症时会在高尔基体中高度表达，如在炎症反应中参与调解水肿以及疼痛等[8]。Zhang等制备了一种COX-2

特异性分子探针，可根据肿瘤细胞和炎症细胞中 COX-2 表达量的不同实现鉴别细胞的能力[9]。Kurumbail 等发现苯磺酰胺部分可以与 COX-2 的活性位点选择性结合[10]。因此，基于磺酰胺基团以及 COX-2 的配体-蛋白受体结合的主动靶向作用设计靶向高尔基体 CDs 荧光探针具有很大研究前景。

具有苯环结构的小分子通常被用于合成长波长发射 CDs，杂原子掺杂可以打破相邻碳原子的电中性，创造活性位点，可以利用共轭结构以及杂原子掺杂策略来实现 CDs 的长波长发射[11]。基于此，以对苯二胺和苯磺酰胺为碳源，无水甲醇为溶剂，采用一步溶剂热法制备表面具有磺酰胺官能团的靶向高尔基体橙光 CDs 探针（GTCDs）。首先准确称取 0.0003mol 对苯二胺（0.0324g）与 0.0001mol 苯磺酰胺（0.0157g）溶解于 40mL 无水甲醇中，超声 3min 后形成透明溶液。随后，将该溶液转移到 100mL 的聚四氟乙烯反应釜中并密封，在 180℃下反应 8h。反应结束后，自然冷却至室温。采用 0.22μm 亲水性微孔过滤膜对深酒红色反应液进行过滤，除掉大颗粒，并将所得滤液用截留分子量为 1000 的透析袋在超纯水中透析 24h 以除去没有反应的小分子。对透析后的溶液采用旋转蒸发的方式去除多余的甲醇，最后将浓缩液经冷冻干燥后得到深红色粉末，即 GTCDs。然后进一步对 GTCDs 进行微观组成结构、光学性能、生物安全性能及靶向性能的研究，最后将其作为荧光生物探针用于高尔基体成像。同时，为了验证磺酰胺基团对 GTCDs 靶向性的影响，选择类似苯磺酰胺的原料对甲苯磺酸，将材料表面的磺酰胺基团取代为苯磺酸基团，用于对比实验。采用对苯二胺和对甲苯磺酸作反应原料，在相同的条件下进行反应，进行相同的提纯步骤得到对照组 CDs，即 CGCDs。

3.1.1 橙光靶向高尔基体碳点的结构

对 CDs 的结构进行表征。TEM 图像（图 3-1）显示，GTCDs 呈球形，且均匀分散，根据粒径统计直方图，GTCDs 平均粒径为（3.36±0.98）nm，从右上角的高分辨 TEM(HRTEM)图像可以看出，GTCDs 具有明显的晶格条纹，晶面间距为 0.21nm，对应于石墨碳的（100）晶面间距，表明 GTCDs 具有类石墨的结构[12]。

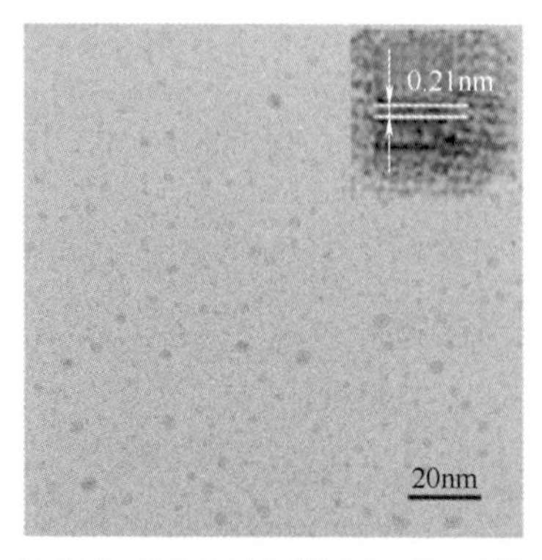

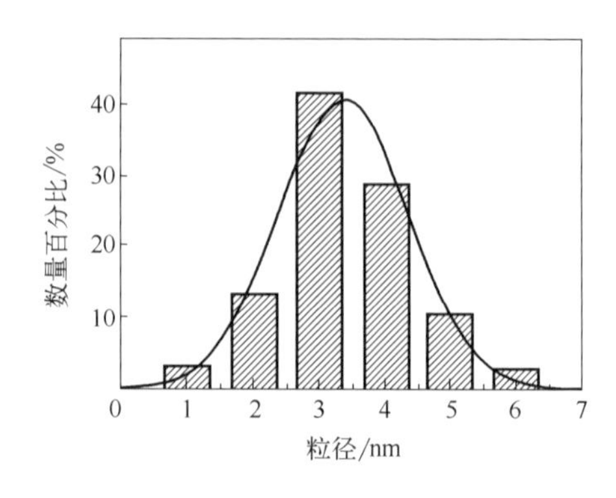

(a) GTCDs的TEM图像(插图为HRTEM图像)　　(b) 粒度分布

图 3-1　GTCDs 的 TEM 图像及粒度分布

对照组 CGCDs 同样呈球形均匀分散状态（图 3-2），无明显晶格条纹，其粒径统计直方图显示 CGCDs 平均粒径为（2.18±0.37）nm，是一类球形碳纳米点。

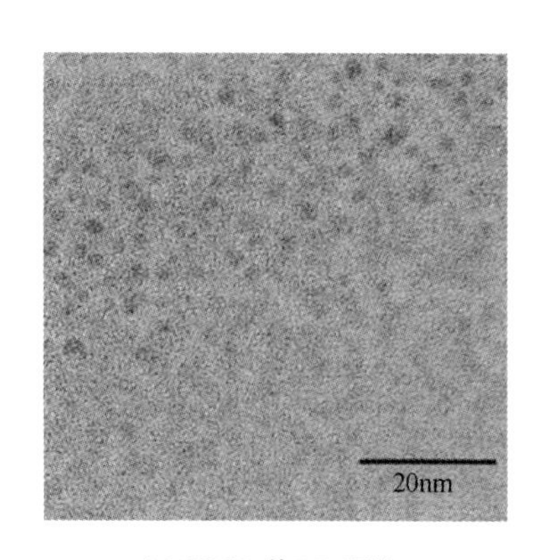

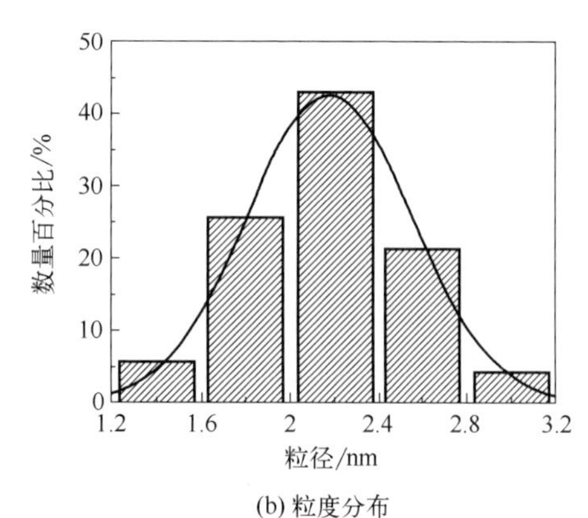

(a) CGCDs的TEM图像　　(b) 粒度分布

图 3-2　CGCDs 的 TEM 图像及粒度分布

采用 XRD 谱图进一步对 GTCDs 结构进行表征［图 3-3（a)］，根据布拉格方程，GTCDs 相对应的晶面间距为 0.36nm，接近石墨（002）晶面对应的 0.34nm，具有一定的结晶度[13]。拉曼（Raman）光谱表明 GTCDs 在 $1365cm^{-1}$ 处为无序 D 带，与 sp^3 缺陷的存在有关；另外在 $1571cm^{-1}$ 处为结晶 G 带，与 sp^2 碳的面内振动有关，其特征谱带的强度比 I_D/I_G 为 0.64［图 3-3（b)］[14]，Raman 光谱证实 GTCDs 具有一定的结晶度。结合 TEM 图像、XRD 谱图和 Raman 光谱，表明 GTCDs

是一类具有一定石墨化程度的球形CDs。采用zeta电位、FTIR和XPS研究GTCDs的组成和表面官能团。GTCDs的zeta电位图显示其带有正电荷（+13.3mV）[图3-3（c）]，可能是表面富含氨基导致，氨基的存在对高尔基体靶向作用也起到一定的促进作用[15]。

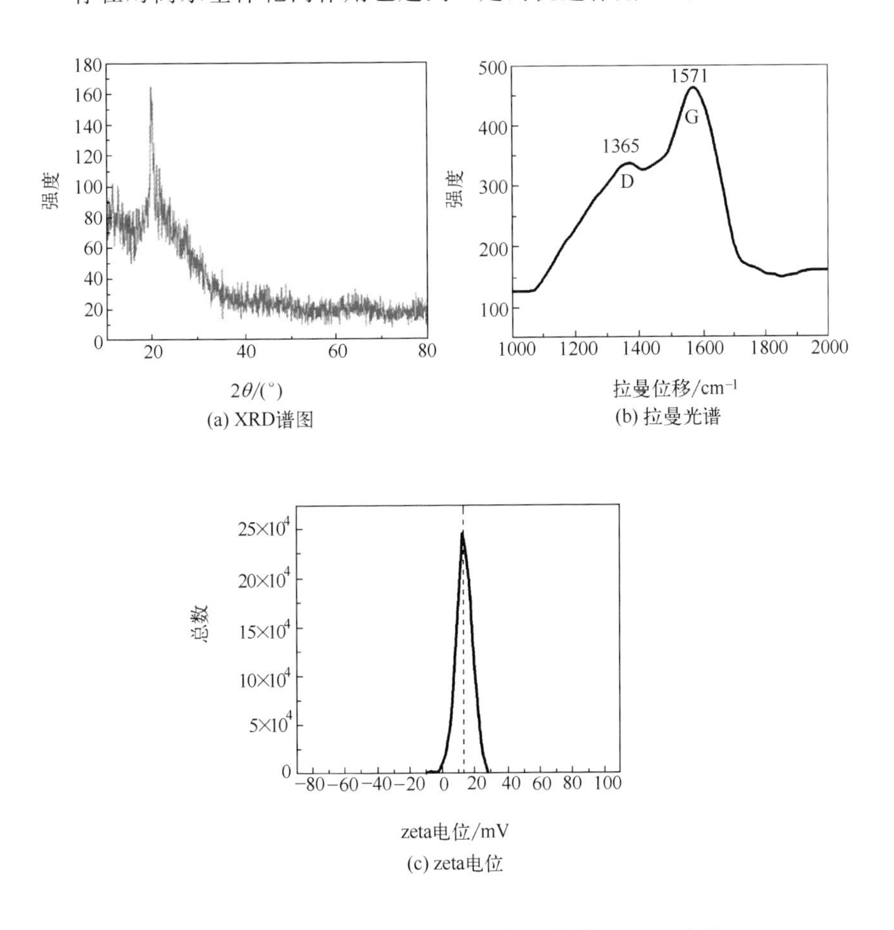

图3-3 GTCDs的XRD谱图、拉曼光谱和zeta电位

在FTIR光谱［图3-4（a）］中，3022～3689cm^{-1}处的吸收峰归因于O—H及N—H的伸缩振动[16]，2926cm^{-1}处的吸收峰归因于C—H的伸缩振动[17]，1514cm^{-1}处的吸收峰归因于C═C、C═N、S—N和C—N的伸缩振动[18]，可能来自苯磺酰胺原料。1047cm^{-1}和829cm^{-1}处的吸收峰归因于C—OH和S—O的伸缩振动，羟基的存在主要是由于溶剂参与反应过程[19,20]。

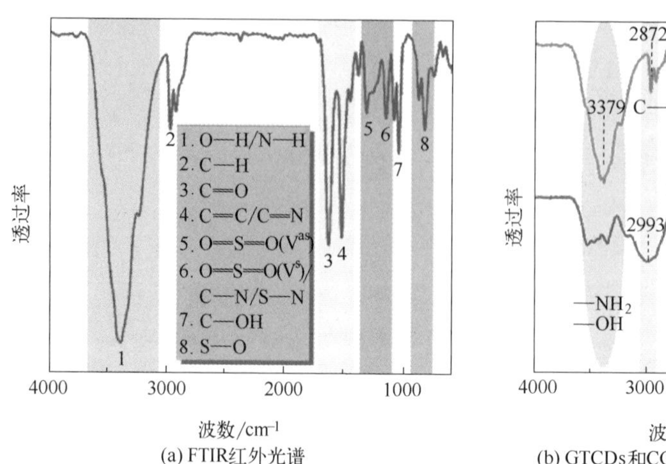

(a) FTIR红外光谱

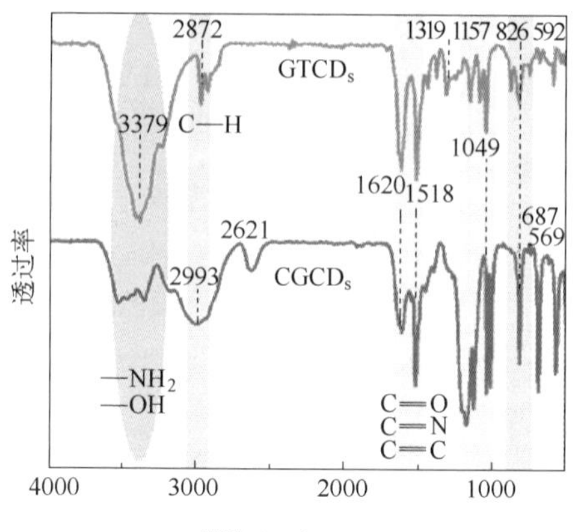

(b) GTCDs和CGCDs的FTIR红外光谱对比

图 3-4　GTCDs 的 FTIR 光谱及 GTCDs 和 CGCDs 的 FTIR 光谱对比

在 CGCDs 的 FTIR 光谱［图 3-4（b）］中，与 GTCDs 类似的是，3600～3300cm^{-1} 处的宽带对应于 O—H 和 N—H 伸缩振动，氨基含量明显减少；2993cm^{-1} 处的吸收峰对应于 C—H 的伸缩振动，与 GTCDs 相比较，CGCDs 在 1157cm^{-1}、1049cm^{-1} 和 862cm^{-1} 处有更明显的吸收峰，对应于 O═S═O、C—OH 和 S—O 的拉伸振动，证明 CGCDs 表面被苯磺酸的磺酸基修饰。

采用 XPS 能谱对 GTCDs 的组成与元素含量进行分析，如图 3-5 所示（书后另见彩图）。GTCDs 含有 C、N、O 和 S 元素（无法检测 H），其原子分数分别为 46.64%、27.17%、23.76% 和 2.42%［图 3-5（a）］，并结合元素分析结果，其质量分数分别为 C 42.92%、N 9.59%、H 4.16%、S 14.24%和 O 29.09%，XPS 和元素分析结果差异主要体现在 N 和 S 元素上。因为 XPS 测试原理为光电效应，当 X 射线照射至样品内部，原子内层电子被激发产生光电子，尽管 X 射线可穿透样品很深，但只有样品近表面薄层发射出的光电子可逃逸出来。因此只有靠近材料表面的元素的光电子才能逃离被仪器测得。元素分析是待测样品在高温条件下，经氧气的氧化与复合催化剂的共同作用，发生氧化燃烧与还原反应，被测样品被转化为气态物质（CO_2、H_2O、N_2 与 SO_2）后得到检测结果。元素分析测试本体元素而 XPS 测试表面元素可能是导致两种测试方法元素含量差异的一个原因。

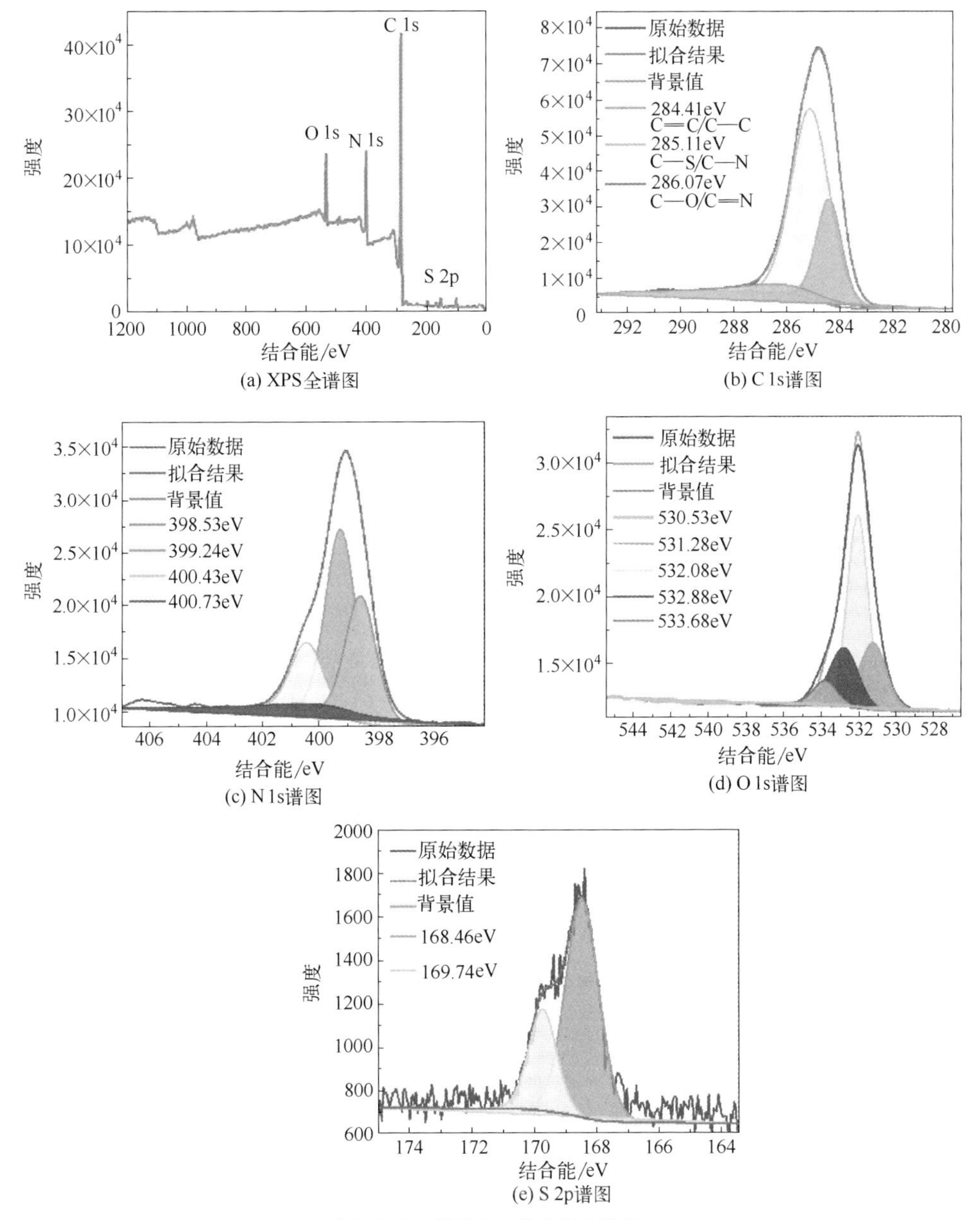

图 3-5 GTCDs 的 XPS 谱图

综合 XPS 和元素分析的测试结果，表明 C 是 GTCDs 最主要的构成元素之一，其次分别是 N、O、S 和 H。C 1s 的高分辨率能谱图在 284.41eV、285.11eV 和 286.07eV 处显示出 3 个峰［图 3-5（b)］，分别归因于 C—C/C ═C、C—S/C—N 和 C—O/C ═N，主要以 C—S/

C—N 形式存在[21,22]。在 N 1s 的高分辨率能谱图［图 3-5（c）］中，位于 398.53eV、399.24eV、400.43eV 和 400.73eV 处的峰可分别归因于吡啶 N、氨基 N、吡咯 N 和 C—NH_2[23,24]，在 O 1s 的高分辨率能谱图［图 3-5（d）］中，位于 530.53eV、531.28eV、532.08eV、532.88eV 和 533.68eV 处的特征峰分别归因于—C—OH、C ═O、C—O—C、O—H 和 O ═C—O，主要以 C—O—C 键存在[25,26]。S 2p 高分辨率能谱图［图 3-5（e）］中 168.46eV 和 169.74eV 处的特征峰证实 GTCDs 表面具有 C—S/N—S 和高度氧化的 S^{6+}，如 R—SO_2—R 基团[27,28]。结合 FTIR 和 XPS 表征证实 GTCDs 表面有磺酰胺基团的存在。

以上结果表明 GTCDs 是一种尺寸约为 3.36nm 且具有较高石墨化程度的球形颗粒结构，由 C、N、O、S 和 H 元素组成，表面带正电荷，XPS 和 FTIR 表征证实 GTCDs 表面具有氨基、砜基和磺酰胺等官能团，有利于 GTCDs 的高尔基体靶向成像。

3.1.2 橙光靶向高尔基体碳点光学性能

采用 UV-Vis 光谱和 PL 光谱对 GTCDs 进行光学性能表征。UV-Vis 光谱［图 3-6（a），书后另见彩图］在 245nm 和 275nm 处显示出 2 个吸收峰，分别表明存在 C ═O 的 n-π* 跃迁[29] 和 C ═N 的 n-π* 跃迁[30]。在 509nm 处有一个较弱的吸收峰，对应 GTCDs 表面 C—N—C 和 C ═ O 的 n-π* 跃迁。GTCDs 表现出激发独立的荧光发射特性［图 3-6（b），书后另见彩图］，最佳激发波长位于 366nm，最佳发射波

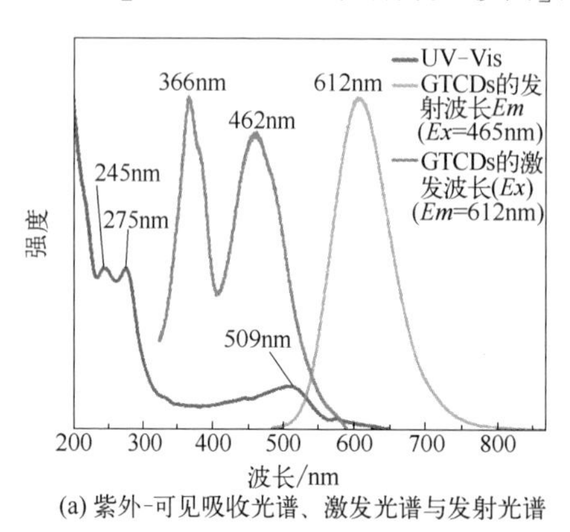

(a) 紫外-可见吸收光谱、激发光谱与发射光谱

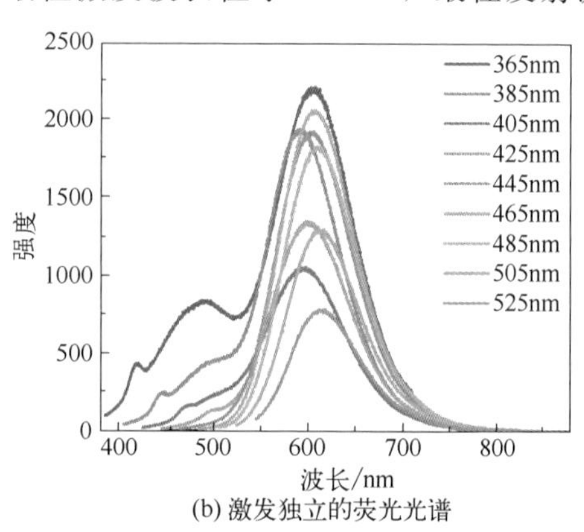

(b) 激发独立的荧光光谱

图 3-6 GTCDs 的 UV-Vis 光谱和 PL 光谱

长达到 612nm，属于橙光发射。

在荧光生物成像过程中，需要荧光探针具有抗漂白性能，以防止激光照射时间过长导致的荧光强度剧烈下降。为了测试 GTCDs 的抗光漂白性能，对 GTCDs 连续照射 60min，其荧光强度下降 8.6%［图 3-7 (a)，书后另见彩图］，可满足 GTCDs 的高尔基体成像需求。进一步验证 GTCDs 的光稳定性，对 GTCDs 在不同 pH 值（2～13）水溶液环境的荧光强度进行测试，在 pH 值处于 5～8 的环境下，荧光强度相对稳定，下降 3.1%［图 3-7（b），书后另见彩图］，可用于正常细胞和肿瘤细胞环境的荧光测试。

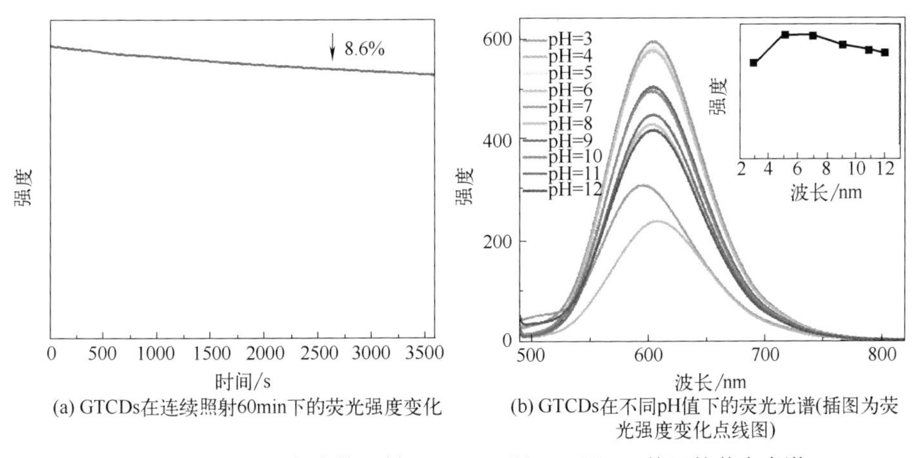

(a) GTCDs在连续照射60min下的荧光强度变化

(b) GTCDs在不同pH值下的荧光光谱(插图为荧光强度变化点线图)

图 3-7　GTCDs 在连续照射 60min 下以及不同 pH 值下的荧光光谱

进一步对 CGCDs 对照组的光学性能进行分析（图 3-8，书后另见彩图）。

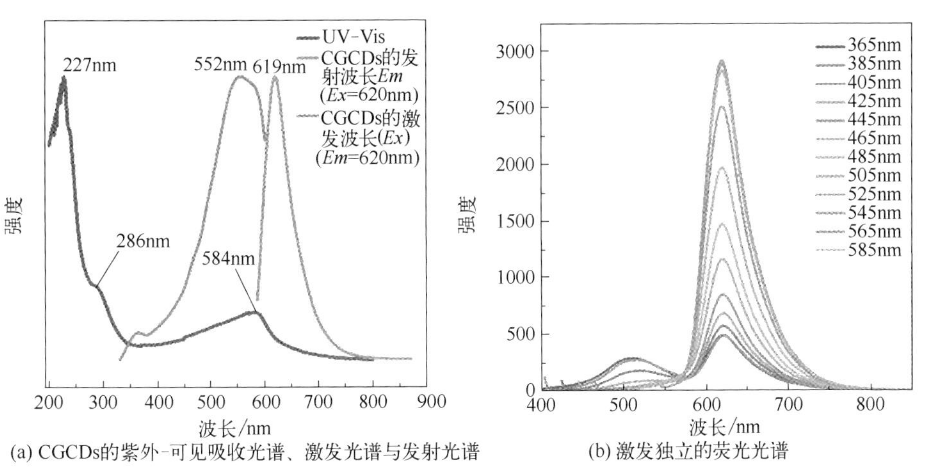

(a) CGCDs的紫外-可见吸收光谱、激发光谱与发射光谱

(b) 激发独立的荧光光谱

图 3-8　CGCDs 的 UV-Vis 光谱与 PL 光谱

在 UV-Vis 吸收光谱中，CGCDs 在 227nm 和 286nm 处存在一个吸收峰以及一个肩峰，分别对应 C ═X（X ═O/N）的 π-π^* 和 n-π^* 跃迁。584nm 处较弱的吸收峰对应于 CGCDs 表面 C ═S 的 n-π^* 跃迁。与 GTCD 相比，CGCD 的最佳发射波长为 619nm，最佳激发波长为 552nm。

3.1.3 橙光靶向高尔基体碳点的生物安全性能

为开展 GTCDs 荧光探针的生物成像应用，需要对 GTCDs 的生物安全性能进行评价。首先采用 HeLa 细胞考察其细胞毒性。CCK-8 实验表明，GTCDs 在培养基中浓度达到 200μg/mL 时细胞存活率仍高于 80%（图 3-9），其表现出较低的细胞毒性，可以用于细胞成像[31]。

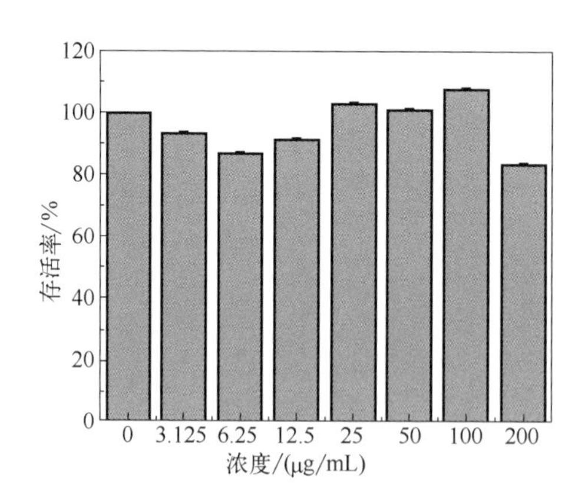

图 3-9 GTCDs 的细胞存活率柱状图

进一步研究 GTCDs 在体内的代谢情况并评价其在活体中的生物安全性。配制 2.5mg/mL 浓度的 GTCDs 溶液对 BALB/c 裸鼠进行尾静脉注射，发现随着注射时间的延长，体内荧光增加，24h 时荧光基本消失（图 3-10，书后另见彩图），GTCDs 基本从小鼠体内排出，只余部分荧光于代谢部位，证实 GTCDs 在小鼠体内具有较快的代谢速度。

为进一步考察 GTCDs 在小鼠体内的代谢途径，对 BALB/c 小鼠进行尾静脉注射，注射不同时间后对小鼠进行安乐死处理，取材心、肝、脾、肺、肾等器官，用 PBS 冲洗后浸泡于福尔马林固定液中。小动物成像实验结果（图 3-11，书后另见彩图）发现，GTCDs 主要存在于

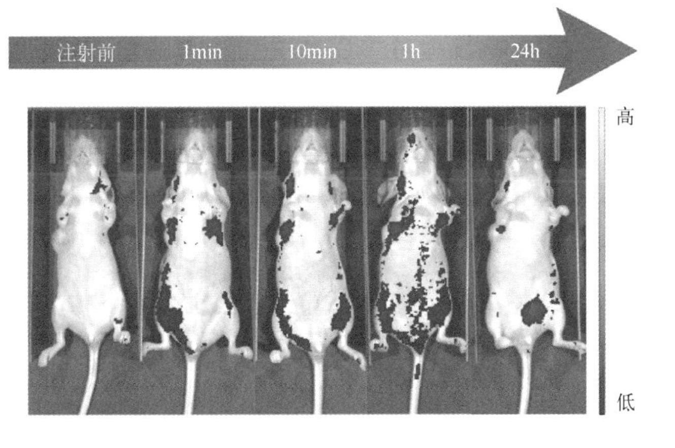

图 3-10　GTCDs 处理后的 BALB/c 小鼠体内时间依赖成像图

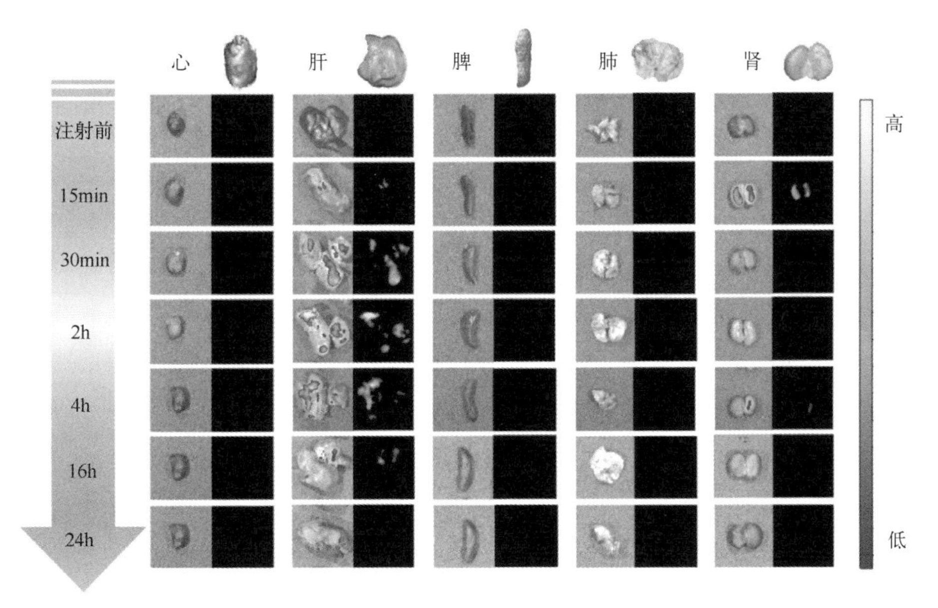

图 3-11　GTCDs 在 BALB/c 小鼠体内不同时间下心、肝、脾、肺、肾的光学和体外荧光图像

BALB/c 小鼠的肝脏器官和肾脏器官中，即主要通过粪便和尿液排出体外。

GTCDs 通过尾静脉注射进入血液，其中一部分较小尺寸的 GTCDs 进入肾脏并且在 15min 内快速地通过尿液排出，在 4h 时间点的小鼠肾脏出现微弱荧光，可能由代谢实验中不同时间点对应不同小鼠引起的个体差异造成。另外一部分较大尺寸的GTCDs进入肝脏，逐步累积，在2h时荧光强度最强，大部分GTCDs到达肝脏位置，随着时间的延长，逐渐通过粪便进行清除。表明GTCDs的体内代谢途径主要为肝脏代谢和肾脏代谢，时间约为24h，与活体成像代谢时间较好对应，具有代谢速度快和毒副作用低等性能。

代谢速度快主要是由于GTCDs尺寸小，平均粒径仅为3.36nm，可以通过肾脏快速代谢出去[32]。为了进一步证明GTCDs通过肾脏代谢，在不同时间段收集小鼠尿液。图3-12（书后另见彩图）显示，注射后立即排出带有GTCDs颜色的深色尿液，随后尿液逐渐恢复到注射前的浅黄色。对不同时间采集的尿液进行紫外-可见（UV-Vis）吸收光谱测试，随时间延长吸光度逐渐降低。因此，通过代谢实验发现GTCDs可以通过血液循环到达肾脏和肝脏，大多数GTCDs更可能在肾脏和肝脏中滞留数分钟到数小时，随后进一步代谢排出体外。

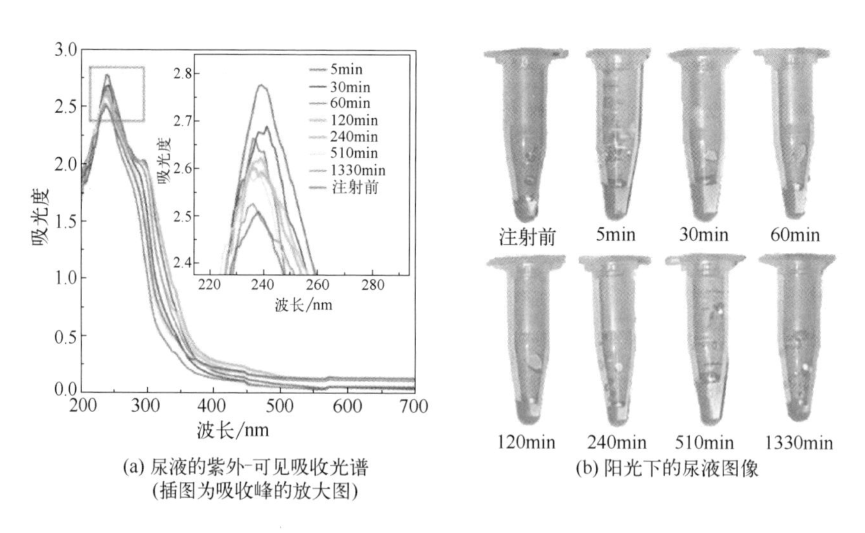

(a) 尿液的紫外-可见吸收光谱（插图为吸收峰的放大图）

(b) 阳光下的尿液图像

图3-12 在不同时间段尾静脉注射GTCDs后BALB/c裸鼠尿液的紫外-可见吸收光谱和在阳光下的图像

另外，通过组织病理学分析发现各组织细胞状态正常（图3-13，书后另见彩图），无组织病变情况。生物安全性实验分析证实GTCDs是一种低毒性、代谢快的高尔基体成像探针，具有良好的生物应用前景。

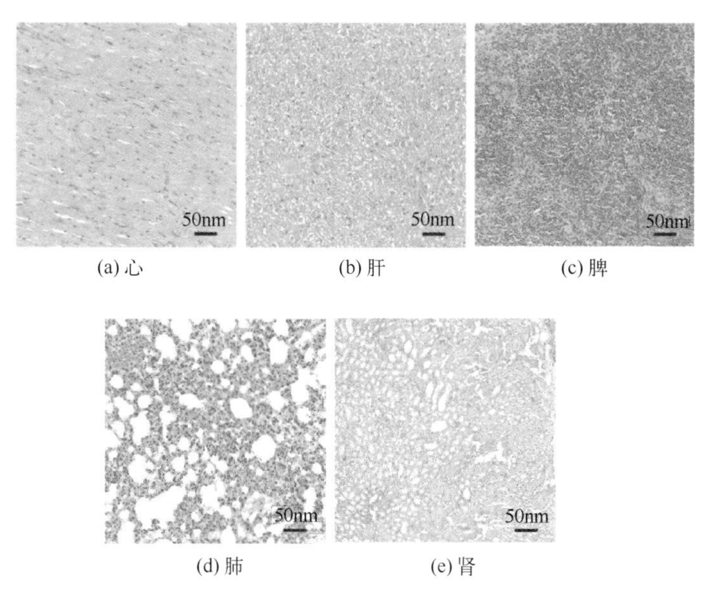

(a) 心 (b) 肝 (c) 脾

(d) 肺 (e) 肾

图 3-13 GTCDs 处理 24h 后的组织病理学分析

3.1.4 橙光靶向高尔基体碳点的成像性能

在考察 GTCDs 的生物安全性后，采用共聚焦显微镜考察 GTCDs 的高尔基体靶向成像性能。在 GTCDs 和 HeLa 共孵育 4h 后，GTCDs 在细胞内选择性地聚集，通过与染料 NBD 进行共定位后发现 GTCDs 与高尔基体染料 NBD 的平均皮尔逊（Pearson）系数达 0.92，根据文献报道（0.84[33] 和 0.94[34]），GTCDs 还具有优异的高尔基体靶向性（图 3-14，书后另见彩图）。

进一步测试 GTCDs 的特异性靶向性，对 GTCDs 在不同细胞器（溶酶体、高尔基体和细胞核）的定位效果进行比较（图 3-15，书后另见彩图）。GTCDs 对溶酶体、高尔基体和细胞核的平均皮尔逊共定位系数分别为 0.59、0.92 和 0.32。成像结果证明，GTCDs 与高尔基体荧光染料共定位效果良好，具有高尔基体靶向性，而与高尔基体相比，GTCDs 与溶酶体和细胞核染料的荧光共定位效果较差。因此 GTCDs 具有特异性高尔基体靶向作用。

进一步测试 GTCDs 在不同细胞中的高尔基体定位效应，如图 3-16 和图 3-17 所示（书后另见彩图）。

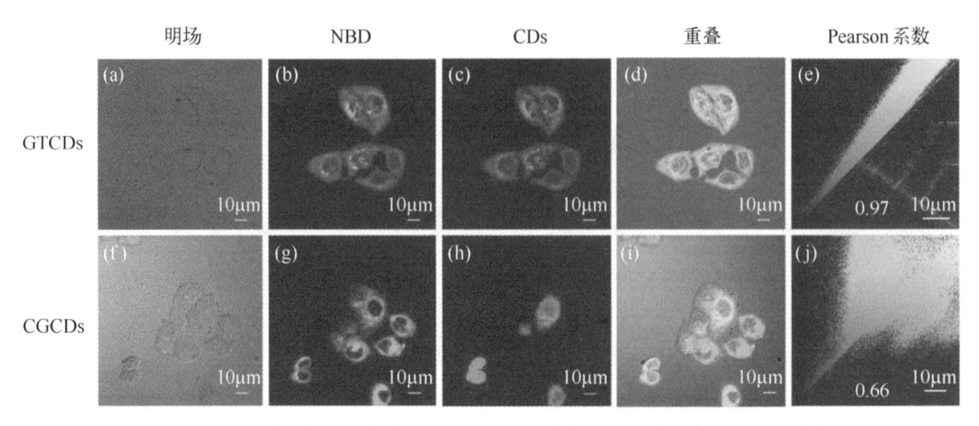

图 3-14　GTCDs 与 CGCDs 在 HeLa 细胞中的高尔基体靶向能力

(a)、(f) GTCDs 与 NBD 对 HeLa 细胞共孵育的明场图像；(b)、(g) NBD 与 HeLa 细胞共孵育的 CLSM 图像；(c)、(h) HeLa 细胞中 GTCDs 与 CGCDs 的 CLSM 图像；(d)、(i) 荧光以及明场的合并图像；(e)、(j) 共定位散点图

$Ex/Em=458\text{nm}/(580\sim700\text{nm})$

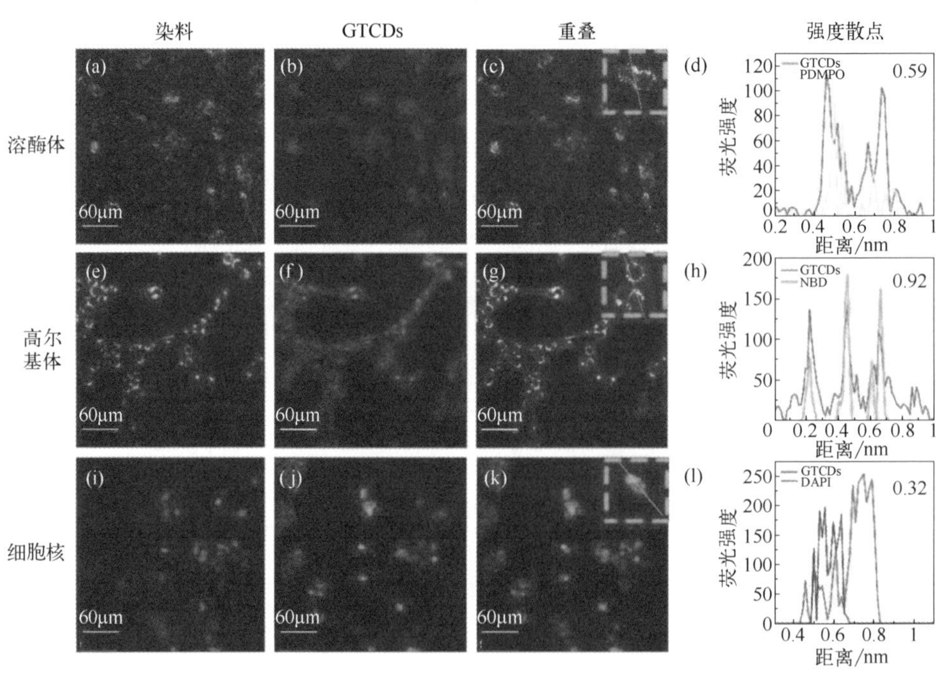

图 3-15　GTCDs 在不同细胞器的定位效果比较

(a)、(e)、(i)分别为 PDMPO[$Ex/Em=488\text{nm}/(520\sim570)\text{nm}$]、NBD[$Ex/Em=488\text{nm}/(520\sim560\text{nm})$]、DAPI[$Ex/Em=358\text{nm}/(420\sim500\text{nm})$]的 CLSM 图像；(b)、(f)、(j)GTCDs[$Ex/Em=553\text{nm}/(611\sim663\text{nm})$]的 CLSM 图像；(c)、(g)、(k)合并图像；(d)、(h)、(l)强度散点图

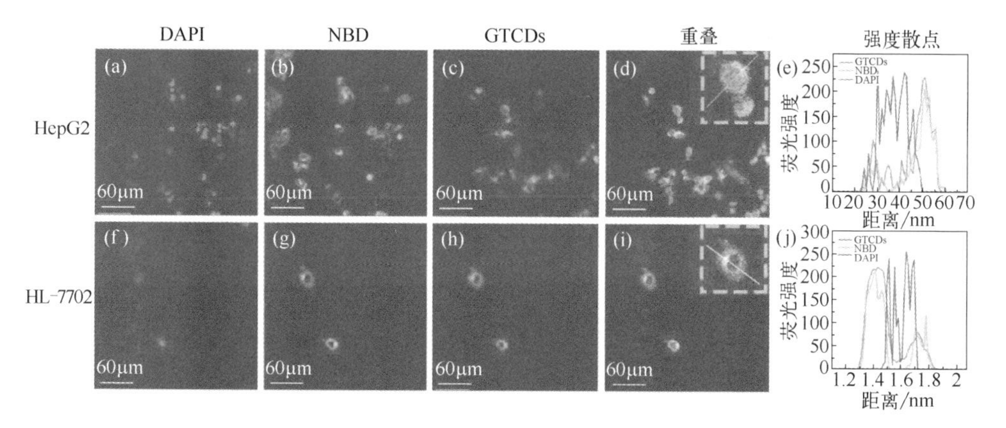

图 3-16　HepG2 和 HL-7702 细胞中 GTCDs、NBD 和 DAPI 的共定位成像

(a)、(f) DAPI [Ex/Em=358nm/(420～500nm)] 的 CLSM 图像；(b)、(g) NBD [Ex/Em=488nm/(520～560nm)] 的 CLSM 图像；(c)、(h) GTCDs [Ex/Em=458nm/(580～700nm)] 的 CLSM 图像；(d)、(i) 合并图像；(e)、(j) 强度散点图

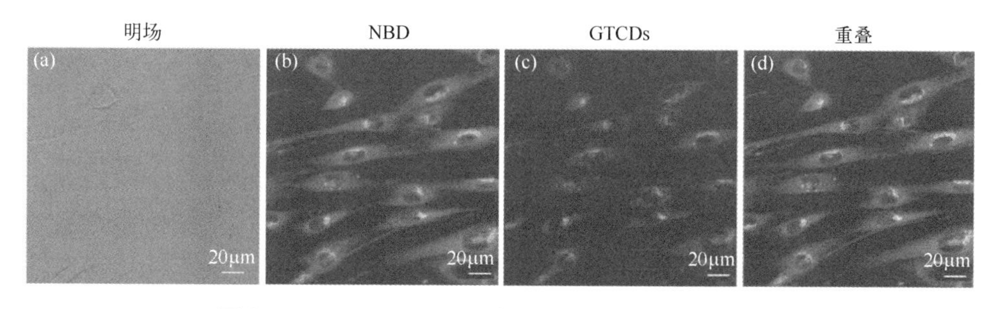

图 3-17　GTCDs 和 NBD 在 HSF 细胞中的共定位成像

(a) GTCDs 和 NBD 共孵育的明场图像；(b) NBD 的 CLSM 图像；(c) GTCDs 的 CLSM 图像；(d) 合并图像
Ex/Em=458nm/(580～700nm)

激光共聚焦成像结果显示了 GTCDs 在正常细胞（HL-7702 和 HSF 细胞）和癌细胞中的高尔基体定位效应。图 3-18（书后另见彩图）对比了 GTCDs 在人肝癌细胞和人正常肝细胞中的细胞成像图，GTCDs 在两种细胞中都具有高尔基体靶向性，类似地，GTCDs 在人皮肤成纤维细胞 HSF 中也具有高尔基体靶向作用，但 GTCDs 在 HL-7702 和 HSF 中荧光强度较弱，这可能是由于正常细胞中只存在少量 COX-2。为了进一步探索 GTCDs 在正常细胞和肿瘤细胞中的成像区别，比较了 GTCDs 在不同细胞中的荧光强度。在图 3-18 中，HeLa 细胞的荧光强度最强，

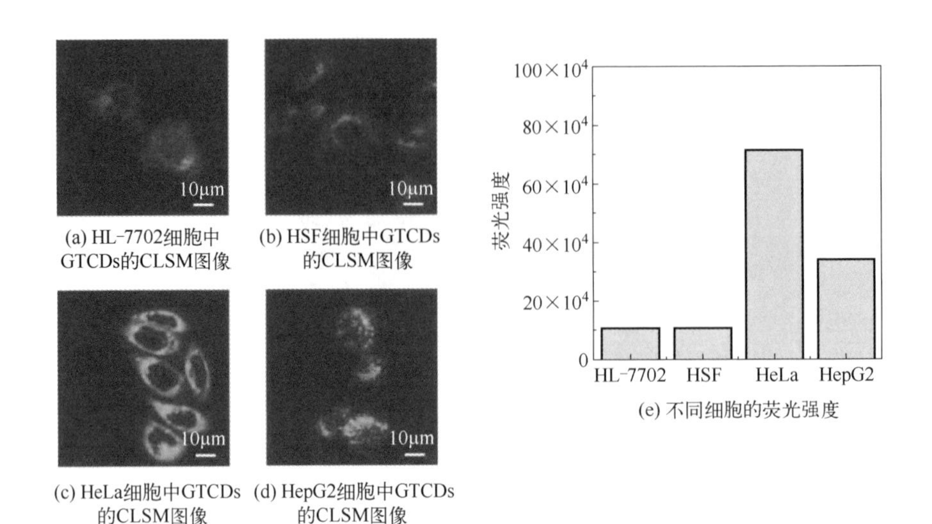

图 3-18 HL-7702、HSF、HeLa 和 HepG2 细胞中 GTCDs 的 CLSM 图像及不同细胞的荧光强度

Ex/*Em*=458nm/(580～700nm)

HepG2 次之，HSF 和 HL-7702 的荧光强度较弱，可能由于正常细胞中的 COX-2 含量低于肿瘤细胞，但需要进一步扩大样品基数以确定 GTCDs 是否可以区分正常细胞和肿瘤细胞。

为了评估 GTCDs 的成像性能，首先通过活细胞工作站对 GTCDs 的内吞时间进行研究（图 3-19，书后另见彩图）。从活细胞工作站的特征可以明显看出，GTCDs 刚加入培养基后即可快速进入细胞进行成像，并选择性地聚集在高尔基体中，同时每隔 5min 进行一次拍摄，持续 200min，其荧光强度并没有明显变化，GTCDs 具有快速成像以及 200min 长时间成像的能力。

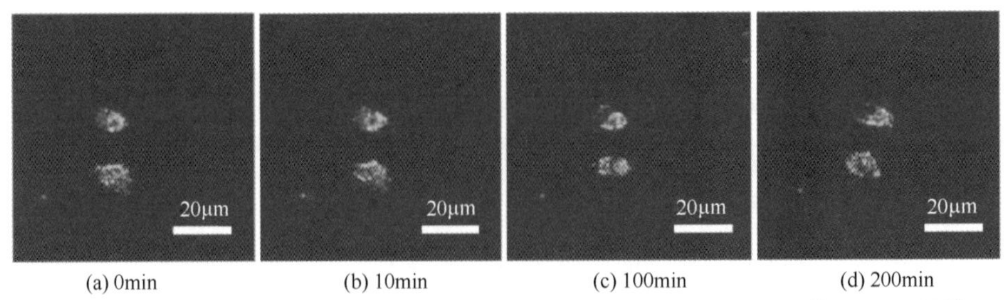

图 3-19 GTCDs 与 HeLa 共孵育 0min、10min、100min 和 200min 的 CLSM 图像

Ex/*Em*=458nm/(580～640) nm；CoolLED pE-4000；10 mW/mm²

与其他研究的比较证实，GTCDs可以实现高尔基体的超快成像（表3-1）。每隔5min记录一次，共记录200min内HeLa细胞中GTCDs的动态，在此期间未观察到明显的细胞毒性。在连续激光照射下，细胞没有出现凋亡和坏死，说明GTCDs具有良好的光稳定性、抗光漂白性和低光毒性，为其进一步的生物学应用奠定基础。

表3-1 不同细胞器探针的Pearson系数、发射波长和成像时间

探针	细胞器	Pearson系数	发射波长/nm	成像时间/min	文献
pS1	高尔基体	—	—	0	[35]
phenyl-CDs	溶酶体	0.93	595	2/3	[36]
CDs	溶酶体	0.92	540	1	[16]
CDs-PpIX	细胞核	—	500,630	5	[28]
P-R CDs	溶酶体	0.885	528	10	[37]
N-CDs-F	细胞核	—	658	12	[38]
GTCDs	高尔基体	0.92	612	0	本研究

3.1.5 橙光靶向高尔基体碳点的靶向机理分析

Kurumbail认为苯磺酰胺部分可以通过COX-2的特定活性位点靶向到高尔基体[10]，为探究GTCDs的靶向机理，本小节将通过官能团对照实验、细胞对照实验和结合能模拟计算对GTCDs靶向高尔基体的原因进行分析。

首先验证磺酰胺基团对高尔基体靶向的必要性。以含有磺酰胺的GTCDs为实验组，含有磺酸基团的CGCDs为对照组，通过改变表面基团类型来验证磺酰胺基团对高尔基体靶向性的影响，实验分别对GTCDs和CGCDs进行高尔基体靶向能力评估，如图3-14所示，其中GTCDs与NBD具有高线性相关程度，而CGCDs对照组与NBD的共定位散点图像显示双尾分叉形状，证明靶向性较差，通过Image J软件测试Pearson系数只有0.66。分析推测产生此结果的原因可能是氢原子在电负性大的两个原子间形成氢键，相较于对甲苯磺酸，苯磺酰胺具有2个—NH，有更多的结合位点，推测苯磺酰胺靶向性更强的原因为其具

有更强的氢键作用。官能团对照实验证实，将磺酰胺基团调换为磺酸基后高尔基体靶向效果明显降低，因此磺酰胺基团对于 GTCDs 的高尔基体靶向性起到关键作用。

为揭示 GTCDs 靶向高尔基体的机理，对 GTCDs 的结构进行模拟构建并采用 AutoDock 进行结合能模拟分析。首先，通过模拟计算苯磺酰胺和对甲苯磺酸两种原料分子分别与 COX-2 的结合能大小，并对原料分子的靶向性能进行分析，从对接分子在酶活性位点内结合能可以看出：苯磺酰胺（－22.22kJ/mol）与 COX-2 的结合能力要优于对甲苯磺酸（－20.13kJ/mol）[图 3-20(a)、(b)（书后另见彩图）和表 3-2]。

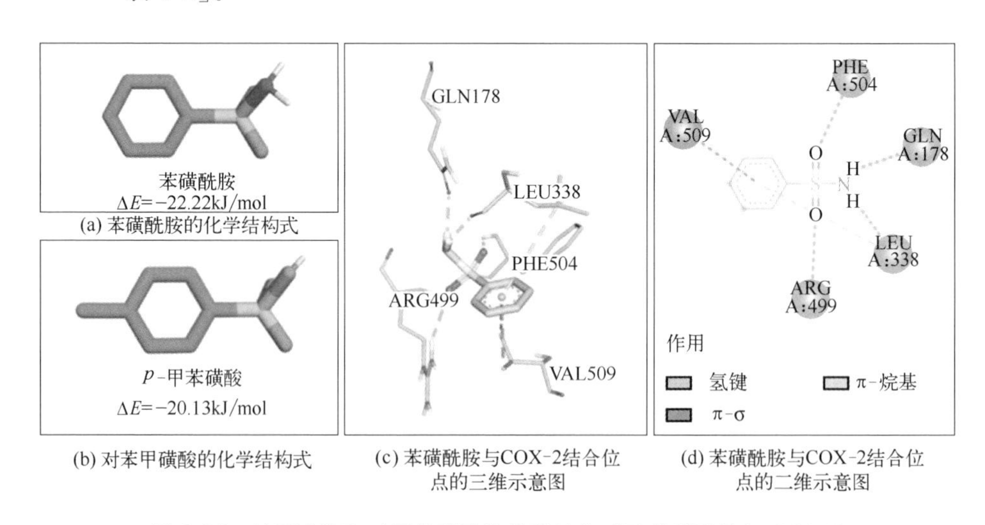

(a) 苯磺酰胺的化学结构式

(b) 对苯甲磺酸的化学结构式

(c) 苯磺酰胺与COX-2结合位点的三维示意图

(d) 苯磺酰胺与COX-2结合位点的二维示意图

图 3-20 苯磺酰胺和对甲苯磺酸的化学结构式及苯磺酰胺与 COX-2 结合位点的三维与二维示意图

表 3-2 不同化合物分子与 COX-2 酶的对接结果的 AutoDock 模拟分析

原料和产物	结构	结合能/(kcal/mol)	氢键-氨基酸
苯磺酰胺	(苯环—$S(=O)_2NH_2$ 结构式)	−22.22	GLN178，LEU338，ARG499，PHE504

续表

原料和产物	结构	结合能/(kcal/mol)	氢键-氨基酸
对甲苯磺酸		−20.13	ARG29,ASP111,ARG455
GTCDs		−40.71	HIS119,VAL118,VAL141,ASP143,GLU443
CGCDs		−35.94	ARG46,THR47,GLN356

注：1kcal=4.186kJ。

图 3-20（c）、（d）（书后另见彩图）显示，苯磺酰胺与 COX-2 对接结合方式主要有氢键作用、π-σ 共轭作用和 π-烷基共轭作用三种，但在结合方式和数目上有所差异，分别是四个氢键作用、一个 π-σ 共轭作用和一个 π-烷基共轭作用。其中 GLN178 残基和 LEU338 残基 C═O 与苯磺酰胺的 NH 形成 C═O…HN 氢键，ARG499 残基和 PHE504 残基 NH 与苯磺酰胺的 S═O 形成氢键，而 VAL509 残基—CH_3 与苯磺酰胺苯环中心形成 π-σ 共轭，LEU338 残基 C—C—C 与苯磺酰胺苯环中心形成 π-烷基共轭。通过原料分子的模拟计算证实苯磺酰胺主要通过氢键作用与 COX-2 结合，相较于对甲苯磺酸具有较好的选择性，因此可利用靶向官能团原料将磺酰胺基团继承于 GTCDs 表面，实现 GTCDs 的高尔基体靶向性。

进一步基于 GTCDs 的元素分析、表面官能团组成以及形貌结构表征，构建 GTCDs 模型［图 3-21（a），书后另见彩图］，对其进行结构优化。根据 TEM、XPS 和 FTIR 表征构建具有丰富—NH_2、—OH 和磺酰胺基等官能团的 GTCDs 模拟分子。苯环中 C—C 键长为 1.40Å（1Å=10^{-10}m），C—H 键长为 1.08Å，一个苯环的尺寸约为 2.43Å，C—S 键长约为 1.43Å，N—S 键长约为 1.64Å，S—O 的键长约为 1.82Å，C—N 键长约为 1.50Å，N—H 键长约为 1.51Å。因此结合形貌结构表征，模拟建立一个横向由 5 个苯环构成，纵向由 5 个苯环构成，尺寸约为 1.84nm，具有氨基和磺酰胺结构的 GTCDs 分子［图 3-21（a）、（c），书后另见彩图］。

采用 AutoDock 对 GTCDs 模拟分子和 COX-2 的结合能进行模拟计算。图 3-21（b）（书后另见彩图）的结果显示 GTCDs 在 COX-2 的空腔中与其结合。图 3-21（c）（书后另见彩图）显示 GTCDs 与 COX-2 的结合能为−40.71kJ/mol，对接结合方式主要有：氢键作用、碳氢键作用、π-阳离子作用、π-阴离子作用、π-S 作用、π-π T 型作用（两个芳基间存在 π-电子云的相互作用，但相互作用呈 T 型）和 π-烷基共轭作用七类。其中氢键作用占主导地位。VAL141 和 GLU443 残基 C═O 与 GTCDs 周围磺酰胺基 NH 形成 C═O…HN 氢键（表 3-3），VAL118 残基 C═O 与 GTCDs 周围—OH 形成氢键，ASP143 残基—OH 与 GTCDs 周围磺酰胺基 NH 形成氢键，TYR122 残基苯环中心与 GTCDs 磺酰胺基形

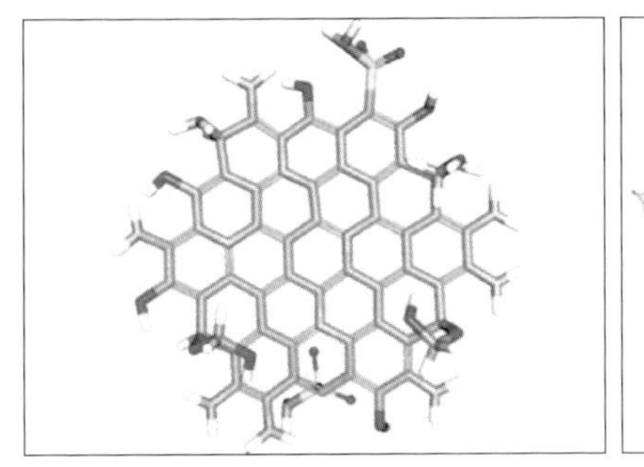

(a) GTCDs的结构式

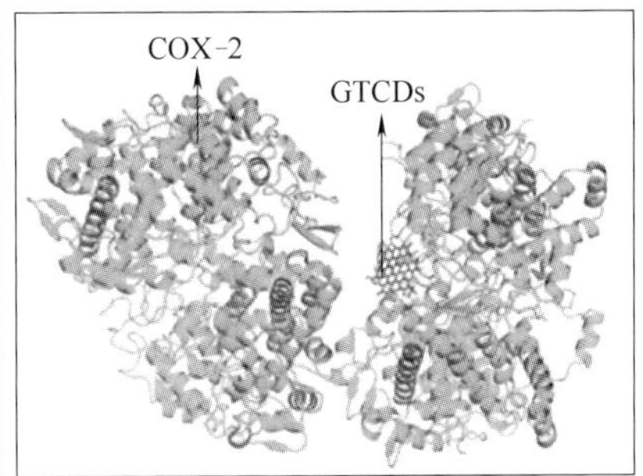

(b) GTCDs与COX-2的对接位置

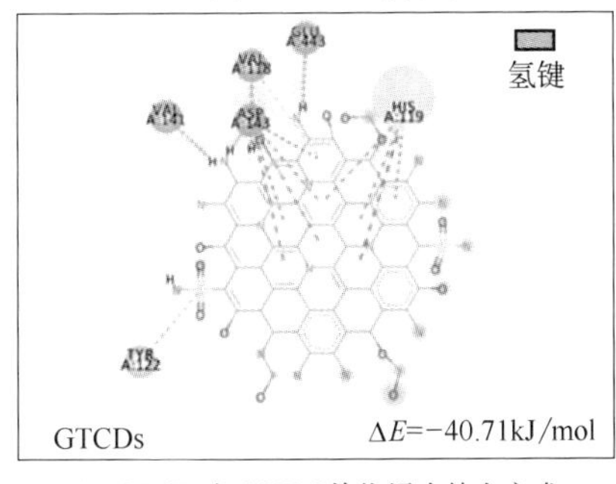

(c) GTCDs与COX-2的作用力结合方式

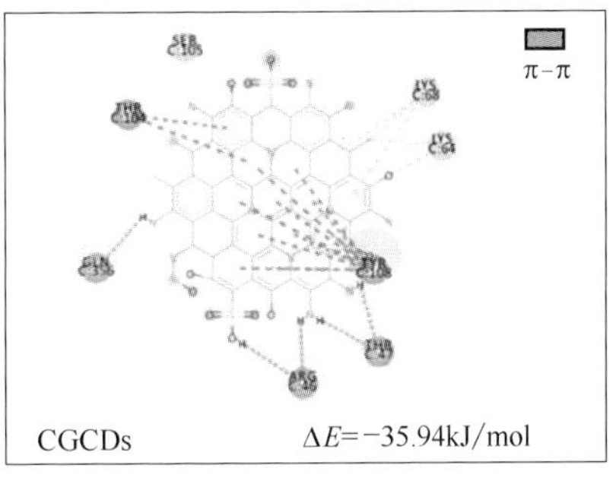

(d) CGCDs与COX-2的作用力结合方式

图 3-21　GTCDs 的结构式及 GTCDs、CGCDs 与 COX-2 的相互作用方式

成 π-S 作用，ASP143 残基—OH 和 GTCDs 多个苯环中心形成 π-阴离子作用，HIS119 的残基环戊二烯基中心与 GTCDs 的苯环中心形成 π-π T 型作用。根据 AutoDock 的对接分析可以确定 GTCDs 与 COX-2 的对接模式，主要是通过 GTCDs 表面磺酰胺基与氨基酸残基（包括 VAL118、VAL141、ASP143 和 GLU443）进行氢键作用，从而结合在 COX-2 的活性位点获得靶向性。

表 3-3　GTCDs 与 COX-2 结合的六种氢键作用方式

残基名称	残基结构	作用位点
VAL141 与 GLU443	C═O	NH
VAL118	C═O	—OH
ASP143	—OH	NH
TYR122	苯环结构	NH
ASP143	—OH	苯环结构
HIS119	环戊二烯基	苯环结构

进一步验证磺酰胺基团对靶向性的影响，对 CGCDs 的结构进行模拟构建。将 GTCDs 的磺酰胺基团替换为苯磺酸基团后，模拟得到 CGCDs 的结构式［图 3-21（d），书后另见彩图］。与 COX-2 结合能结果为－35.94kJ/mol，CGCDs 与 COX-2 的结合作用主要为 π-π 堆积作用，也是其结合能数据略高于 GTCDs 的主要原因，表明对甲苯磺酸和 COX-2 的结合能力略次于苯磺酰胺，侧面证实本研究的设想，即 GTCDs 的高尔基体靶向能力主要来自表面磺酰胺基团对高表达 COX-2 的选择性结合。

实验结果已经表明 GTCDs 具有优异的高尔基体靶向性能，添加在培养基后可立即快速定位高尔基体，平均 Pearson 系数为 0.92。此外，通过上述官能团对比实验、细胞对比实验和结合能模拟计算，GTCDs 的官能团结构与高尔基体靶向能力之间的关系得到了进一步的证明，因而 GTCDs 靶向高尔基体的机制得以揭示［图 3-22（a），书后另见彩图］。首先 GTCDs 是一种带正电荷的纳米荧光探针，而细胞膜表面带负电荷，正负电荷的静电吸引作用为 GTCDs 通过被动靶向作用快速进入细胞提供驱动力。GTCDs 进入细胞后，由于其表面带有丰富的碱性配体—NH_2 和靶向配体磺酰胺基团，又根据高尔基体的弱酸性环境及肿瘤细胞中高表达的 COX-2 含量，GTCDs 向酸性环境靠近的同时，表面的磺酰胺基团会与 COX-2 进行主动靶向结合，使得 GTCDs 定位于高尔基体，实现高尔基体的准确靶向成像。

最后，分析其主动靶向作用结合方式，苯磺酰胺分子由于具有强氢键作用使其比对甲苯磺酸更易于与 COX-2 结合，而在模拟的 GTCDs 与 CGCDs 分子中，由于 GTCDs 表面具有磺酰胺结构，其与 COX-2 更易形成氢键作用，其结合能略低于 CGCDs 与 COX-2 形成的 π-π 堆积作用，因而 GTCDs 更易与 COX-2 进行结合，靶向定位于高尔基体［图 3-22（b），书后另见彩图］。

因此，GTCDs 快速精准靶向高尔基体的原因主要依赖于 GTCDs 尺寸小，带正电，使 GTCDs 快速进入细胞，更重要的是 GTCDs 表面的磺酰胺部分通过氢键作用与高表达的 COX-2 进行选择性结合，使 GTCDs 具有快速准确成像高尔基体的能力。

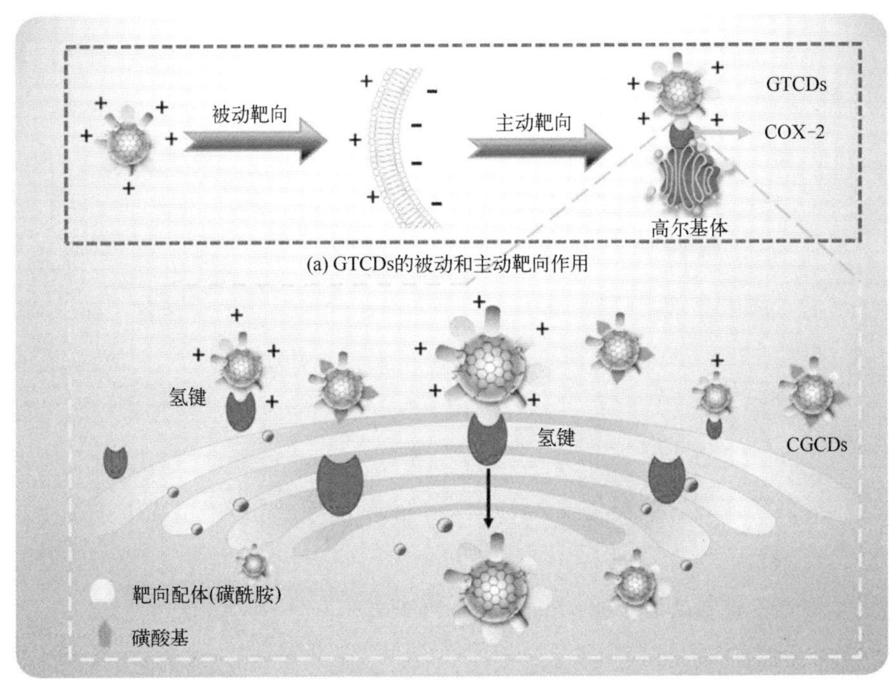

图 3-22 GTCDs 的靶向作用及 GTCDs 和 CGCDs 与高尔基体作用示意图

3.2
基于尼罗蓝的红光靶向高尔基体碳点

尽管 GTCDs 可以靶向高尔基体，但其发射波长有待进一步红移，提升其组织穿透以及成像能力。由于尼罗蓝同时具有更强的共轭和吩噁嗪结构，自身作为染料具有红光发射和大的吸收系数[39]，以尼罗蓝为原料制备靶向高尔基体 CDs 探针，可促进其发射波长红移，避免自体荧光干扰，增加其组织穿透深度，减少对生物组织的光损伤。

为进一步促使高尔基体靶向型 CDs 探针发射波长红移并验证磺酰胺的靶向作用，通过升高反应温度以及延长反应时间，再利用尼罗蓝的大共轭结构使反应中形成更多的共轭结构；而且在反应中保留苯磺酰胺靶向单元，仍利用磺酰胺基团与 COX-2 形成氢键结合作用，在验证高尔基体靶向性能的同时，进一步提升了发射波长。因此，笔者团队以尼罗蓝为碳源，苯磺酰胺为靶向官能团原料，通过一步溶剂热法合成红光靶向高尔基体 CDs（RGCDs）。具体步骤如下：首先准确称取 0.001mol（0.1465g）尼罗蓝与 0.003mol（0.4715g）苯磺酰胺溶解于 20mL 乙醇和 20mL 去离子水的混合溶剂中，超声 3min 后，形成深蓝色溶液。随后，将该溶液转移到 100mL 的聚四氟乙烯反应釜中并密封，在 190℃下反应 12h。反应结束后自然冷却至室温。采用 0.22μm 亲水性微孔过滤膜对紫粉色溶液进行过滤，除掉大颗粒，并将所得滤液用截留分子量为 1000 的透析袋在超纯水中透析 24h 以除去没有反应掉的小分子。透析后的溶液通过旋转蒸发方法去除多余的乙醇，最后将浓缩液冷冻干燥后得到紫色粉末，即 RGCDs。然后，对其形貌、结构、光学性质及其细胞毒性进行表征，最后将材料应用于高尔基体靶向成像中。

3.2.1 红光靶向高尔基体碳点的形貌与组成

通过一步溶剂热法合成的 RGCDs 的形貌和尺寸通过 TEM 表征［图 3-23（a）］显示，RGCDs 呈球形分散，无团聚现象发生，其粒径范围是 1.0～4.0nm，平均粒径为（2.34±0.02）nm，无明显晶格条纹，RGCDs 是一种水溶性良好、尺寸均匀的球形碳纳米点。

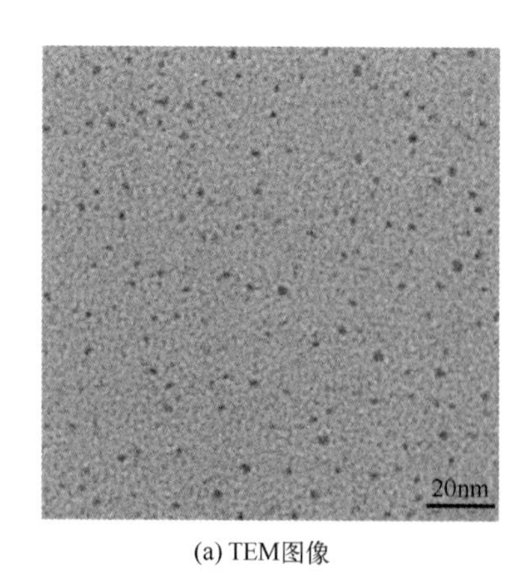

(a) TEM图像

粒度分布/%
0
4
8
12
16
20
1.4 1.6 1.8 2 2.2 2.4 2.6 2.8 3 3.2 3.4
粒径/nm

(b) 粒度分布图

图 3-23　RGCDs 的 TEM 图像及粒度分布图

根据 RGCDs 的 Raman 光谱 [图 3-24 (a)], I_D/I_G 为 0.37, RGCDs 相较于 GTCDs 具有更高的石墨化程度, 同时 XRD 谱图 [图 3-24 (b)] 表明 RGCDs 保留了大部分苯磺酰胺原料的结构以及少部分尼罗蓝的结构, 说明 RGCDs 具有较高的结晶度, 但是没有出现 CDs 通常对应于石墨 (001) 或 (002) 面的馒头峰; 同时上述 TEM 图像也表明 RGCDs 没有明显的衍射晶格条纹。因此, RGCDs 的 Raman 光谱、XRD 谱图和 TEM 图像表征可以证明 RGCDs 为结晶型碳纳米点[40]。

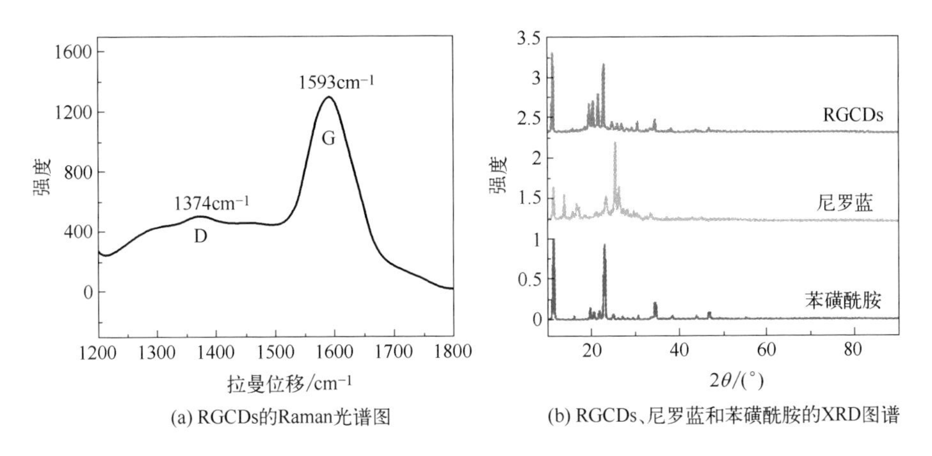

(a) RGCDs的Raman光谱图

(b) RGCDs、尼罗蓝和苯磺酰胺的XRD图谱

图 3-24 RGCDs 的 Raman 光谱图及 RGCDs、尼罗蓝和苯磺酰胺的 XRD 图谱

采用元素分析法对 RGCDs 所包含的元素种类和含量进行分析, 可知 RGCDs 所含元素及其质量分数为: C 45.66%、H 4.57%、N 8.69%、O 22.37%和 S 18.71% (通过差减法计算)。同时利用 XPS 谱图可计算出 C、N、O 和 S 的相对原子比分别为 70.20%、5.57%、19.10% 和 5.13% [图 3-25 (a), 书后另见彩图]。在两种测试方法中, S 元素的含量不同, 主要是因为元素分析法检测本体材料, 而 XPS 分析限于表面元素的分析。在 CDs 合成过程中, 碳核是通过高温碳化形成的, 与 CDs 表面的成分不同, 导致其表面元素与本体元素之间存在差异。元素分析结果和 XPS 谱图均证明 RGCDs 的表面存在含 N 和 S 杂原子的化学基团。接下来, 通过 XPS 对 RGCDs 表面化学基团的成分进行进一步研究。XPS 全谱图展现出 C 1s (284.60eV)、N 1s (398.60eV)、O 1s (531.60eV) 和 S 2p (167.60eV) 4 个典型的峰。在高分辨图谱中, 如图 3-25 (b)、(c)、(d) 所示 (书后另见彩图), C 1s 分为 4 个峰, 证明有

C═N（284.70eV）[41]、C═C/C—C sp^2（284.47eV）[42]、C—OH/C—O—C（285.05eV）[43] 和 C—O/C—N（285.99eV）存在，N 1s 分为 5 个峰，证明其有吡啶氮（398.29eV）[44]、氨基氮（398.92eV）[45] 和吡咯氮（399.66eV）存在，O 1s 分为 5 个峰，主要证明有 C═O（532.25eV）和 C—O（533.33eV）的存在。S 2p 主要分为 3 个峰（第 4 个峰含量低，已忽略），证明有 S═O/N—S（168.47eV）、R—SO_2—R（169.56eV）和—S—S—H 二硫化物（170.12eV）的存在。XPS 结果表明 RGCDs 表面同样存在氨基、砜基、磺酸和磺酰胺等官能团，其中磺酰胺中 S^{6+} 最高含量为 1.41%，而且主要体现在磺酸和磺酰胺基团上。

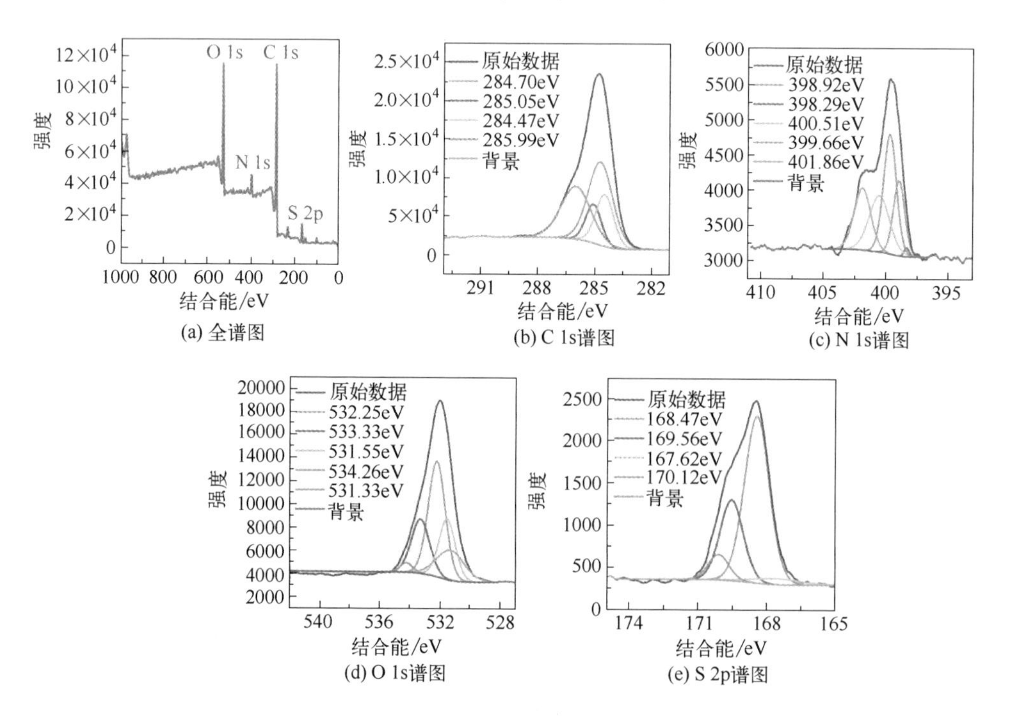

图 3-25 RGCDs 的 XPS 全谱图及 C 1s、N 1s、O 1s、S 2p 谱图

为进一步研究 RGCDs 的表面基团种类，对其进行 FTIR 光谱测试（图 3-26）。FTIR 光谱中，在 $3373cm^{-1}$ 和 $3302\ cm^{-1}$ 处出现的吸收峰归因于芳香族伯胺的 N—H 的伸缩振动和 O—H 的伸缩振动。$1332cm^{-1}$ 和 $1159\ cm^{-1}$ 处的吸收峰分别归因于—SO_2 的伸缩振动和 S—OH 的弯曲振动，$756\ cm^{-1}$ 处的吸收峰归因于 C—S 的伸缩振动。

这些结果进一步佐证 RGCDs 表面存在氨基、砜基、磺酸和磺酰胺等基团。

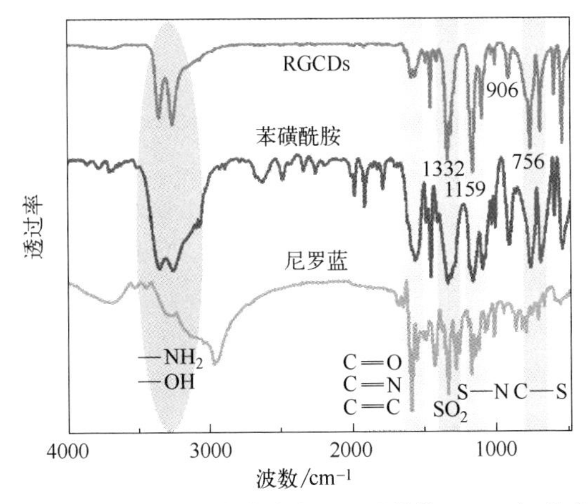

图 3-26 RGCDs、苯磺酰胺和尼罗蓝的 FTIR 红外光谱

3.2.2 红光靶向高尔基体碳点的光学性能

为研究 RGCDs 的光学特性，对其进行紫外-可见吸收光谱测试及荧光光谱测试（图 3-27，书后另见彩图）。从图 3-27（a）可以看出，RGCDs 的紫外-可见吸收光谱有 3 个明显的吸收峰，包括 230nm 和 264nm 两个紫外区域的吸收峰及位于 580nm 处的可见光区域的吸收峰；其中 230nm 以及 264nm 处的吸收峰分别归因于 C=C 和 C=N 的 π-π^* 跃迁，580nm 处的吸收峰归因于芳香结构和 C=S 共轭键结构，因此 RGCDs 中具有较大的共轭结构。进一步测试 RGCDs 的荧光光谱［图 3-27(b)］，当激发波长从 365nm 增加到 605nm 时，发射强度先增加再减小，在激发波长为 565nm 时达到最大值，最佳激发波长为 648nm。

3.2.3 红光靶向高尔基体碳点的生物安全性能

进一步对 RGCDs 的生物安全性能进行评价。首先测试 VX2 细胞在 RGCDs 处理 24h 后的细胞存活率，当浓度从 0μg/mL 增加到 200μg/mL 时 VX2 细胞存活率大于 1，可能由于 RGCDs 的抑制率小于 VX2 细胞的正常增长速率，200μg/mL 及以下的浓度并不影响 VX2 细胞的生长和扩散，但 RGCDs 浓度达 400μg/mL 时 VX2 细胞存活率出现大幅降低

（图 3-28），但其细胞存活率仍大于 80%，证明 RGCDs 具有较低的毒性，满足一般的生物应用需求。

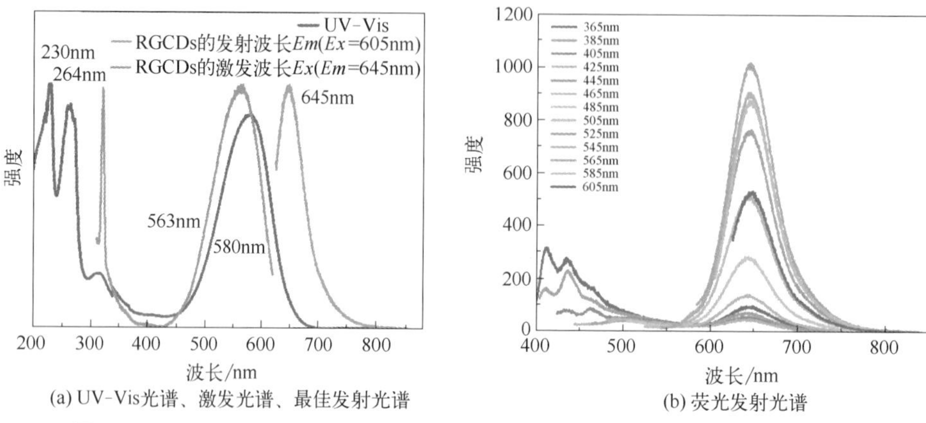

(a) UV-Vis光谱、激发光谱、最佳发射光谱 (b) 荧光发射光谱

图 3-27 RGCDs 的 UV-Vis 光谱、激发光谱、最佳发射光谱和荧光发射光谱

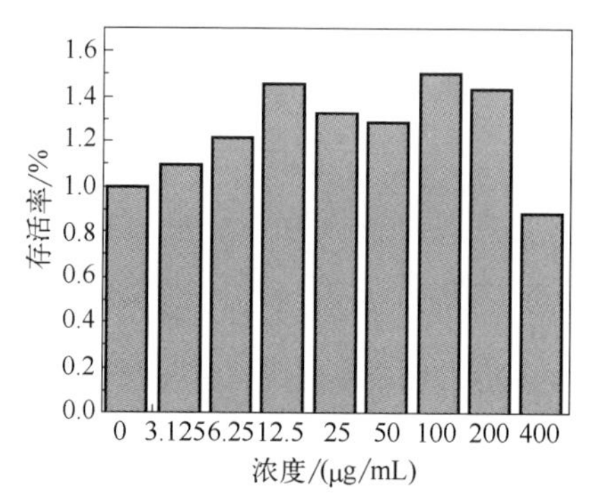

图 3-28 RGCDs 的细胞存活率柱状图

3.2.4 红光靶向高尔基体碳点的靶向性能

通过激光共聚焦显微镜对 RGCDs 的高尔基体靶向能力进行评估，在 HL-7702 细胞中将 RGCDs 与高尔基体荧光染料 NBD 共孵育后进行共定位成像，拍摄 3 组激光共聚焦图像（图 3-29，书后另见彩图）。结果显示平均 Pearson 系数为 0.87，具有较好的高尔基体靶向能力。Pearson 系数与 GTCDs 在 HL-7702 中的 Pearson 系数（0.90）基本一致，虽然 RGCDs 中 S^{6+} 元素比例（1.41%）高于 GTCDs 中 S^{6+} 元素比例（0.64%），但是高温反应中存在部分 S^{6+} 生成磺酸，使真正起靶向作用的

磺酰胺含量降低，导致 RGCDs 的 Pearson 系数较 GTCDs 略低，同时 HL-7702 细胞中 COX-2 含量相较于肝癌细胞的低，导致靶点数量减少，这是 RGCDs 在癌细胞中的 Pearson 系数低于 GTCDs 的主要原因，但相较于文献（0.84 和 0.94）仍具有高尔基体靶向性。本章证明苯磺酰胺同样适用于其他体系的 CDs 材料，验证 CDs 表面的磺酰胺基团与高尔基体的 COX-2 相互作用是使 CDs 具有高尔基体靶向能力的关键因素。

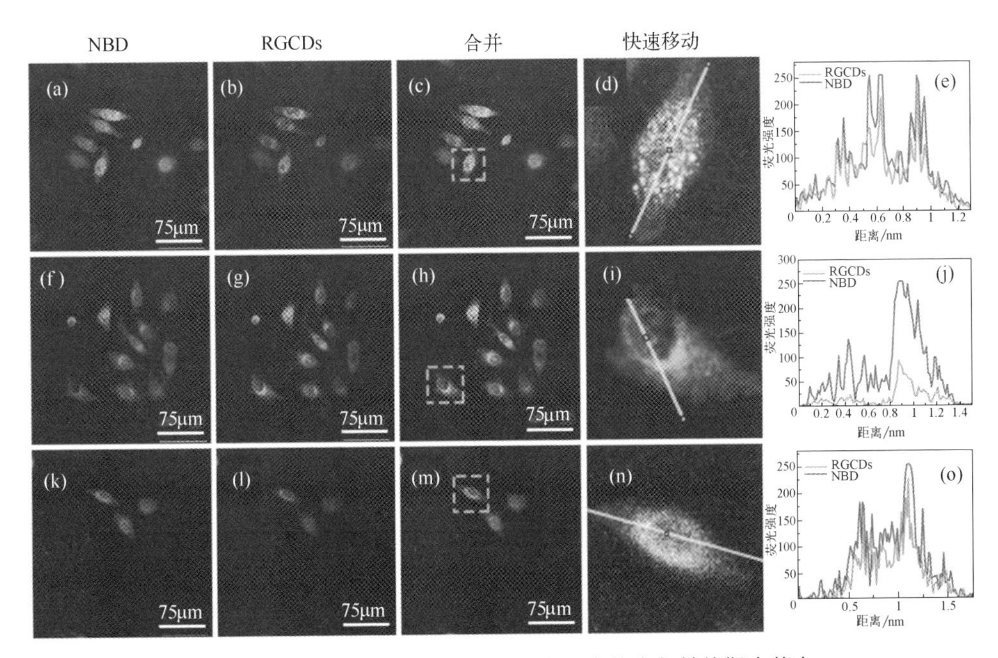

图 3-29 RGCDs 在 HL-7702 细胞系中的高尔基体靶向能力

（a）、（f）、（k）为 NBD 的 CLSM 图像；（b）、（g）、（l）为 RGCDs 的 CLSM 图像；（c）、（h）、（m）为合并图像；（d）、（i）、（n）为合并图像的放大图像；（e）、（g）、（o）为强度散点图

参考文献

[1] Liu J, Huang Y, Li T, et al. The role of the Golgi apparatus in disease (review) [J]. International Journal of Molecular Medicine, 2021, 47 (4): 38.

[2] Wei Y, Gao Y, Chen L, et al. Carbon dots based on targeting unit inheritance strategy for Golgi apparatus-targeting imaging [J]. Frontiers of Materials Science, 2023, 17: 230627.

[3] Zhang X, Chen L, Wei Y, et al. Cyclooxygenase-2-targeting fluorescent carbon dots for the selective imaging of Golgi apparatus [J]. Dyes and Pigments,

2022，201：110213.
[4] Wei Y，Chen L，Wang J，et al. Synthesis and applications of chiral carbon quantum dots [J]. Progress in Chemistry，2020，32 (4)：381-391.
[5] 张昕. 以环氧合酶-2为靶点的荧光碳点构建及其高尔基体靶向成像 [D]. 太原：太原理工大学，2022.
[6] Casey J，Grinstein S，Orlowski J. Sensors and regulators of intracellular pH [J]. Nature Reviews Molecular Cell Biology，2010，11 (1)：50-61.
[7] Luo Y，Zhang S，Wang H，et al. Precise detection and visualization of cyclooxygenase-2 for Golgi imaging by a light-up aggregation-induced emission-based probe [J]. CCS Chemistry，2022，4 (2)：456-463.
[8] Wang T，Wang A，Wang R，et al. Carbon dots with molecular fluorescence and their application as a "turn-off" fluorescent probe for ferricyanide detection [J]. Scientific Reports，2019，9 (1)：10723.
[9] Zhang H，Fan J，Wang J，et al. Fluorescence discrimination of cancer from inflammation by molecular response to COX-2 enzymes [J]. Journal of the American Chemical Society，2013，135 (46)：17469-17475.
[10] Kurumbail R，Stevens A，Gierse J，et al. Structural basis for selective inhibition of cyclooxygenase-2 by anti-inflammatory agents [J]. Nature，1996，384 (6610)：644-648.
[11] 王军丽. 高效固态发光多色碳点的制备、发光机制及应用研究 [D]. 太原：太原理工大学，2020.
[12] Zhang Q，Yang T，Li R，et al. A functional preservation strategy for the production of highly photoluminescent emerald carbon dots for lysosome targeting and lysosomal pH imaging [J]. Nanoscale，2018，10 (30)：14705-14711.
[13] Gao P，Wang J，Zheng M，et al. Lysosome targeting carbon dots-based fluorescent probe for monitoring pH changes in vitro and in vivo [J]. Chemical Engineering Journal，2020，381：122665-122673.
[14] Qin H，Sun Y，Geng X，et al. A wash-free lysosome targeting carbon dots for ultrafast imaging and monitoring cell apoptosis status [J]. Analytica Chimica Acta，2020，1106：207-215.
[15] 侯鹏. 记忆型碳点的制备及其在生物医药分析中的应用研究 [D]. 重庆：西南大学，2018.
[16] Sharma A，Panwar V，Chopra V，et al. Interaction of carbon dots with endothelial cells：implications for biomedical applications [J]. ACS Applied Nano Materials，2019，2 (9)：5483-5491.
[17] Dhenadhayalan N，Lin K，Suresh R，et al. Unravelling the multiple emissive states in citric-acid-derived carbon dots [J]. The Journal of Physical Chemistry C，2016，120 (2)：1252-1261.
[18] Fu Z and Cui F L. Thiosemicarbazide chemical functionalized carbon dots as a fluorescent nanosensor for sensing Cu^{2+} and intracellular imaging [J]. RSC Advances，2016，6 (68)：63681-63688.

[19] Hua X, Bao Y, Zeng J, et al. Nucleolus-targeted red emissive carbon dots with polarity-sensitive and excitation-independent fluorescence emission: high-resolution cell imaging and in vivo tracking [J]. ACS Applied Materials & Interfaces, 2019, 11 (36): 32647-32658.

[20] Xing T, Zheng Y, Li L, et al. Observation of active sites for oxygen reduction reaction on nitrogen-doped multilayer graphene [J]. ACS Nano, 2014, 8 (7): 6856-6862.

[21] Kim J, Lee W, Ji W, et al. Chlorination of reduced graphene oxide enhances the dielectric constant of reduced graphene oxide/polymer composites [J]. Advanced Materials, 2013, 25 (16): 2308-2313.

[22] Han Y, Ding C, Zhou J, et al. Single probe for imaging and biosensing of pH, Cu^{2+} ions, and pH/Cu^{2+} in live cells with ratiometric fluorescence signals [J]. Analytical Chemistry, 2015, 87 (10): 5333-5339.

[23] Chen J, Wei J, Zhang P, et al. Red-emissive carbon dots for fingerprints detection by spray method: coffee ring effect and unquenched fluorescence in drying process [J]. ACS Applied Materials & Interfaces, 2017, 9 (22): 18429-18433.

[24] Ding H, Ji Y, Wei J, et al. Facile synthesis of red-emitting carbon dots from pulp-free lemon juice for bioimaging [J]. Journal of Materials Chemistry B, 2017, 5: 5272-5277.

[25] Song L, Cui Y, Zhang C, et al. Microwave-assisted facile synthesis of yellow fluorescent carbon dots from *o*-phenylenediamine for cell imaging and highly sensitive detection of Fe^{3+} and H_2O_2 [J]. RSC Advances, 2016, 6 (21): 17704-17712.

[26] Gong X, Li Z, Hu Q, et al. N, S, P Co-doped carbon nanodot fabricated from waste microorganism and its application for label-free recognition of manganese (Ⅶ) and L-ascorbic acid and AND logic gate operation [J]. ACS Applied Materials & Interfaces, 2017, 9 (44): 38761-38772.

[27] Hua X, Bao Y, Wu F. Fluorescent carbon quantum dots with intrinsic nucleolus-targeting capability for nucleolus imaging and enhanced cytosolic and nuclear drug delivery [J]. ACS Applied Materials & Interfaces, 2018, 10 (19): 16924-16924.

[28] Hu Y, Yang J, Jia L, et al. Ethanol in aqueous hydrogen peroxide solution: Hydrothermal synthesis of highly photoluminescent carbon dots as multifunctional nanosensors [J]. Carbon, 2015, 93: 999-1007.

[29] Ding H, Yu S, Wei J, et al. Full-color light-emitting carbon dots with a surface-state-controlled luminescence mechanism [J]. ACS Nano, 2016, 10 (1): 484-491.

[30] Li J, Chen C, Xia T. Understanding nanomaterial-liver interactions to facilitate the development of safer nanoapplications [J]. Advanced Materials, 2022: 2106456.

[31] Shen Y, Zhang X, Liang L, et al. Mitochondria-targeting supra-carbon dots: Enhanced photothermal therapy selective to cancer cells and their hyperthermia molecular actions [J]. Carbon, 2020, 156: 558-567.
[32] Tan W, Zhang Q, Wang J, et al. Enzymatic assemblies of thiophosphopeptides instantly target Golgi apparatus and selectively kill cancer cells [J]. Angewandte Chemie, 2021, 60 (23): 12796-12801.
[33] Yuan M, Guo Y, Wei J, et al. Optically active blue-emitting carbon dots to specifically target the Golgi apparatus [J]. RSC Advances, 2017, 7 (79): 49931-49936.
[34] Li R, Gao P, Zhang H, et al. Chiral nanoprobes for targeting and long-term imaging of the Golgi apparatus [J]. Chemical Science, 2017, 8: 6829-6835.
[35] Sun Y, Qin H, Geng X, et al. Rational design of far-red to near-infrared emitting carbon dots for ultrafast lysosomal polarity imaging [J]. ACS Applied Materials & Interfaces, 2020, 12 (28): 31738-31744.
[36] Tong L, Wang X, Chen Z, et al. One-step fabrication of functional carbon dots with 90% fluorescence quantum yield for long-term lysosome imaging [J]. Analytical Chemistry, 2020, 92 (9): 6430-6436.
[37] Jiang L, Ding H, Xu M, et al. Carbon dots: UV-Vis-NIR full-range responsive carbon dots with large multiphoton absorption cross sections and deep-red fluorescence at nucleoli and in vivo [J]. Small, 2020, 16 (19): 2070107.
[38] Wang B, Fan J, Wang X, et al. A nile blue based infrared fluorescent probe: Imaging tumors that over-express cyclooxygenase-2 [J]. Chemical Communications, 2014, 51 (4): 792-795.
[39] 黄贺. 氨基酸微波法制备碳点及其性质研究 [D]. 长春: 吉林大学, 2019.
[40] Geng X, Sun Y, Guo Y, et al. Fluorescent carbon dots for in situ monitoring of lysosomal ATP levels [J]. Analytical Chemistry, 2020, 92 (11): 7940-7946.
[41] Luo H, Lari L, Kim H, et al. Structural evolution of carbon dots during low temperature pyrolysis [J]. Nanoscale, 2021, 14: 910-918.
[42] Lu W, Du F, Zhao X, et al. Sulforaphane-conjugated carbon dots: A versatile nanosystem for targeted imaging and inhibition of EGFR-overexpressing cancer cells [J]. ACS Biomaterials Science and Engineering, 2019, 5 (9): 4692-4699.
[43] Xie Z, Yu S, Fan X, et al. Wavelength-sensitive photocatalytic H_2 evolution from H_2S splitting over g-C_3N_4 with S,N-codoped carbon dots as the photosensitizer [J]. Journal of Energy Chemistry, 2021, 52: 234-242.
[44] Lu S, Li Z, Fu X, et al. Carbon dots-based fluorescence and UV-Vis absorption dual-modal sensors for Ag^+ and L-cysteine detection [J]. Dyes and Pigments, 2020, 187: 109126.
[45] Samide A, Tutunaru B, Negrila C, et al. Surface analysis of inhibitor film formed by 4-amino-*n*-(1,3-thiazol-2-yl) benzene sulfonamide on carbon steel surface in acidic media [J]. Spectroscopy Letters, 2012, 45 (1): 55-64.

第4章 钆掺杂碳点荧光/磁共振双模态成像探针

在CDs中加入钆离子将改变其原本的电子结构和表面态缺陷制备钆掺杂碳点（Gd-CDs），不仅能提高CDs的光学性质，还能增强磁学弛豫性能[1,2]。此外，钆离子被证明在CDs中以螯合形式存在，毒性大大降低，所以Gd-CDs还具有良好的生物相容性，这使其在肿瘤诊疗一体化中具有优异的应用前景[3]。作为双模态成像探针，Gd-CDs需要具有以下两个方面的性能：一是发射波长较长，提高成像的穿透力；二是高的磁共振弛豫率。满足上述条件的Gd-CDs，可将FL和MRI结合得到双模态成像技术，具有高灵敏度和高空间分辨率，可以为疾病诊断提供更准确和可靠的信息[4]。

然而，目前Gd-CDs的发射波长较短，限制了其成像能力[5]。具有芳香族结构的碳源和掺杂N、S、F等杂原子可以实现Gd-CDs的长波长发射，增强组织穿透力。此外，通过引入表面官能团来增强Gd的螯合以及药物的担载，进而提高弛豫率和载药量。此外，CD44作为肿瘤细胞表面的关键受体，与透明质酸（hyaluronic acid，HA）有着特异性结合。通过在Gd-CDs表面修饰HA，能够实现对其的导向，从而靶向递送至肿瘤细胞中，有利于靶向成像[6]。

笔者团队首先以柠檬酸（citric acid，CA）和中性红（neutral red，NR）为碳源，六水氯化钆（$GdCl_3 \cdot 6H_2O$）为钆源，采用水热法制备Gd-CDs，通过调控反应温度和时间得到最佳荧光量子产率（FLQY）的Gd-CDs。对Gd-CDs进行靶向配体HA的修饰，得到靶向探针Gd-CDs-HA。

Gd-CDs具体制备步骤如下：将0.029g NR、3g CA和0.75g $GdCl_3 \cdot 6H_2O$混合并溶于15mL去离子水中，通过剧烈的超声处理得到均匀溶解的溶液。随后，将该溶液转移至50mL的高压反应釜中，放入160～200℃恒温烘箱中进行4～6h的反应。待溶液冷却至室温后，以10000r/min转速离心深红色反应溶液10min后，收集上清液，用0.22μm的滤膜过滤。然后在去离子水中用分子量为500的透析袋进行24h的透析，以去除残留的有机分子。透析后，冷冻干燥得到紫红色Gd-CDs粉末。

Gd-CDs-HA具体制备步骤如下：首先将10mg HA、26mg EDC·HCl和16mg NHS加入60mL PBS（pH=7.4）溶液中，超声溶解至无

沉淀后避光静置 1h，然后加入 30mg Gd-CDs，在常温下磁力搅拌器中避光搅拌 24h。随后，将溶液用 0.22μm 的滤膜过滤除去大颗粒杂质。最后冷冻干燥得到粉红色 Gd-CDs-HA 粉末。

进一步对 Gd-CDs 和 Gd-CDs-HA 的结构形貌、化学组成、光学性能和磁学性能进行表征，并对其生物安全性和双模态成像性能进行分析。

4.1 合成工艺优化

为了得到荧光性能更佳的红光 Gd-CDs，研究反应温度和时间对其发射波长及 FLQY 的影响。首先，固定反应温度 180℃，调控其反应时间（4～6h），制备出的 Gd-CDs 发射波长分别为 640nm、640nm 和 625nm［图 4-1（a）～(c)，书后另见彩图］。随着反应时间的延长，Gd-

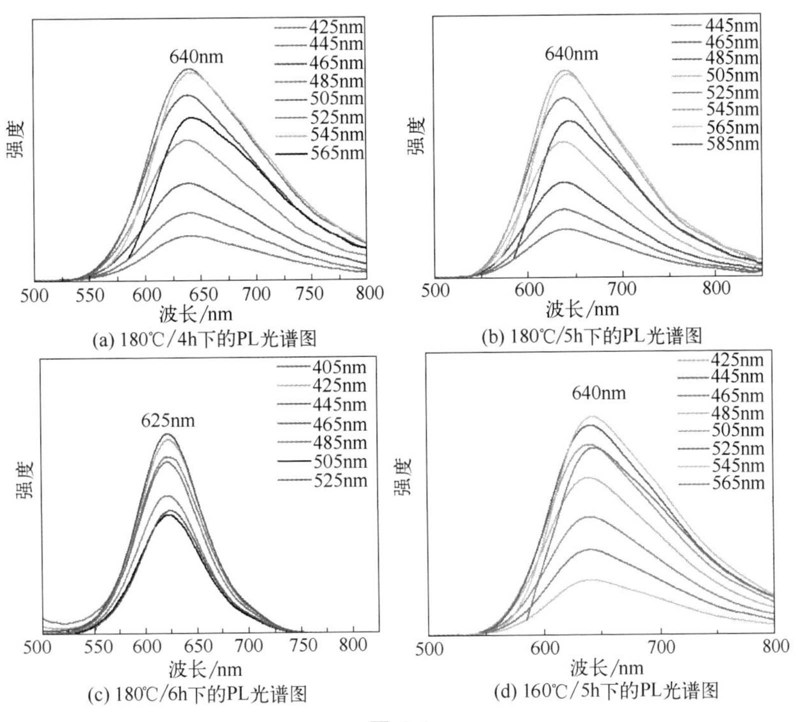

(a) 180℃/4h下的PL光谱图　(b) 180℃/5h下的PL光谱图　(c) 180℃/6h下的PL光谱图　(d) 160℃/5h下的PL光谱图

图 4-1

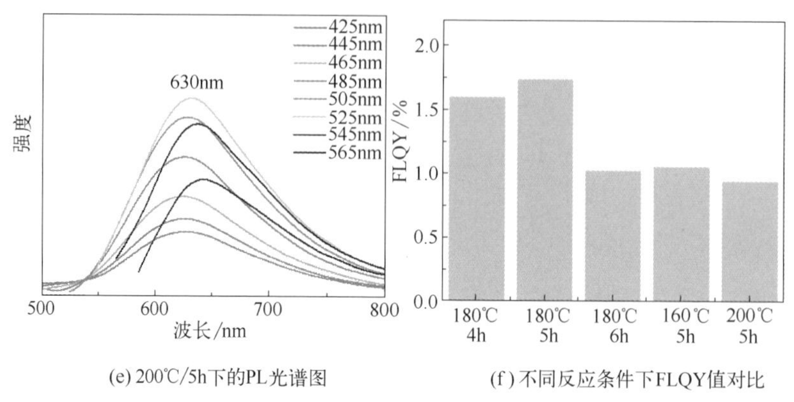

(e) 200℃/5h下的PL光谱图　　(f) 不同反应条件下FLQY值对比

图 4-1　不同反应条件下 Gd-CDs 的 PL 光谱图及 FLQY 值对比

CDs 的发射波长蓝移，且其 FLQY 先增加后下降。因此，确定 Gd-CDs 的最佳合成时间为 5h。其次，固定反应时间为 5h，调控其反应温度（160～200℃）制备 Gd-CDs。从图 4-1（b）、（d）、（e）（书后另见彩图）可以看出，Gd-CDs 的发射波长随反应温度的升高而蓝移，并且反应温度为 180℃时 FLQY 最高［图 4-1（f），书后另见彩图］，最终确定最佳反应温度为 180℃。通过考察不同反应温度和时间下 Gd-CDs 的发射波长和 FLQY，确定其最佳反应条件为 180℃下反应 5h。

4.2 形貌与结构

对 Gd-CDs 的结构进行表征，通过 TEM 观察其形貌和粒径，图 4-2（a）、（b）显示，Gd-CDs 呈球形分散，无团聚现象发生，其粒径范围是 0.6～2.5nm，平均粒径为（1.50±0.02）nm，从 HRTEM 图上看出 Gd-CDs 无明显的晶格条纹。Gd-CDs 表面偶联 HA 后的靶向钆掺杂碳点（Gd-CDs-HA）的 TEM 图像如图 4-2（c）、（d）所示，同样呈球形且分布均匀，平均粒径比之前大，增加至（1.85±0.06）nm，证实 HA 已经偶联在 Gd-CDs 表面。

为了验证 Gd 是否掺杂到 CDs 中，通过 ICP-AES 测得 Gd-CDs 中的 Gd 含量为 6.56%。进一步对 Gd-CDs 的化学组成进行 XPS 能谱分析，

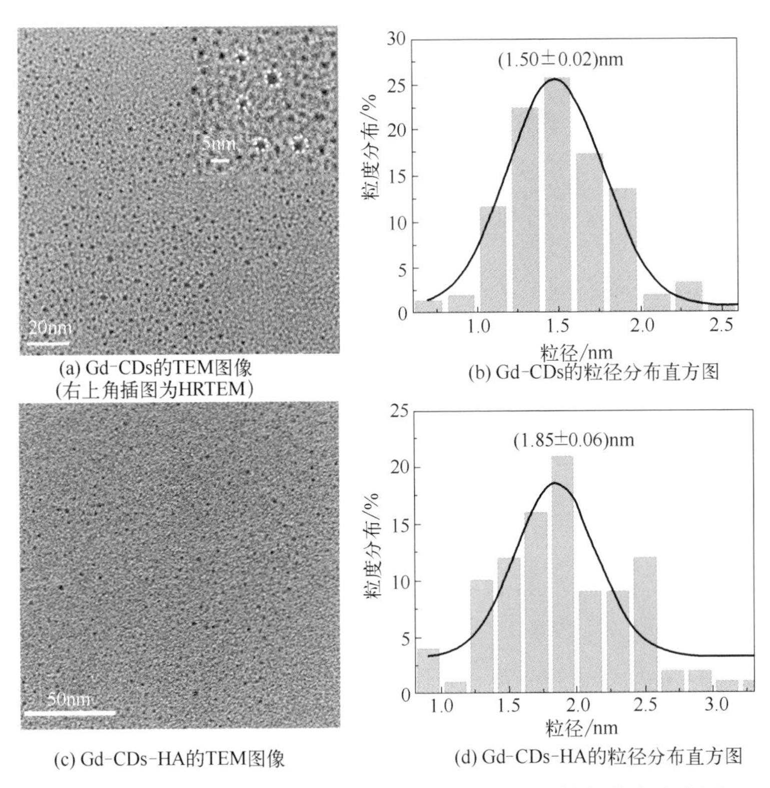

(a) Gd-CDs的TEM图像(右上角插图为HRTEM)
(b) Gd-CDs的粒径分布直方图
(c) Gd-CDs-HA的TEM图像
(d) Gd-CDs-HA的粒径分布直方图

图 4-2　Gd-CDs 与 Gd-CDs-HA 的 TEM 图像及粒径分布直方图

如图 4-3（a）（书后另见彩图）所示，Gd-CDs 的图谱中有 C 1s、O 1s、N 1s、Gd 4d 和 Gd 3d 的主峰，说明其含有 C、O、N 和 Gd 元素。其中，C 1s 的高分辨能谱图在 288.35eV、285.96eV、284.80eV 和 289.67eV 处显示 4 个峰，其分别对应于 C—O/C－N、C ═C、C—C、C ═O 键［图 4-3（b），书后另见彩图］[7-10]。O 1s 的高分辨能谱图在 532.68eV 和 531.82eV 处有 2 个峰，分别对应于 C—O、C ═O 键［图 4-3（c），书后另见彩图］[11]。N 1s 的高分辨能谱图在 399.95eV 和 402.28eV 处显示两个峰，分别归因于吡啶 N 和氨基 N［图 4-3（d），书后另见彩图］。如图 4-3（e）（书后另见彩图）所示，Gd 4d 的高分辨能谱图在 143.62eV 和 148.72eV 处出现 2 个吸收峰，对应于手性耦合的 Gd $4d_{5/2}$ 和 Gd $4d_{3/2}$，与 Gd-DTPA 中 Gd $2p_{3/2}$ 和 Gd $2p_{5/2}$ 的峰相似[12]，研究结果表明钆元素以配位方式掺入 CDs，并且此掺杂过程并未引起 Gd^{3+} 化学结构的显著变化。Gd 3d 的高分辨能谱图［图 4-3（f），书后另见彩图］在

1188.27eV 和 1220.09eV 处出现 2 个吸收峰，它们分别对应于 Gd $3d_{5/2}$ 和 Gd $3d_{3/2}$，其位置和强度与 Gd_2O_3 中的 Gd^{3+} 相吻合，这些吸收峰的出现进一步证实 Gd^{3+} 已被掺杂到 Gd-CDs 中[13]。

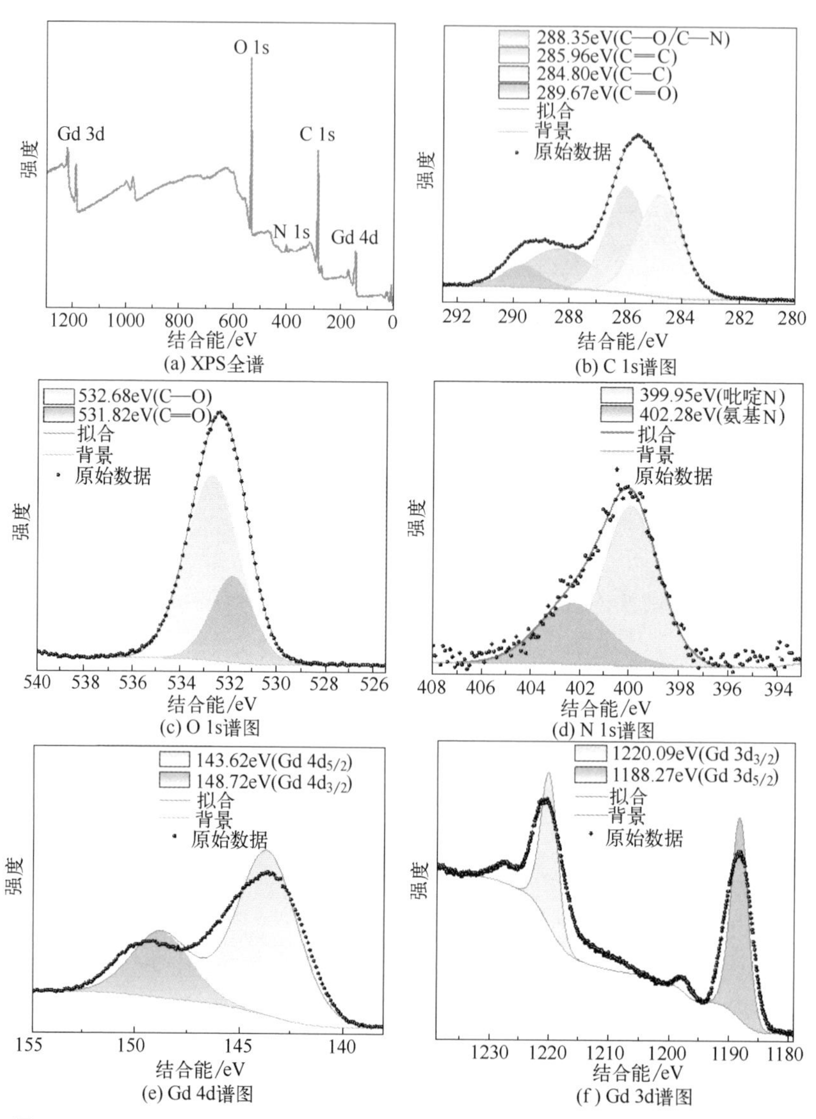

图 4-3 Gd-CDs 的 XPS 谱图及其 C 1s、O 1s、N 1s、Gd 4d、Gd 3d 谱图

通过 FTIR 进一步分析 Gd-CDs 和 Gd-CDs-HA 的表面官能团。如图 4-4（a）所示，2 个样品具有相同的振动吸收特征峰。位于 $1712cm^{-1}$ 处的吸收峰可归因于 C ═O/C ═C 的伸缩振动[14]；在

3000～3589cm^{-1} 范围内的吸收峰与—OH/N—H 的伸缩振动有关[15]；而 1247cm^{-1} 处的吸收峰归因于 C—N 的伸缩振动[16]。以上结果说明它们表面都存在羰基、羟基和氨基等官能团。Gd-CDs-HA 与 Gd-CDs 相比，在 1639cm^{-1} 处出现了新的吸收峰，归因于—CO—NH—官能团的伸缩振动[17]，从而证实了 Gd-CDs 与 HA 之间通过酰胺键共价结合。

为了进一步分析 Gd-CDs 和 Gd-CDs-HA 的结构，分别对它们和 HA 进行了 zeta 电位的测试。从图 4-4（b）可以看出，Gd-CDs 携带正电荷，电位约为＋13.67mV；HA 携带负电荷，电位约为－40.2mV；偶联 HA 后的 Gd-CDs 由正电荷变为负电荷，电位约为—12.59mV，进一步证明 HA 被偶联到 Gd-CDs 上。图 4-4（c）是 Gd-CDs-HA 的合成结构图，Gd-CDs 表面的氨基与 HA 中的羧基反应形成酰胺键。

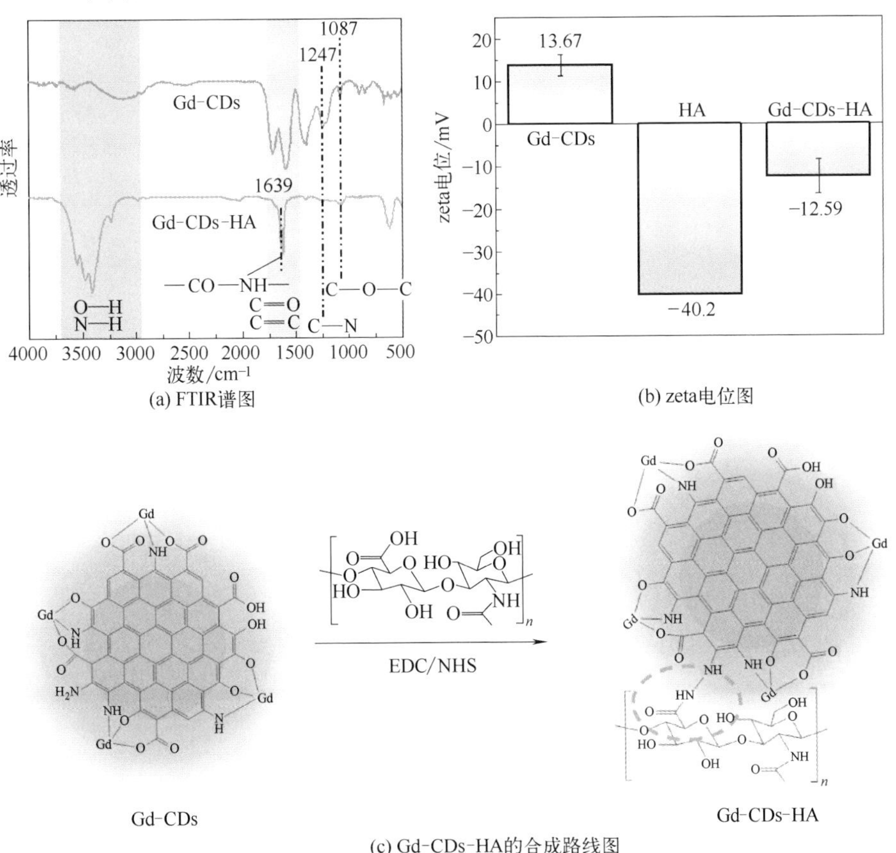

图 4-4　Gd-CDs 与 Gd-CDs-HA 的 FTIR 谱图和 zeta 电位图及 Gd-CDs-HA 的合成路线图

4.3
光学性能

为研究 Gd-CDs 和 Gd-CDs-HA 的光学性能，对其进行 UV-Vis 光谱、荧光光谱及 FLQY 的表征。图 4-5（a）（书后另见彩图）是 Gd-CDs 和 Gd-CDs-HA 的 UV-Vis 光谱，Gd-CDs 有 3 个明显的吸收带，分别位于 278nm、305nm 和 532nm 左右，其中 278nm 处出现的肩峰与 C=C 的 π-π^* 跃迁有关[18]，305nm 处的肩峰则对应于 C=O 的 n-π^* 跃迁，在可见光区域，532nm 处的吸收峰是芳香族化合物的特征吸收

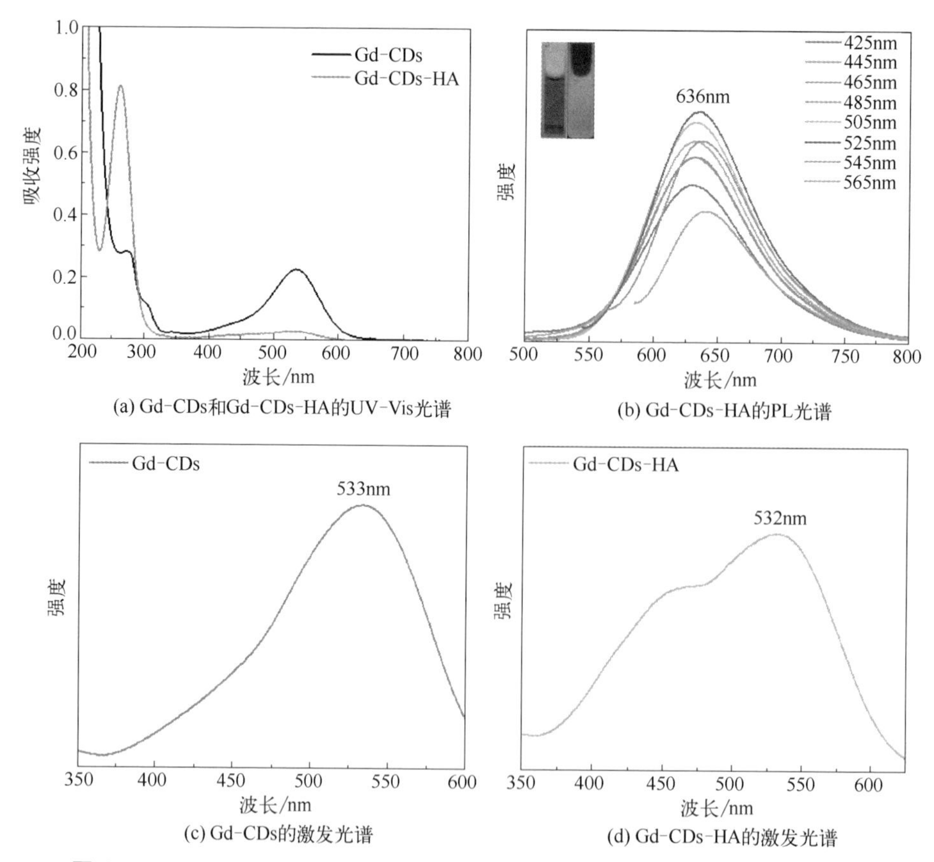

(a) Gd-CDs和Gd-CDs-HA的UV-Vis光谱

(b) Gd-CDs-HA的PL光谱

(c) Gd-CDs的激发光谱

(d) Gd-CDs-HA的激发光谱

图 4-5 Gd-CDs 和 Gd-CDs-HA 的 UV-Vis 光谱、Gd-CDs-HA 的 PL 光谱及 Gd-CDs 与 Gd-CDs-HA 的激发光谱

带，暗示着其结构中存在大的共轭结构。在 Gd-CDs-HA 光谱中，原本 305nm 处的肩峰消失，而在 261nm 处出现新的吸收峰，这一改变是因为 Gd-CDs 表面的羧基发生活化反应，并与 HA 通过酰胺键形成 Gd-CDs-HA 偶联物，证实 Gd-CDs 与 HA 的结合[19]。

进一步对 Gd-CDs 和 Gd-CDs-HA 的荧光光谱进行分析［图 4-5 (b)、(c)，书后另见彩图］，发现 3 种材料的荧光发射随发射波长的增加均没有发生变化，均表现出独立的荧光发射特征，Gd-CDs 的最佳发射波长为 640nm，Gd-CDs-HA 的最佳发射波长为 636nm，两者均属于红光发射。图 4-5 (c)、(d)（书后另见彩图）是 2 种材料的激发光谱，Gd-CDs 的最佳激发波长为 533nm，Gd-CDs-HA 的最佳激发波长为 532nm，说明 HA 的修饰并未对 Gd-CDs 的光学性能造成影响。

FLQY 是衡量发光强度的指标，对 Gd-CDs 和 Gd-CDs-HA 的 FLQY 进行测试，Gd-CDs 的绝对 FLQY 为 1.73%，与 HA 结合后，保留 Gd-CDs 的光学性质，Gd-CDs-HA 的绝对 FLQY 提高至 3.43%。原因可能是 HA 表面的—COOH 作为非辐射陷阱，降低了非辐射跃迁速率，提高了 FLQY[20]。

4.4 磁学性能

在 1T 磁共振成像仪上测试 Gd-CDs 的 MRI 成像能力。如图 4-6 (a) 所示，Gd-CDs 的弛豫率 r_1 为 58.701L/(mmol·s)，而在相同条件下，对照组商用造影剂钆双胺的弛豫率为 2.876L/(mmol·s)。Gd-CDs 的 r_1 值与钆双胺相比提高了约 20 倍，这可能与其更大的水力半径和表面积有关，更多的 Gd^{3+} 掺杂使 Gd-CDs 与水质子之间充分接触，具有更大的相互作用，有助于缩短纵向弛豫时间，增大 r_1 值[21]。随着 Gd^{3+} 浓度的增加，Gd-CDs 和对照组钆双胺的 T_1-MRI 信号强度均呈现增强趋势，图像越来越亮［图 4-6 (b)］，两者都具有 T_1-MRI 成像的能力。而在相同浓度下，Gd-CDs 的 T_1-MRI 信号强度均比钆双胺的强。

与其他 Gd-CDs 的研究相比，制备的 Gd-CDs 能够实现红光发射，

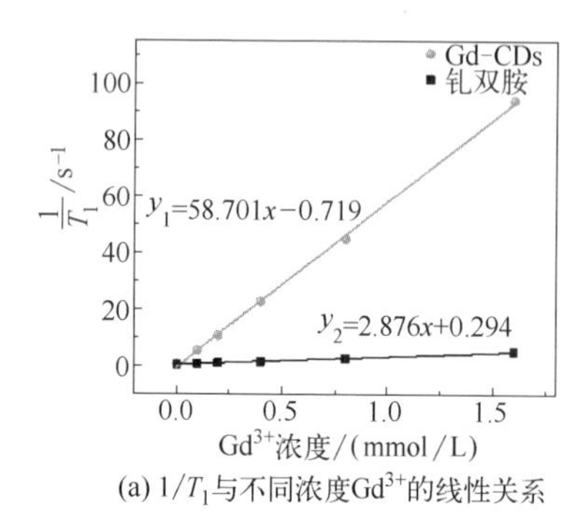

(a) $1/T_1$与不同浓度Gd^{3+}的线性关系

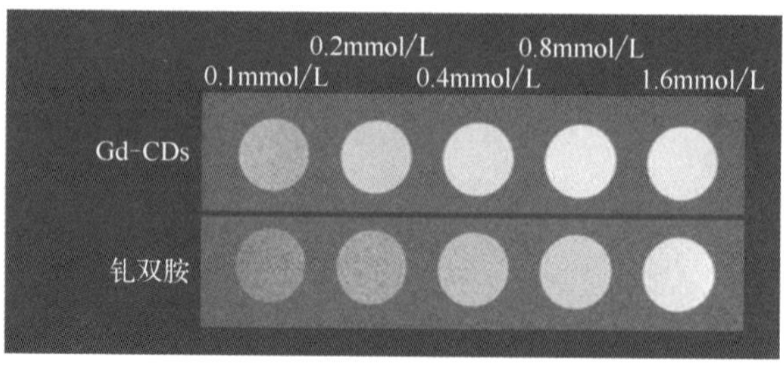

(b) Gd-CDs和钆双胺的T_1加权图像

图 4-6 $1/T_1$ 与不同浓度 Gd^{3+} 的线性关系及 Gd-CDs 与钆双胺的 T_1 加权图像

并且具有较高的磁共振纵向弛豫率（表 4-1）。此外，其表面含有羧基和氨基，可以与靶向配体结合，进一步达到靶向癌细胞的目的。

表 4-1 不同 Gd-CDs 的发射波长、钆含量与纵向弛豫率对比

探针	成像类型	发射波长/nm	钆含量/%	纵向弛豫率/[L/(mmol·s)]	文献
Gd@C 点	FL/MRI	440	5.20	10.00	[22]
Gd-NGQDs	FL/MRI	495	0.53	9.54	[23]
Gd-CDs@N-Fe_3O_4	FL/MRI	500	0.88	5.16	[24]
Gd-CDs	FL/MRI	625	—	13.40	[25]
Gd/Yb@CDs	FL/MRI/CT	418	7.40	6.65	[26]
NGQDs-Gd	FL/MRI	614	2.60	32.04	[27]
Gd-CDs	FL/MRI	640	6.56	58.70	本研究

4.5 生物安全性

为了后续的生物应用，载体不仅需要具有良好的光学、磁学性能，还需要有低细胞毒性。采用 CCK-8 法测定 Gd-CDs 和 Gd-CDs-HA 与 7702、HepG2 与 VX2 细胞共培养 24h 后的细胞存活率。如图 4-7 所示，在 Gd-CDs 和 Gd-CDs-HA 溶液浓度达到 200μg/mL 时，上述 3 种细胞仍可达到 80%以上的存活率，说明 2 种材料的细胞毒性均较低，可以用于肿瘤的诊疗一体化材料中[28,29]。

除 CCK-8 外，血液相容性也是测试生物材料安全性的重要因素。

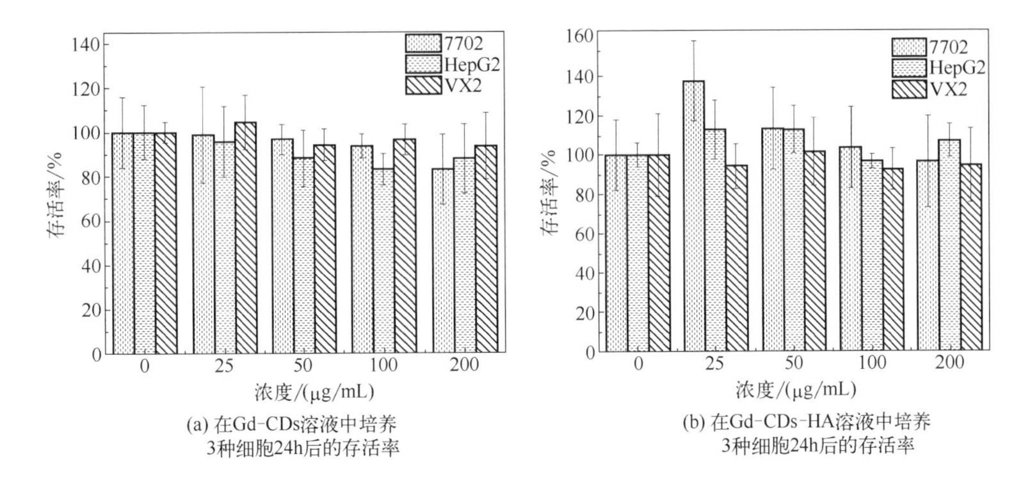

(a) 在Gd-CDs溶液中培养3种细胞24h后的存活率

(b) 在Gd-CDs-HA溶液中培养3种细胞24h后的存活率

图 4-7 在不同浓度 Gd-CDs 和 Gd-CDs-HA 溶液中培养 7702、HepG2 与 VX2 细胞 24h 后的细胞存活率

本章通过红细胞溶血实验评估了 Gd-CDs 和 Gd-CDs-HA 的血液相容性。图 4-8（a）、（b）（书后另见彩图）显示了红细胞用不同浓度 Gd-CDs 溶液、Gd-CDs-HA 溶液与 TX-100 溶液处理之后的图像，溶液浓度从左至右依次为 0μg/mL（PBS，阴性对照组）、3.125μg/mL、6.25μg/mL、12.5μg/mL、25μg/mL、50μg/mL、100μg/mL、200μg/mL、TX-100 溶液（阳性对照组）。观察照片可知，TX-100 溶液呈现红色，且管底无细胞沉淀，这说明红细胞已经被完全溶解，发生了溶血现象。相比之下，不同浓度的 Gd-CDs 和 Gd-CDs-HA 溶液的上清液颜色与 PBS 溶液颜色相似，且管底有红细胞沉淀，表明它们没有引起明显的溶血现象。通过 UV-Vis 光谱测量各溶液在 545nm 处的吸光度值，计算得到相应的溶血率。如图 4-8（c）、（d）（书后另见彩图）所示，用 PBS 和 TX-100 溶液处理的红细胞悬液的溶血率分别为 0%和 100%，而不同浓度 Gd-CDs 溶液的溶血率分别为 0.37%、0.32%、0.42%、0.55%、1.48%、2.35%和 4.80%，不同浓度 Gd-CDs-HA 溶液的溶血率分别为 0.14%、0.65%、0.55%、0.78%、0.32%、2.26%和 2.35%。由于 Gd-CDs 和 Gd-CDs-HA 的溶血率均小于 5%，说明它们都具有良好的血液相容性[30]。

为研究 Gd-CDs-HA 在裸鼠体内的生物安全性，将其（5mg/mL）尾静脉注射进裸鼠体内。随着注射时间的延长，裸鼠体内的荧光信号增

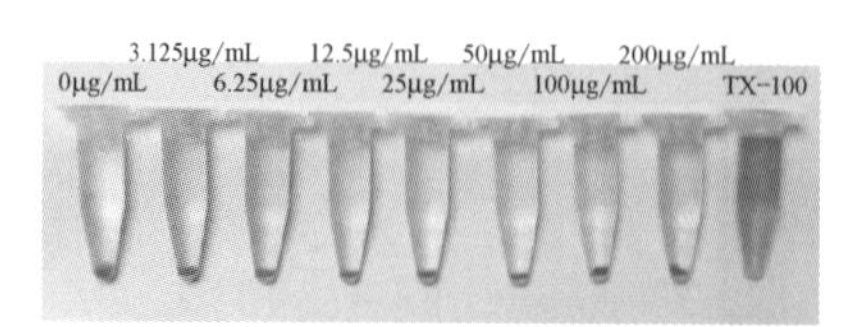

(a) Gd-CDs溶液与TX-100溶液
加入红细胞并离心后的照片

3.125μg/mL 12.5μg/mL 50μg/mL 200μg/mL
0μg/mL 6.25μg/mL 25μg/mL 100μg/mL TX-100

(b) Gd-CDs-HA溶液与TX-100溶液
加入红细胞并离心后的照片

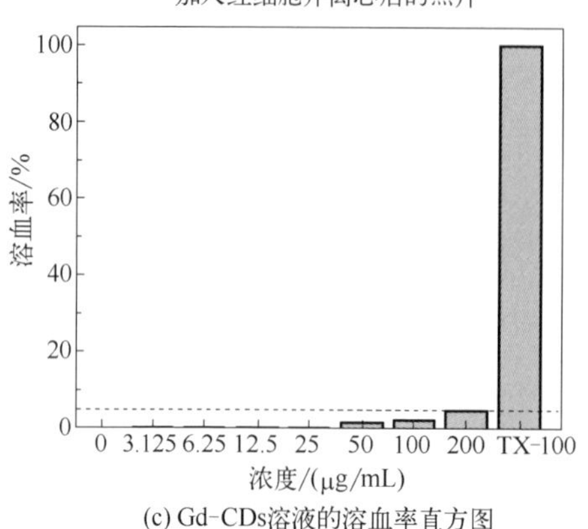

(c) Gd-CDs溶液的溶血率直方图

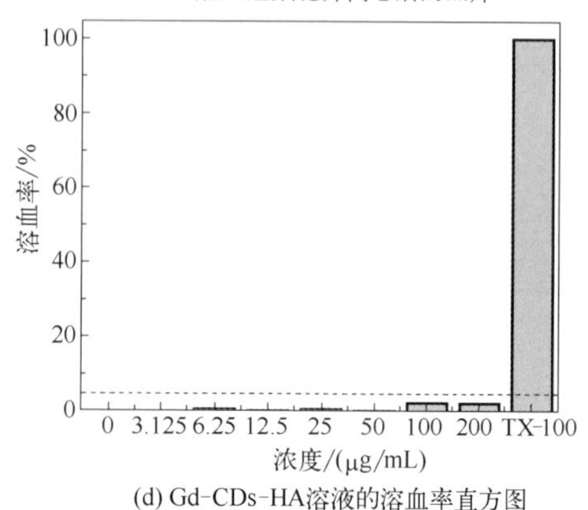

(d) Gd-CDs-HA溶液的溶血率直方图

图 4-8 不同浓度 Gd-CDs 和 Gd-CDs-HA 溶液与 TX-100 溶液加入红细胞并离心后的照片及不同浓度 Gd-CDs 和 Gd-CDs-HA 溶液的溶血率直方图

强，在注射 6h 后随血液循环到达裸鼠全身且荧光最强，然后随着时间的推移强度逐渐减弱，在注射 24h 后基本没有显著的荧光信号［图 4-9（a），书后另见彩图］，说明 Gd-CDs-HA 可以在 24h 内排出体外。进一步考察 Gd-CDs-HA 在裸鼠体内的代谢途径，对注射不同时间后的裸鼠进行颈椎脱臼标准手法处理，取出其心、肝、脾、肺和肾等主要器官。实验结果发现裸鼠的肝脏和肾脏器官中荧光信号较强，表明 Gd-CDs-HA 可以通过粪便和尿液分泌排出体外［图 4-9（b），书后另见彩图］[31]。Gd-CDs-HA 通过尾静脉注射进入血液，图 4-9（c）（书后另见彩图）是注射后不同时间裸鼠的肝脏和肾脏上的荧光信号强度。在注射 1h 后裸鼠肝脏和肾脏中开始出现荧光信号，并且随时间的推移逐渐变强，注射 6h 后积累的 Gd-CDs-HA 最多，荧光强度最强。随着时间的延长，Gd-CDs-HA 通过尿液和粪便排出，主要在 24h 内通过肝脏和肾脏清除[32]。上述现象表明 Gd-CDs-HA 具有代谢快和毒性低的优点。

系统地研究 Gd-CDs-HA 的组织器官毒性，确保其进一步生物应用的可行性。在尾静脉注射 PBS 和 Gd-CDs-HA 溶液后，取不同时间段小

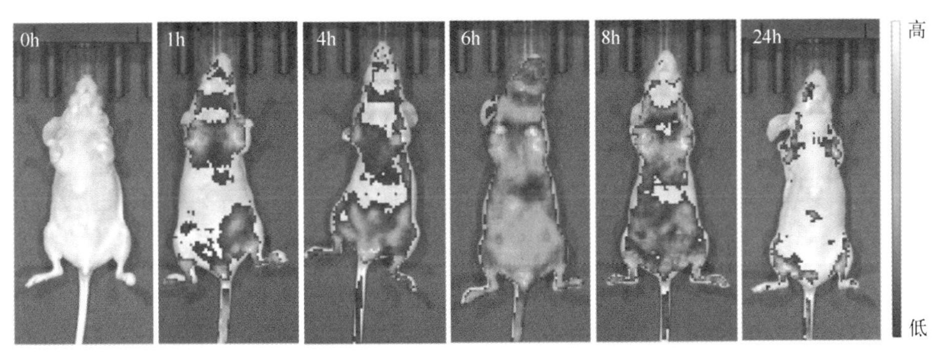

(a) 裸鼠静脉注射Gd-CDs-HA不同时间后的体内FL成像

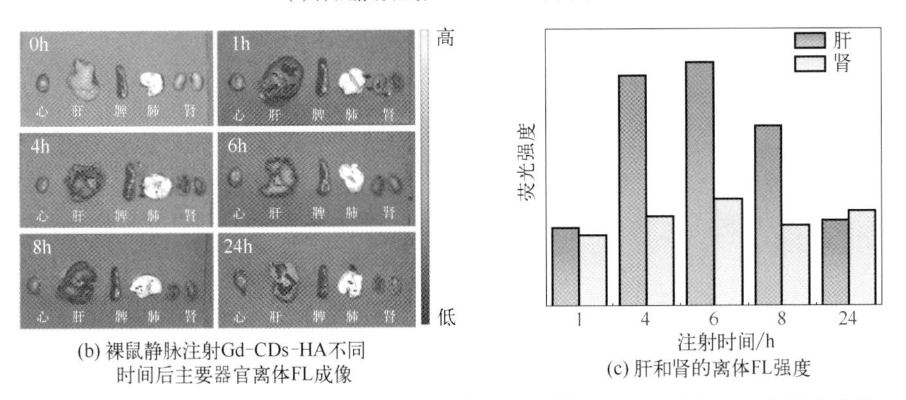

(b) 裸鼠静脉注射Gd-CDs-HA不同时间后主要器官离体FL成像

(c) 肝和肾的离体FL强度

图 4-9 裸鼠静脉注射 Gd-CDs-HA 不同时间后的体内 FL 成像、主要器官离体 FL 成像和肝脏和肾脏的离体 FL 强度

鼠的主要器官和血液进行分析。图 4-10（书后另见彩图）为主要器官组织切片的 HE 染色，经 Gd-CDs-HA 处理后，未发现组织损伤。采用血液生化分析检测谷草转氨酶（AST）、谷丙转氨酶（ALT）、肌酐（CREA）和尿素（UREA）。血液中 AST 和 ALT 能反映肝功能，当 AST 和 ALT 值升高时，可能发生肝细胞损伤[33]。通过统计学计算其显著性概率（P），进而分析两组的差异性，$P>0.05$ 表示两者差异性不大。如图 4-11（a）、（b）所示，与对照组 PBS 相比，AST 和 ALT 均无显著性差异，说明无明显的肝毒性。CREA 和 UREA 是反映肾脏功能的参数，Gd-CDs-HA 处理后与 PBS 组相比也无显著性差异［图 4-11（c）、（d）］。结果显示，经 Gd-CDs-HA 处理后，肝、肾功能均未见异常。小鼠体重监测结果如图 4-11（e）所示，3 组体重均正常增长，未出现小鼠死亡的现象，并且与对照组体重增长趋势相似。以上结果表明 Gd-CDs-HA

具有较好的体内生物安全性，为其体内生物应用奠定了基础。

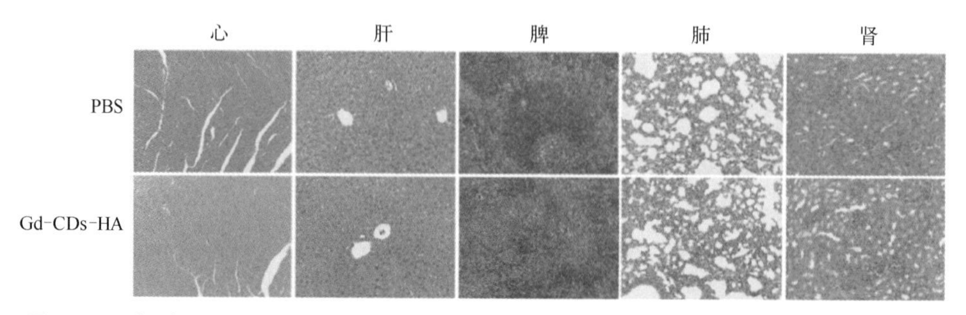

图 4-10　对照组和 Gd-CDs-HA 溶液处理后裸鼠的内脏器官病理切片图（放大倍数 200）

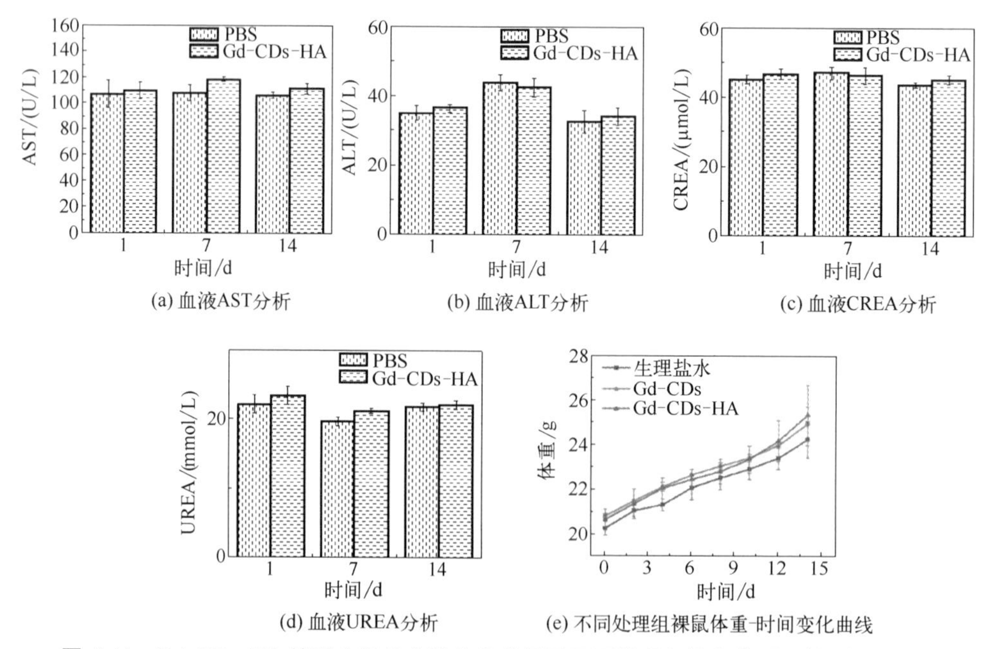

(a) 血液AST分析　(b) 血液ALT分析　(c) 血液CREA分析

(d) 血液UREA分析　(e) 不同处理组裸鼠体重-时间变化曲线

图 4-11　Gd-CDs-HA 处理小鼠的血液生化分析及不同处理组裸鼠体重-时间变化曲线

4.6
体外双模态成像

为评估 Gd-CDs-HA 靶向肝癌细胞的能力，将生物相容性良好的 Gd-CDs 和 Gd-CDs-HA 应用于 HepG2 细胞荧光成像。用 Gd-CDs 和

Gd-CDs-HA 共孵育 HepG2 细胞 4h，在 530nm 的激发波长下激发得到激光共聚焦图如图 4-12 所示（书后另见彩图）。从图 4-12 中可以看出，细胞均呈现红色荧光，表明 2 种材料都可以被细胞内吞，而经 Gd-CDs-HA 孵育的细胞表现出更明亮的红色荧光，证明其可以靶向肝癌细胞，并且可以作为荧光成像探针应用于细胞成像中。

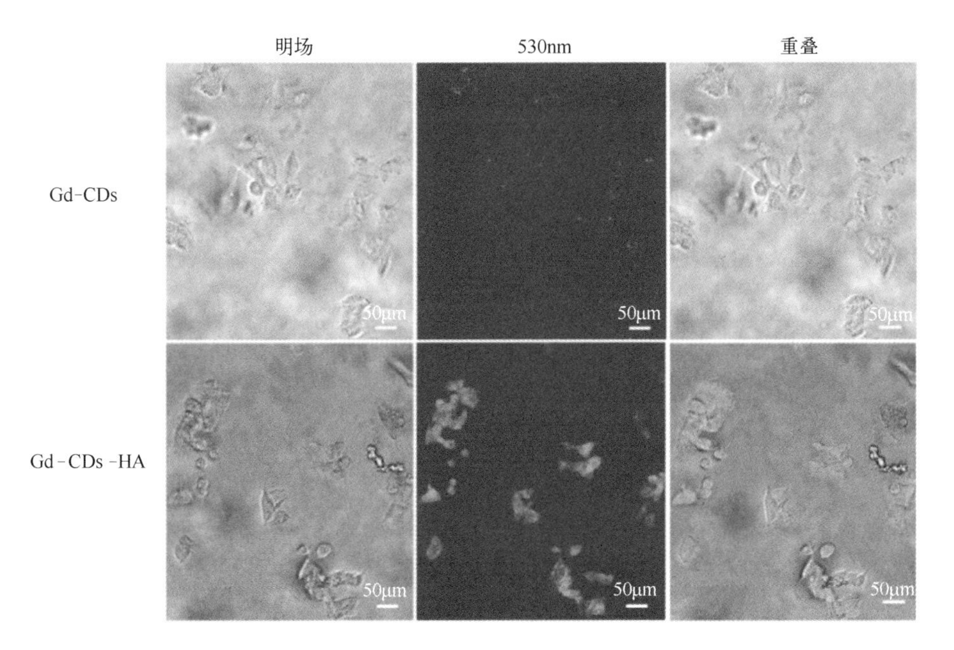

图 4-12 Gd-CDs 和 Gd-CDs-HA 在 HepG2 细胞中培养 4h 后的明场、荧光以及重叠图像

通过 T_1 加权 MRI 成像来评估 Gd-CDs-HA 在 HepG2 细胞中的磁共振成像能力。图 4-13 为不同浓度（0mg/mL、0.375mg/mL、0.75mg/mL、1.5mg/mL 和 3mg/mL）的材料在 HepG2 细胞中的 MRI 成像。随着浓度的增加，2 种材料孵育细胞的 MRI 信号强度均逐渐增强，图像也逐渐变亮。然而，经 Gd-CDs-HA 处理的 HepG2 细胞的 MRI 强度远远高于钆双胺处理后的强度。结果表明，Gd-CDs-HA 能够进入 HepG2 细胞并进行 MRI 成像，是一种优异的 MRI 成像造影剂。

可见，Gd-CDs-HA 在 HepG2 细胞中能够实现 FL/MRI 双模态成像，可作为双模态成像探针用于生物成像。

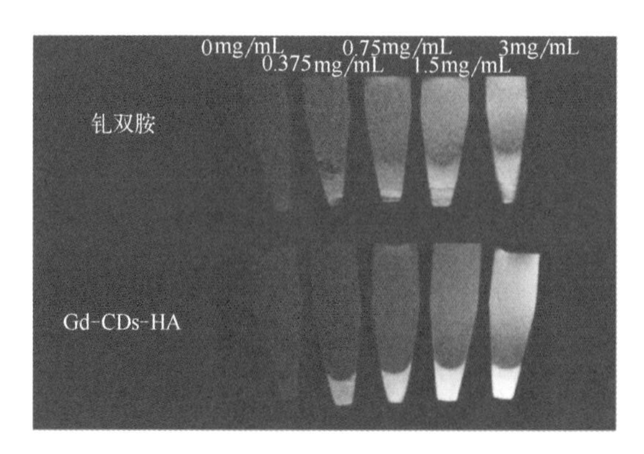

图 4-13 不同浓度下钆双胺和 Gd-CDs-HA 的 T1 加权 HepG2 细胞 MRI 图像

4.7
体内双模态成像

为了研究 Gd-CDs-HA 的活体双模态成像效果，以 Gd-CDs-HA 作为 FL/MRI 双模态成像探针，在小动物荧光成像仪和磁共振成像仪中进行活体成像。与未注射 Gd-CDs-HA 溶液的荷瘤鼠相比，注射 Gd-CDs-HA 2h 后的荷瘤鼠肿瘤部位表现出较强的荧光信号，说明其可以有效地进入小鼠肿瘤内部，并表现出良好的 FL 成像能力［图 4-14（a），书后另见彩图］。进一步研究其 MRI 成像能力，在注射 Gd-CDs-HA 溶液 6h

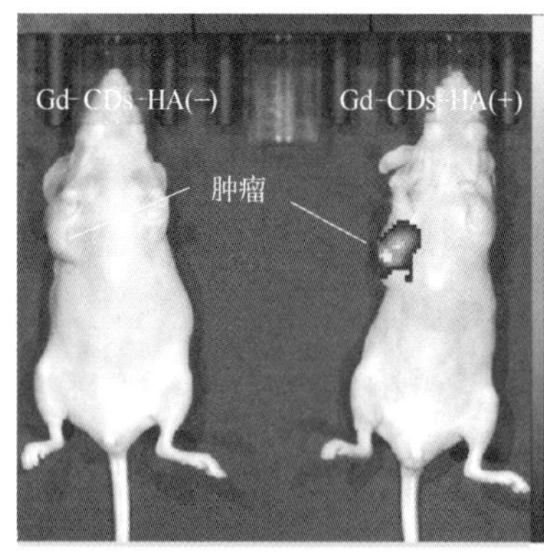

(a) 活体FL成像

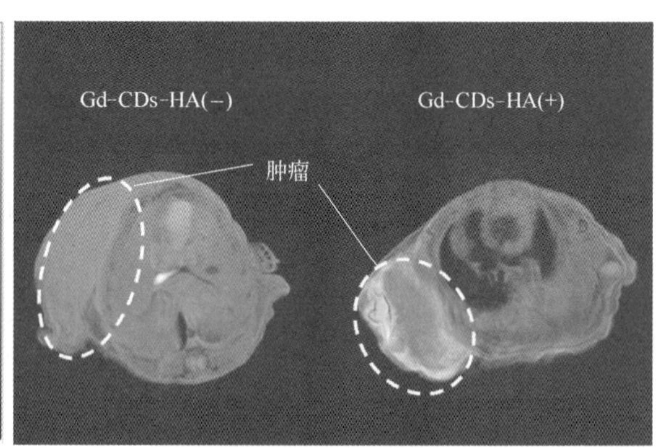

(b) 活体MRI成像

图 4-14 荷瘤鼠静脉注射 Gd-CDs-HA 后的活体 FL 成像和活体 MRI 成像

后的荷瘤鼠肿瘤部位，能看到边缘有较强的 T_1 MRI 信号，而未注射的荷瘤鼠没有表现出任何 MRI 信号［图 4-14（b），书后另见彩图］。活体的 FL/MRI 测试结果表明，Gd-CDs-HA 能够清晰地标记肿瘤组织，表现出较好的组织穿透力和空间分辨率。

参考文献

［1］ Zhong Y，Chen L，Yu S，et al. Advances in magnetic carbon dots：A theranostics platform for fluorescence/magnetic resonance bimodal imaging and therapy for tumors［J］. ACS Biomaterials Science & Engineering，2023，9（12）：6548-6566.

［2］ Du J，Zhou S，Ma Y，et al. Folic acid functionalized gadolinium-doped carbon dots as fluorescence/magnetic resonance imaging contrast agent for targeted imaging of liver cancer［J］. Colloids and Surfaces B：Biointerfaces，2024，234：113721.

［3］ Jia F，Zhou S，Liu J，et al. Metal-modified carbon dots：Synthesis，properties，and applications in cancer diagnosis and treatment［J］. Applied Materials Today，2024，37：102133.

［4］ 钟雅美. 基于钆掺杂碳点药物递送系统在肿瘤荧光/磁共振双模态诊疗中的应用［D］. 太原：太原理工大学，2024.

［5］ Molaei M J. Gadolinium-doped fluorescent carbon quantum dots as MRI contrast agents and fluorescent probes［J］. Scientific Reports，2022，12（1）：17681.

［6］ Chiesa E，Greco A，Riva F，et al. CD44-targeted carriers：The role of molecular weight of hyaluronic acid in the uptake of hyaluronic acid-based nanoparticles［J］. Pharmaceuticals，2022，15（1）：103.

［7］ Wang L，Zhou W，Yang D，et al. Gadolinium-doped carbon dots with high-performance in dual-modal molecular imaging［J］. Analytical Methods，2021，13（21）：2442-2449.

［8］ Jiang K，Sun S，Zhang L，et al. Red，green，and blue luminescence by carbon dots：Full-color emission tuning and multicolor cellular imaging［J］. Angewandte Chemie，2015，127（18）：5450-5453.

［9］ Dong Y，Pang H，Yang H，et al. Carbon-based dots co-doped with nitrogen and sulfur for high quantum yield and excitation-independent emission［J］. Angewandte Chemie International Edition，2013，52（30）：7954-7958.

［10］ Wang J，Zhang F，Wang Y，et al. Efficient resistance against solid-state quenching of carbon dots towards white light emitting diodes by physical embedding into silica［J］. Carbon，2018，126：426-436.

［11］ Gong X，Li Z，Hu Q，et al. N，S，P Co-doped carbon nanodot fabricated

from waste microorganism and its application for label-free recognition of manganese (Ⅶ) and L-ascorbic acid and AND logic gate operation [J]. ACS Applied Materials & Interfaces, 2017, 9 (44): 38761-38772.
[12] 张丽. 新型钆掺杂碳量子点用于肿瘤靶向性成像及其放疗增敏研究 [D]. 镇江: 江苏大学, 2016.
[13] 马逸骅. 新型钆掺杂碳点用于靶向肝癌的荧光-磁共振双模态成像研究 [D]. 太原: 山西医科大学, 2021.
[14] Alqahtani Y S, Mahmoud A M, El-Wekil M M, et al. Selective fluoride detection based on modulation of red emissive carbon dots fluorescence by zirconium-alizarin complex: Application to Nile River water and human saliva samples [J]. Microchemical Journal, 2024, 198: 110184.
[15] Sharma A, Panwar V, Chopra V, et al. Interaction of carbon dots with endothelial cells: Implications for biomedical applications [J]. ACS Applied Nano Materials, 2019, 2 (9): 5483-5491.
[16] Aparicio-Ixta L, Pichardo-Molina J L, Cardoso-Avila P E, et al. Nitrogen-doped carbon dots by means of a simple room-temperature synthesis using BSA protein and nucleosides or amino acids [J]. Colloids and Surfaces A: Physicochemical and Engineering Aspects, 2024, 686: 133394.
[17] 杨尧. HA-PEP-DTX 偶联物的制备及在光热/光动力联合化疗中的应用研究 [D]. 天津: 天津科技大学, 2023.
[18] Wang W, Li Y, Cheng L, et al. Water-soluble and phosphorus-containing carbon dots with strong green fluorescence for cell labeling [J]. Journal of Materials Chemistry B, 2014, 2 (1): 46-48.
[19] Dehvari K, Chiu S H, Lin J S, et al. Heteroatom doped carbon dots with nanoenzyme like properties as theranostic platforms for free radical scavenging, imaging, and chemotherapy [J]. Acta Biomaterialia, 2020, 114: 343-357.
[20] Wang Q, Pang E, Tan Q, et al. Regulating photochemical properties of carbon dots for theranostic applications [J]. Wiley Interdisciplinary Reviews: Nanomedicine and Nanobiotechnology, 2023, 15 (3): e1862.
[21] 段二月, 马建功, 程鹏. 钆类造影剂的研究进展 [J]. 大学化学, 2016, 31 (7): 1-13.
[22] Chen H, Wang G D, Tang W, et al. Gd-encapsulated carbonaceous dots with efficient renal clearance for magnetic resonance imaging [J]. Advanced Materials, 2014, 26 (39): 6761-6766.
[23] Lee B H, Hasan M T, Lichthardt D, et al. Manganese-nitrogen and gadolinium-nitrogen Co-doped graphene quantum dots as bimodal magnetic resonance and fluorescence imaging nanoprobes [J]. Nanotechnology, 2021, 32 (9): 095103.
[24] Huang Y, Li L, Zhang D, et al. Gadolinium-doped carbon quantum dots loaded magnetite nanoparticles as a bimodal nanoprobe for both fluorescence and

magnetic resonance imaging [J]. Magnetic Resonance Imaging, 2020, 68: 113-120.

[25] Jiao M, Wang Y, Wang W, Zhong Y, Chen L, Yu S, et al. Advances in magnetic carbon dots: A theranostics platform for fluorescence/magnetic resonance bimodal imaging and therapy for tumors [J]. ACS Biomaterials Science & Engineering, 2023, 9 (12): 6548-6566.

[26] Zhao Y, Hao X, Lu W, et al. Facile preparation of double rare earth-doped carbon dots for MRI/CT/FI multimodal imaging [J]. ACS Applied Nano Materials, 2018, 1 (6): 2544-2551.

[27] Shang L, Li Y, Xiao Y, et al. Synergistic effect of oxygen-and nitrogen-containing groups in graphene quantum dots: Red emitted dual-mode magnetic resonance imaging contrast agents with high relaxivity [J]. ACS Applied Materials & Interfaces, 2022, 14 (35): 39885-39895.

[28] 黄倩倩，鲍倩倩，吴成圆，等. 藤黄碳量子点的制备、表征及其抗肿瘤活性研究 [J]. 中南药学，2021，19 (04)：604-610.

[29] 卫迎迎. 基于立体结构继承策略手性碳量子点的合成及其生物成像性能 [D]. 太原：太原理工大学，2020.

[30] Zhang M, Wang W, Zhou N, et al. Near-infrared light triggered photo-therapy, in combination with chemotherapy using magnetofluorescent carbon quantum dots for effective cancer treating [J]. Carbon, 2017, 118: 752-764.

[31] Liao H, Wang Z, Chen S, et al. One-pot synthesis of gadolinium (Ⅲ) doped carbon dots for fluorescence/magnetic resonance bimodal imaging [J]. RSC advances, 2015, 5 (82): 66575-66581.

[32] 张昕. 以环氧合酶-2 为靶点的荧光碳点构建及其高尔基体靶向成像 [D]. 太原：太原理工大学，2022.

[33] Zhao Y, Zhang Y, Kong H, et al. Carbon dots from paeoniae radix alba carbonisata: Hepatoprotective effect [J]. International Journal of Nanomedicine, 2020: 9049-9059.

第5章

长寿命余辉碳点探针

CDs作为一种新型RTP探针材料，不仅可以消除生物自发荧光干扰，且无需实时激发，因此在磷光成像中具有高灵敏度和更高的分辨率。相较于纯有机磷光探针与过渡金属配合物磷光探针，CDs磷光探针具有更低的生物毒性和更高的生物相容性，在生物成像领域受到广泛关注[1,2]。

已报道的CDs基本上只在固相中发射磷光，在液相中容易受到水和氧气的影响而猝灭。目前获得液相磷光CDs的主要方法是通过水溶性SiO_2包覆固态磷光CDs，限制其发光中心的振动与旋转，抑制非辐射跃迁，同时隔绝水和氧气，从而实现液相中的磷光发射。然而，并不是所有的固态磷光CDs与水溶性SiO_2复合后都具有液态RTP。已报道的固态磷光CDs分为基质和无基质两类。基质磷光CDs在溶于水后，磷光会伴随着基质的破坏从而被猝灭，而无基质固态磷光CDs在溶于水后仍然具有紧密的共价交联结构，有利于液相磷光的生成。因此，具有紧密交联结构的无基质固态磷光CDs成为液相磷光CDs的理想选择，可以进一步通过水溶性SiO_2包覆实现液相RTP[3,4]。

在磷光成像过程中，长寿命是影响余辉成像精确度的主要因素[5]。因此，探索开发长寿命无基质固态磷光CDs，并制备CDs磷光探针用于生物成像是目前研究人员关注的主要内容。笔者团队采用两步法合成策略合成长寿命余辉CDs探针，具体如下所述。

（1）建立无基质固态磷光CDs的杂原子掺杂合成策略

含有孤对电子的N、P原子有利于n-π^*跃迁，增强自旋轨道耦合进而促进ISC过程，促进了更多三重态激子的产生。B原子能有效降低单重态和三重态之间的能隙和促进ISC过程，较小的ΔE_{ST}值有利于发光单线态激子通过自旋翻转转化为三重态激子。因此选择电子云密度大、杂原子含量丰富的小分子作为碳源，含有杂原子的酸作掺杂剂和交联剂，利用杂原子共掺杂促进磷光产生，并在形成CDs的过程中在其表面形成紧密的交联结构以提高CDs的结构刚性，抑制非辐射跃迁，实现无基质固态磷光CDs的合成。

（2）构建长寿命无基质固态磷光CDs性能调控策略

无基质固态磷光CDs的杂原子掺杂含量和表面交联结构紧密程度能影响CDs的磷光性能，通过减小单重态和三重态之间的能级差，可降低跃迁能量，促进ISC过程，抑制非辐射跃迁，增强磷光发射强度和磷光寿命。因此，通过改变反应温度，可增强原料之间的反应程度，从而增大CDs的杂原子含量和杂原子官能团数量，形成更紧密的交联结构，进而减小能级差、增强ISC过程和抑制非辐射跃迁，实现无基质固态CDs磷光的长寿命发射。

5.1 长寿命硼、氮、磷共掺杂无基质固态磷光碳点

无基质固态磷光CDs是一种自保护CDs，利用交联增强发射效应[6]或者氢键网络[7]增强结构刚性，抑制非辐射跃迁，促使磷光发射。

无基质固态磷光CDs的合成通常是采用聚合物或者是小分子为原料，在碳化聚合反应过程中其更容易在CDs的表面形成交联结构，从而满足磷光发射的内部结构刚性。已有研究表明，获得无基质固态RTP CDs材料一般需要满足两个条件：

① 引入杂原子（N、P、B和卤素等）或羰基来增强自旋轨道耦合(spin-orbit coupling，SOC)，从而促进ISC过程，增强磷光发射[8,9]；

② 利用表面的交联结构和氢键网络限制分子振动与旋转来稳定三重态激子[10,11]。

但是目前的无基质固态磷光CDs的寿命大多也在1s以内，需要加强结构刚性来进一步延长磷光寿命实现长寿命磷光发射[12,13]。

具有短链的有机小分子通常被用作碳源，杂原子掺杂可以增强SOC促进ISC过程，可以以具有短链分子和杂原子的材料为原料，合成具有自保护行为的CDs，实现磷光发射。在此，以硼酸（boric acid，BA）、磷酸（phosphoric acid，PA）作为掺杂剂和交联剂，乙二胺（ethylenediamine，EDA）作为碳源和氮源制备B、N、P共掺杂的无基质固态磷光CDs（B,N,P-CDs），并探究了反应温度对产物磷光性能的影响，确定B,N,P-CDs的最佳合成条件。具体而言，以乙二胺为碳源和氮源，磷酸和硼酸为掺杂剂和交联剂，通过一步水热法合成B,N,P-CDs。具

体步骤如下：

首先准确量取或称取 0.0008mol（0.5mL）乙二胺与 0.0008mol（0.4mL）磷酸、0.0016mol（1.0g）硼酸溶解于 20mL 去离子水中，超声处理 5min 后，形成透明溶液，将其转移到 50mL 聚四氟乙烯反应釜中，在 280℃下反应 10h。反应结束后，自然冷却至室温。使用 0.22μm 亲水性微孔过滤膜对反应溶液进行过滤，除去大颗粒，然后使用截留分子量为 1000 的透析袋在超纯水中透析 24h 以去除小分子。最后，将透析后的溶液冷冻干燥，得到淡黄色粉末，即 B,N,P-CDs_{280}。为了研究反应温度对 B,N,P-CDs 磷光性能的影响，分别选择 200℃和 240℃的反应温度，其他条件均与 B,N,P-CDs_{280} 的制备条件一致，并进行相同的提纯步骤得到淡黄色粉末，分别命名为 B,N,P-CDs_{200} 和 B,N,P-CDs_{240}。

5.1.1 形貌及结构

首先对制备的 3 种无基质固态 B,N,P-CDs 的结构进行表征。通过 TEM 观察 B,N,P-CDs_{200}、B,N,P-CDs_{240} 和 B,N,P-CDs_{280} 的形貌［图 5-1(a)～(c)］，可见 3 种 B,N,P-CDs 分散均匀，没有发生聚集，呈准球状。通过粒径统计直方图可以发现 3 种 B,N,P-CDs 尺寸不一，B,N,P-CDs_{200} 的平均粒径为 2.09nm，而 B,N,P-CDs_{240} 和 B,N,P-CDs_{280} 平均粒径分别为 2.46nm 和 3.07nm，呈现随反应温度升高产物粒径逐渐增大的趋势。另外，B,N,P-CDs_{200} 和 B,N,P-CDs_{240} 没有明显的晶格条纹，说明其内部结构主要为无定形，这与报道的碳化聚合点相一致。但从 B,N,P-CDs_{280} 的高分辨 TEM（HRTEM）可见，其内部形成清晰的晶格条纹，晶格间距为 0.212nm，对应于石墨碳的（100）晶面，表明 B,N,P-CDs_{280} 具有类石墨结构[14,15]。可以发现，随着反应温度的升高，所形成的 B,N,P-CDs 粒径逐渐增大，内部也从无定形往有序结构转变，这说明温度升高能在一定程度上加强 B,N,P-CDs 内部碳化程度。

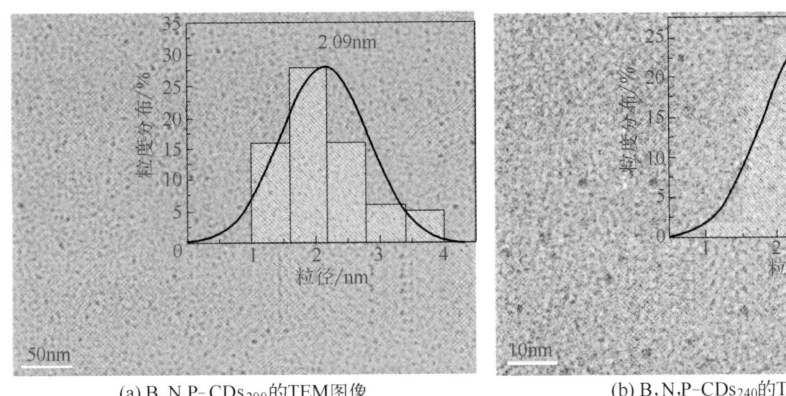

(a) B, N, P- CDs_{200}的TEM图像
(插图为粒径分布直方图)

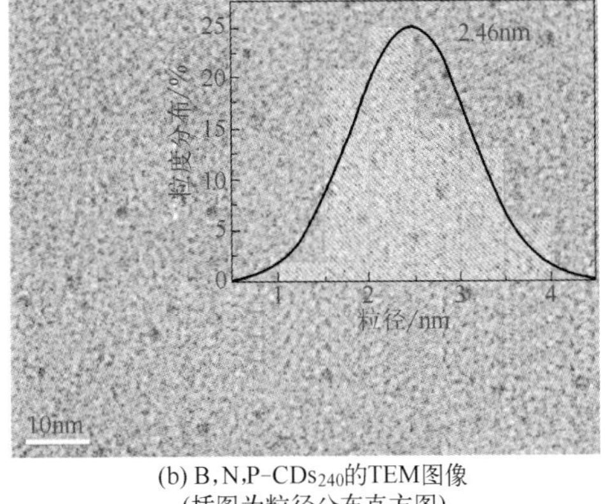

(b) B, N, P-CDs_{240}的TEM图像
(插图为粒径分布直方图)

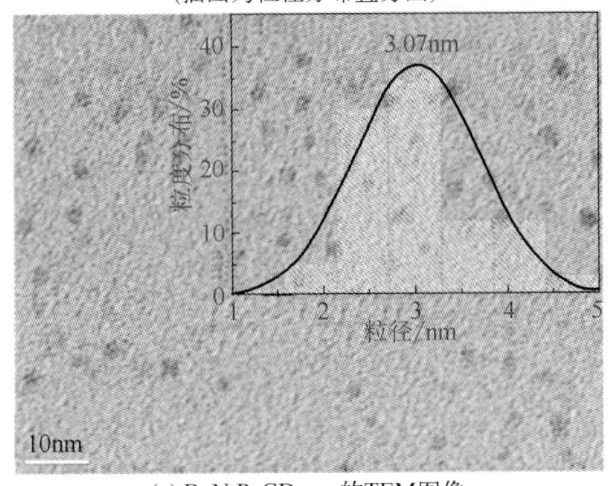

(c) B, N, P-CDs_{280}的TEM图像
(插图为粒径分布直方图)

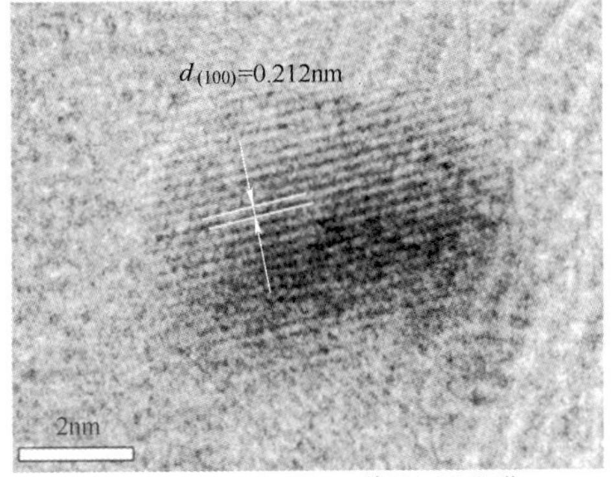

(d) B, N, P-CDs_{280}的HRTEM图像

图 5-1　B, N, P-CDs_{200}、 B, N, P-CDs_{240} 和 B, N, P-CDs_{280} 的 TEM 图像（插图为粒径分布直方图）及 B, N, P-CDs_{280} 的 HRTEM 图像

利用 XRD 谱图进一步对 3 种 B, N, P-CDs 的结构进行表征。图 5-2 (a) 显示，3 种 B, N, P-CDs 具有相似的 2 个衍射峰（分别位于 24°和 12°处），表明其具有相似的结构。24°的衍射峰可归因于 CDs 内部石墨碳的（002）晶面，其偏移是由共价交联结构形成所导致[16]。12°的衍射峰归因于 CDs 的类聚合物骨架，进一步说明其符合碳化聚合物点的特征[17]。与 B, N, P-CDs_{200} 相比，B, N, P-CDs_{240} 和 B, N, P-CDs_{280} 的 XRD 谱图衍射峰较宽，表明 B, N, P-CDs_{200} 具有无定形结构或较低的碳化程度。随着反应温度从 200℃升高到 280℃，2 个衍射峰变得更加尖锐，表明反应温度可能在一定程度上增加 B, N, P-CDs 的碳化程度，使其内部结构更加有序。

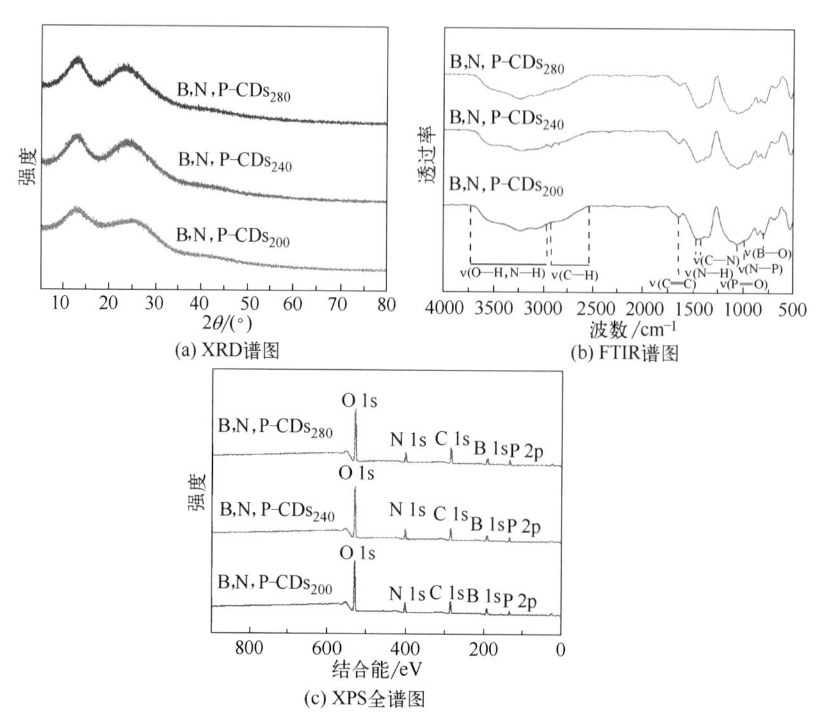

图 5-2 B, N, P-CDs$_{200}$、B, N, P-CDs$_{240}$ 和 B, N, P-CDs$_{280}$ 的 XRD 谱图、FTIR 光谱和 XPS 全谱图

利用 FTIR 光谱和 XPS 能谱研究 3 种 B,N,P-CDs 的组成和表面官能团。对比 B,N,P-CDs$_{200}$、B,N,P-CDs$_{240}$ 和 B,N,P-CDs$_{280}$ 的 FTIR 光谱[图 5-2 (b)]，发现 3 种 B,N,P-CDs 具有类似的化学组成。在 3750～2650cm^{-1} 处显示出较宽的吸收，这归因于—OH、—NH_2 与亚甲基—CH_2—的伸缩振动[18]。在 1680cm^{-1}、1470cm^{-1} 和 1400cm^{-1} 处观察到 3 个吸收峰，分别与 C═C、N—H 和 C—N 键的拉伸振动有关[19]。位于 1184cm^{-1}、999cm^{-1} 和 812cm^{-1} 处的特征峰分别对应于 P═O、N—P 和 B—O 键的伸缩振动[20]。

采用 XPS 能谱对 3 种 B,N,P-CDs 的表面组成进行研究[图 5-2 (c)]，XPS 全谱图显示 3 种 B,N,P-CDs 具有相同的元素组成，XPS 全谱图显示的 5 个典型峰分别代表 C 1s(284.8eV)，N 1s(399.4eV)，O 1s(531.6eV)，B 1s(192.2eV) 和 P 2p(133.1eV)，表明 3 种 B,N,P-CDs 主要由 B、C、N、O 和 P 等元素组成，并且 3 种 B,N,P-CDs 的 B、C、N、O 和 P 原子

的相对含量存在差异（表 5-1）。随着反应温度的升高，C 元素的含量从 29.58%减少到 27.74%，N 元素的含量从 10.96%减少到 9.96%，B 元素的含量从 19.85%增加到 24.14%，P 元素的含量从 4.28%增加到 5.38%，表明所形成的 B,N,P-CDs 的 C 和 N 原子含量减少，而 B 和 P 原子含量增多。这可能是因为随着温度的升高，反应变得更加剧烈，原料中更多的硼酸与磷酸参与了反应，使 C 和 N 原子含量相对减少，进一步影响 B,N,P-CDs 的碳化程度和官能团的相对含量。

表 5-1　基于 XPS 测量的 B,N,P-CDs 中 C、N、O、B 和 P 的相对含量

样品	C 1s/%	N 1s/%	O 1s/%	B 1s/%	P 2p/%
B,N,P-CDs_{200}	29.58	10.96	35.33	19.85	4.28
B,N,P-CDs_{240}	29.63	10.61	34.78	20.24	4.73
B,N,P-CDs_{280}	27.74	9.96	32.78	24.14	5.38

但是，仅从 B、C、N 和 P 原子的相对含量变化并不能准确地分析出 B,N,P-CDs 的结构差异，进一步利用 XPS 能谱对 B,N,P-CDs 的 C 1s、N 1s、O 1s、B 1s 和 P 2p 的高分辨图谱进行分峰拟合处理，分析其化学组成与元素含量。

B,N,P-CDs_{200}、B,N,P-CDs_{240} 和 B,N,P-CDs_{280} 的高分辨率 C 1s 谱图（图 5-3，书后另见彩图）可以卷积为 3 个峰，都显示 C—C（284.8eV）、C═C（286.1eV）和 C—O（287.4eV）键的存在。C—C 和 C═C 属于 sp^2 碳，C—O 属于 sp^3 碳。其相对含量如表 5-2 所列。随反应温度升高，C—C 键和 C—O 键的含量分别从 34.92%降到 22.54%和 6.25%降低到 1.90%。

表 5-2　高分辨 XPS C 1s 谱中 B,N,P-CDs 中含 C 官能团相对含量

样品	C—C/%	C═C/%	C—O/%
B,N,P-CDs_{200}	34.92	58.83	6.25
B,N,P-CDs_{240}	23.23	73.43	3.34
B,N,P-CDs_{280}	22.54	75.56	1.90

B,N,P-CDs_{200}、B,N,P-CDs_{240} 和 B,N,P-CDs_{280} 的高分辨率 N 1s 谱图（图 5-4，书后另见彩图）可以卷积为 2 个峰，分别对应于 C—N（399.3eV）和 N—H（401.2eV）键。其中 C—N 键的相对含量随反应温度升高逐渐减少，N—H 键的相对含量则随温度的升高逐渐增加（表 5-3）。这表明乙二胺在该反应体系中反应量相对降低了。

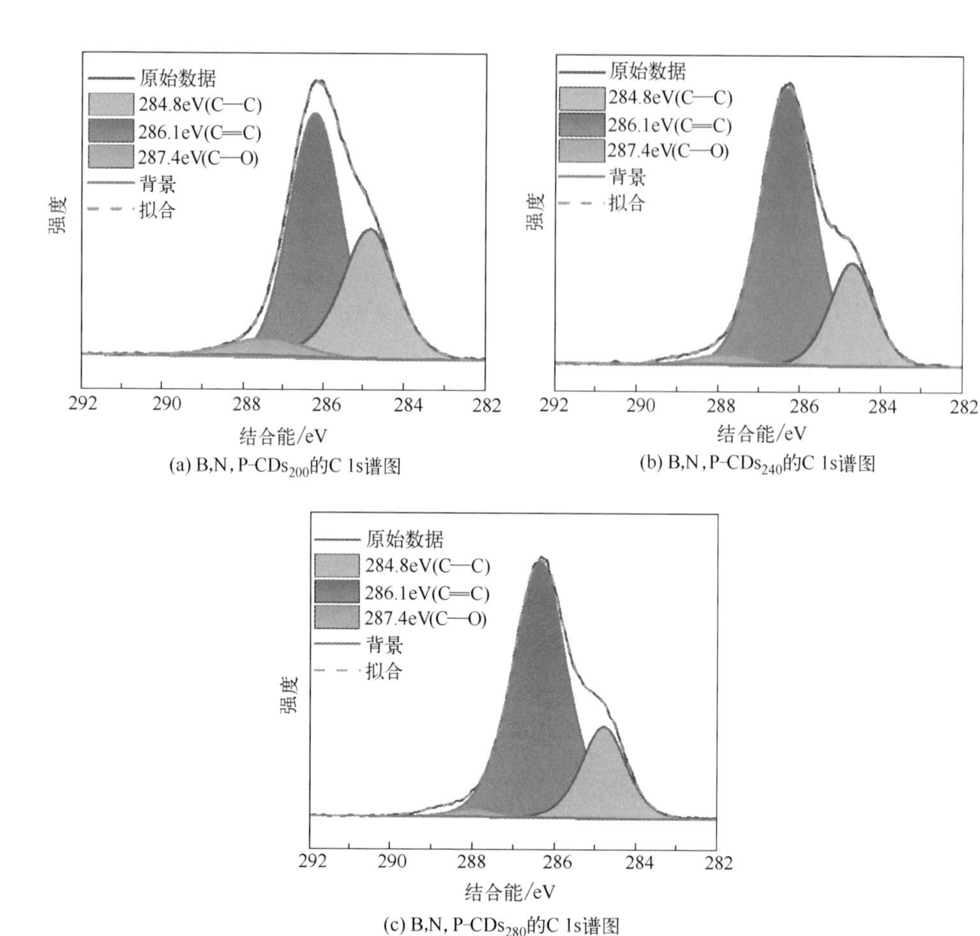

(a) B,N, P-CDs_{200}的C 1s谱图

(b) B,N, P-CDs_{240}的C 1s谱图

(c) B,N, P-CDs_{280}的C 1s谱图

图 5-3 B, N, P-CDs_{200}、 B, N, P-CDs_{240} 和 B, N, P-CDs_{280} 的高分辨率 C 1s 谱图

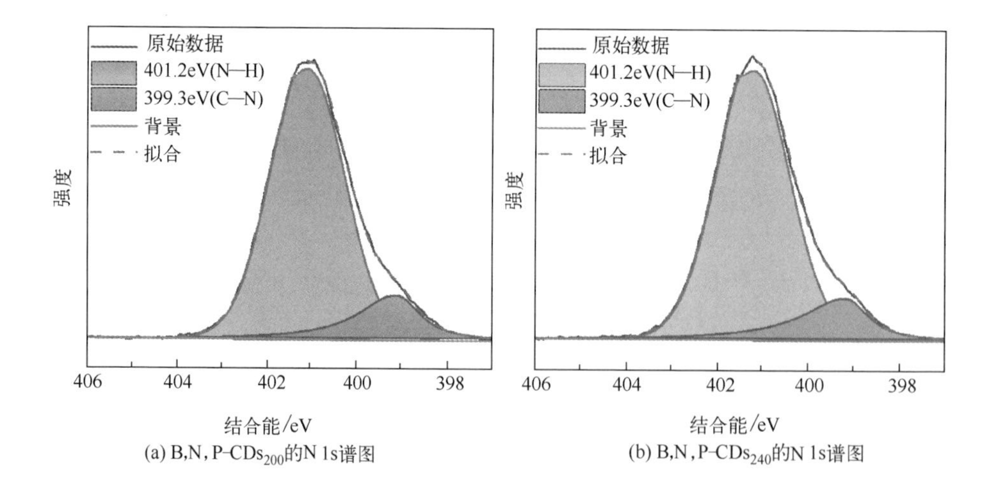

(a) B,N, P-CDs_{200}的N 1s谱图

(b) B,N, P-CDs_{240}的N 1s谱图

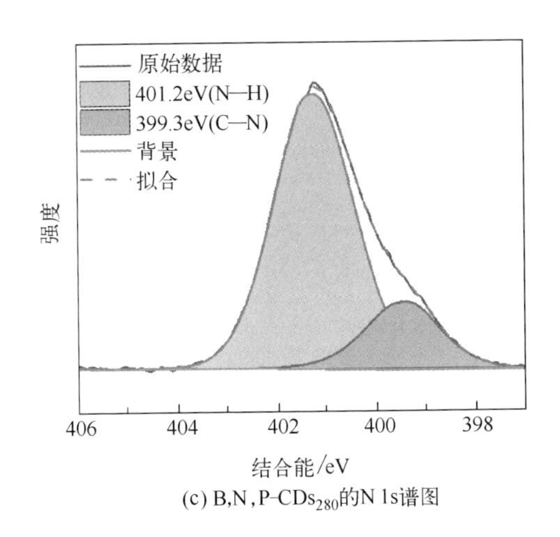

(c) B,N,P-CDs_{280}的N 1s谱图

图 5-4 B,N,P-CDs_{200}、B,N,P-CDs_{240} 和 B,N,P-CDs_{280} 的高分辨率 N 1s 谱图

表 5-3 高分辨 XPS N 1s 谱中 B,N,P-CDs 中含 N 官能团相对含量

样品	C—N/%	N—H/%
B,N,P-CDs_{200}	19.25	80.75
B,N,P-CDs_{240}	15.81	84.19
B,N,P-CDs_{280}	15.36	84.64

B,N,P-CDs_{200}、B,N,P-CDs_{240} 和 B,N,P-CDs_{280} 的高分辨率 O 1s 谱图（图 5-5，书后另见彩图）可以卷积为 3 个峰，分别对应 C—O (530.6eV)、P—O(531.6eV)和 B—O(532.6eV)键。其中 C—O—的相对含量随反应温度升高逐渐减少，P—O 键和 B—O 键的相对含量则随反应温度升高逐渐增加（表 5-4）。分析结果表明硼酸和磷酸在反应体系中含量相对升高。

表 5-4 高分辨 XPS O 1s 谱中 B,N,P-CDs 中含 O 官能团相对含量

样品	C—O/%	P—O/%	B—O/%
B,N,P-CDs_{200}	64.21	25.42	10.37
B,N,P-CDs_{240}	53.12	34.43	12.55
B,N,P-CDs_{280}	48.59	38.21	13.20

B,N,P-CDs_{200}、B,N,P-CDs_{240} 和 B,N,P-CDs_{280} 的高分辨率 B 1s 谱图（图 5-6，书后另见彩图）可以卷积为 2 个峰，分别对应 B—N (190.6eV) 键和 B—O (192.2eV) 键。其中 B—N 的相对含量随反应温度升高逐渐减少，B—O 键的相对含量则随反应温度升高逐渐增加

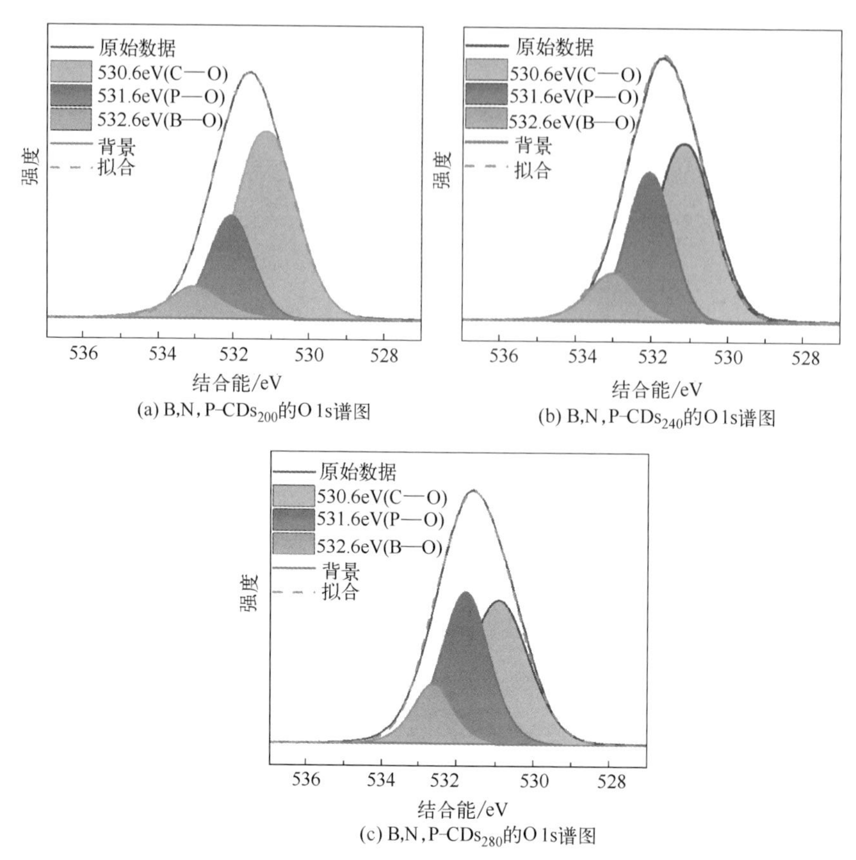

图 5-5 B,N,P-CDs_{200}、B,N,P-CDs_{240} 和 B,N,P-CDs_{280} 的高分辨率 O 1s 谱图

(表 5-5)。分峰拟合的结果也证明没有 B 的存在形式，因此并不存在 B_2O_3 基质[21]，这也表示了所形成的 CDs 属于无基质磷光 CDs。

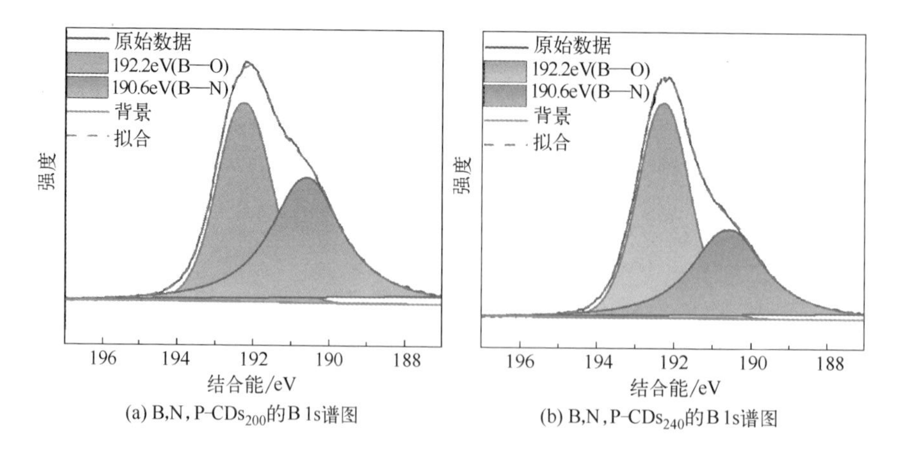

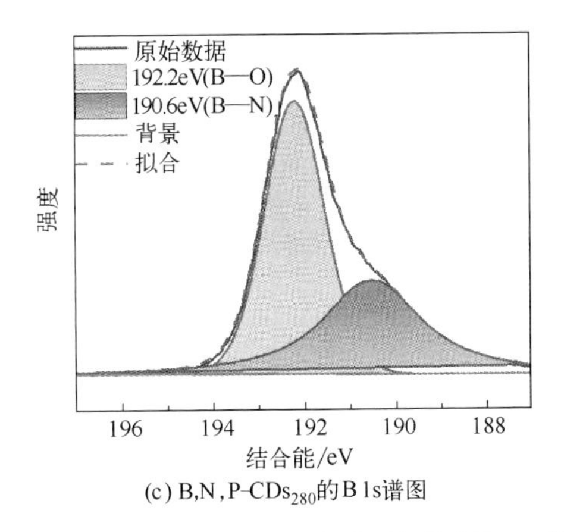

(c) B,N,P-CDs_{280}的B 1s谱图

图 5-6 B,N,P-CDs_{200}、B,N,P-CDs_{240} 和 B,N,P-CDs_{280} 的高分辨率 B 1s 谱图

表 5-5 高分辨 XPS B 1s 谱中 B,N,P-CDs 中含 B 官能团相对含量

样品	B—N/%	B—O/%
B,N,P-CDs_{200}	50.32	49.68
B,N,P-CDs_{240}	41.35	58.65
B,N,P-CDs_{280}	37.63	62.37

B,N,P-CDs_{200}、B,N,P-CDs_{240} 和 B,N,P-CDs_{280} 的高分辨率 P 2p 谱图（图 5-7，书后另见彩图）可以卷积为 2 个峰，分别对应 P—O (133.1eV) 键和 P—N (133.9eV) 键[22]。其中 P—N 键的相对含量随反应温度升高逐渐减少，P—O 键的相对含量则随反应温度升高逐渐增加（表 5-6）。

表 5-6 高分辨 XPS P 2p 谱中 B,N,P-CDs 中含 P 官能团相对含量

样品	P—O/%	P—N/%
B,N,P-CDs_{200}	67.95	32.05
B,N,P-CDs_{240}	79.25	20.75
B,N,P-CDs_{280}	82.07	17.93

以上结果表明 B,N,P-CDs 是一种具有一定石墨化程度的球形颗粒结构，由 C、N、B、O、P 和 H 元素组成。XPS 和 FTIR 表征证实 B,N,P-CDs 中 B、P 等杂原子的含量随反应温度的升高大量增加，这使 B,N,P-CDs 的电子构型发生改变，吸电子能力增强，光学性能也会提高。CDs 表面 N—H、B—O 和 P—O/P═O 等大量含有杂原子的官能团，有利于在其表面形成交联结构和紧密的氢键网络，增强 B,N,P-CDs 的结构刚性，促进其磷光发射。

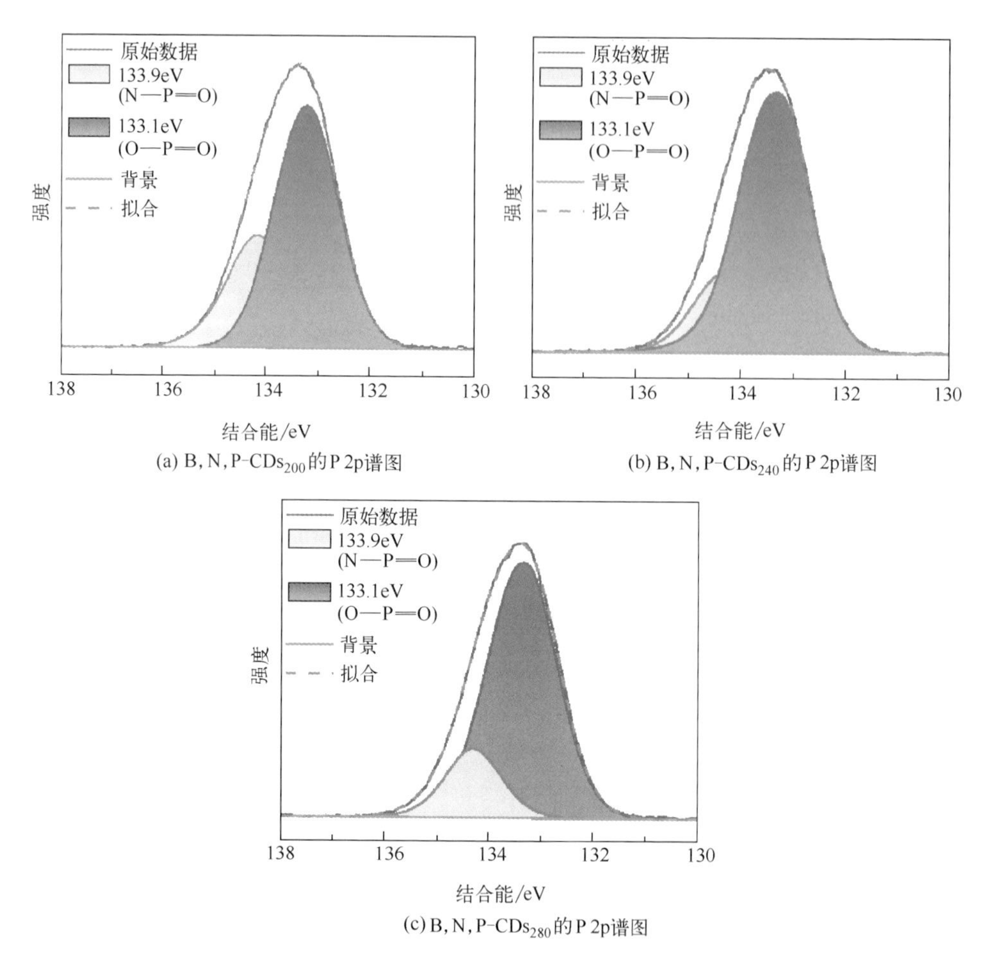

(a) B, N, P-CDs_{200}的P 2p谱图

(b) B, N, P-CDs_{240}的P 2p谱图

(c) B, N, P-CDs_{280}的P 2p谱图

图 5-7 B, N, P-CDs_{200}、 B, N, P-CDs_{240} 和 B, N, P-CDs_{280} 的高分辨率 P 2p 谱图

5.1.2 光学性能

为了探究反应温度对 B,N,P-CDs 光学性能的影响，采用 UV-Vis 吸收光谱、荧光光谱、磷光光谱、磷光寿命以及量子产率对 3 种 B,N,P-CDs 进行考察分析。

将硼酸、磷酸和乙二胺通过水热法在 200℃、240℃和 280℃下反应 10h，经提纯干燥得到 B,N,P-CDs_{200}、B,N,P-CDs_{240} 和 B,N,P-CDs_{280} 粉末。这些粉末在紫外灯下发蓝光，紫外灯关闭后三者均具有绿色磷光发射，照片如图 5-8 所示（书后另见彩图），余辉时间可达 8～18s。其中，B,N,P-CDs_{280} 的余辉表现出最亮最长。

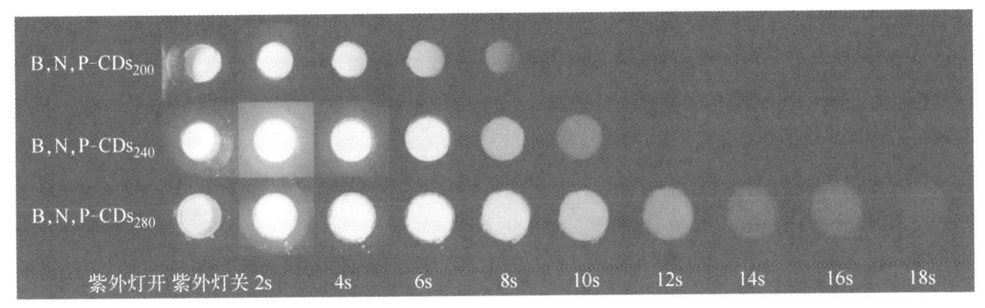

图 5-8 B, N, P-CDs 粉末在紫外灯（365nm）开和关（2～18s）下拍摄的照片

首先对 B,N,P-CDs_{280} 的光学性能进行系统的研究。B,N,P-CDs_{280} 的 UV-Vis 吸收光谱在 280nm 与 350nm 处有 2 个吸收峰，这可能是 C—C/C ═C 的 π-π^* 跃迁与 C ═N/C ═O 的 n-π^* 跃迁引起的[23]，在同一激发波长下的荧光曲线和磷光曲线也证明了 B,N,P-CDs_{280} 的发光是磷光而不是延迟荧光［图 5-9（a），书后另见彩图］。稳态荧光光谱表明 B,N,P-CDs_{280} 的发射属于激发依赖，光谱发射范围在蓝光区域［图 5-9（b），书后另见彩图］，最佳荧光激发波长为 325nm，该发射下的最佳发射波长为 411nm。磷光光谱表明 B,N,P-CDs_{280} 的磷光发射具有激发独立性，并在 345nm 激发波长下达到最佳发射，最佳发射波长为 502nm［图 5-9（c），书后另见彩图］。这可能是由于 B,N,P-CDs_{280} 表面具有大量的杂原子官能团，如 C ═O/C ═N、—NH_2、—OH、P ═O、P—N 等发光基团。这些发光基团使 B,N,P-CDs_{280} 的荧光发射具有多个发光

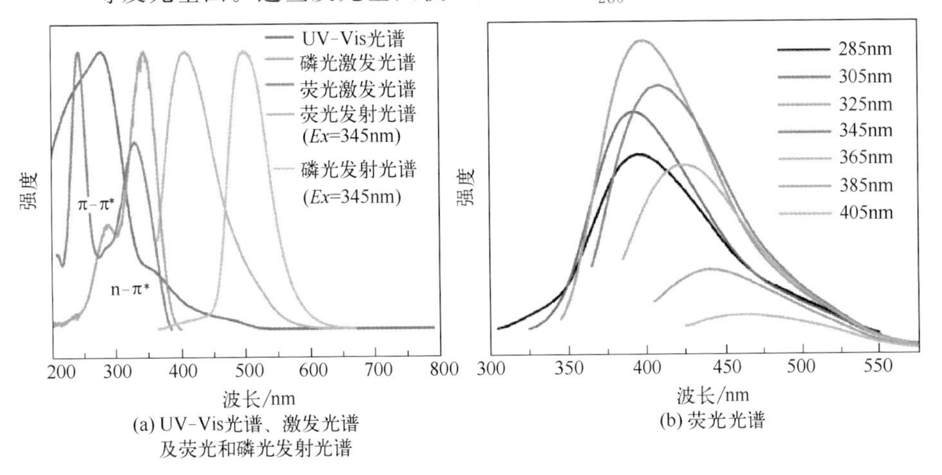

图 5-9

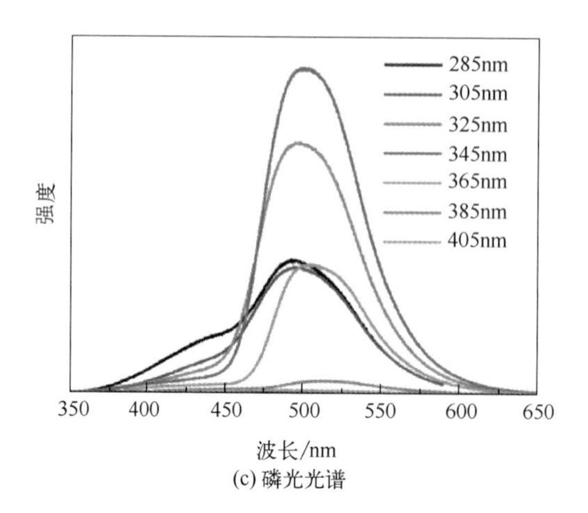

(c) 磷光光谱

图 5-9　B, N, P-CDs_{280} 的 UV-Vis 吸收光谱、激发光谱与 345nm 激发下的荧光和磷光发射光谱、荧光光谱、磷光光谱

位点，而多发光位点在被激发时各自都有着各自的最佳激发波长和发射波长，所以表现为激发依赖。磷光通常是由 C ═O/C ═N 这类官能团所主导，所以磷光表现为激发独立现象。

采用 UV-Vis 对 3 种 B, N, P-CDs 的吸收光谱进行测试，结果如图 5-10（a）所示（书后另见彩图）。分别在 280nm 和 350nm 处具有相同的 2 个吸收峰。且在最佳荧光激发波长 325nm 下有着基本一致的荧光发射，以及在 345nm 发射下具有相同的磷光发射［图 5-10（b）、（c），书后另见彩图］。

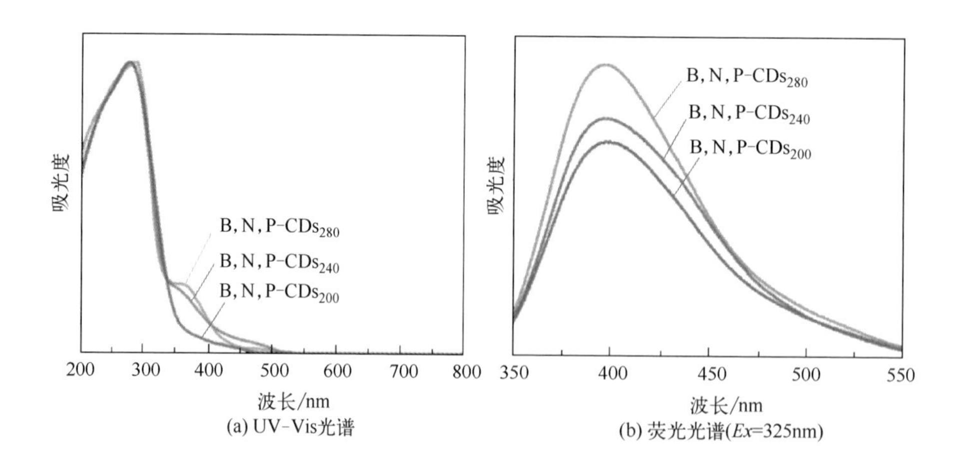

(a) UV-Vis光谱

(b) 荧光光谱(Ex=325nm)

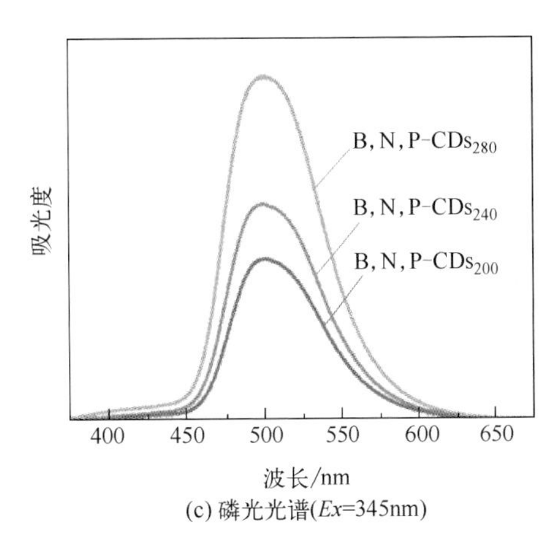

(c) 磷光光谱(Ex=345nm)

图 5-10　B, N, P-CDs_{200}、 B, N, P-CDs_{240}和 B, N, P-CDs_{280} 的 UV-Vis 吸收光谱、荧光光谱（Ex= 325nm）和磷光光谱（Ex= 345nm）

通过不同激发波长下的荧光光谱发现，B,N,P-CDs_{200} 和 B,N,P-CDs_{240} 表现出相同的荧光发射［图 5-11（a）、（b），书后另见彩图］，都属于激发依赖，最佳激发波长位于 325nm，最佳发射波长也在 400nm 左右，属于蓝色荧光发射范围。进一步对 B,N,P-CDs_{200} 和 B,N,P-CDs_{240} 的磷光光谱进行分析［图 5-11（c）、（d），书后另见彩图］，发现 2 种 B,N,P-CDs 的磷光发射均属于激发独立，其中 B,N,P-CDs_{200} 的最佳激发波长为 325nm，最佳发射波长为 499nm，而 B,N,P-CDs_{240} 的最佳激发波长为 345nm，最佳发射波长为 501nm，二者磷光也均为绿光发射范围。

FLQY 是衡量材料发光强弱的唯一指标。3 种 B,N,P-CDs 的绝对 FLQY 分别为 5.3%、11.6%和 38.6%，其中 B,N,P-CDs_{280} 的 FLQY 比大部分已报道的磷光 CDs 高[24]。另外，通过对 B,N,P-CDs_{200}、B,N,P-CDs_{240} 和 B,N,P-CDs_{280} 的荧光光谱进行分峰拟合，计算出 3 种 B,N,P-CDs 的磷光量子产率(PQY) 分别为 1.58%、2.05%和 6.39%。可以发现，随着反应温度从 200℃升高到 280℃，形成的 B,N,P-CDs 不管是 FLQY 还是 PQY 都进一步增强。

磷光寿命组成常用于分析 CDs 磷光的来源和贡献，其中磷光寿命的单指数函数衰减形式表明 CDs 磷光具有单一来源。较短的衰减寿命（τ_1）则暗示 CDs 的荧光可能源于碳核本征态辐射重组，而较长的衰减寿命

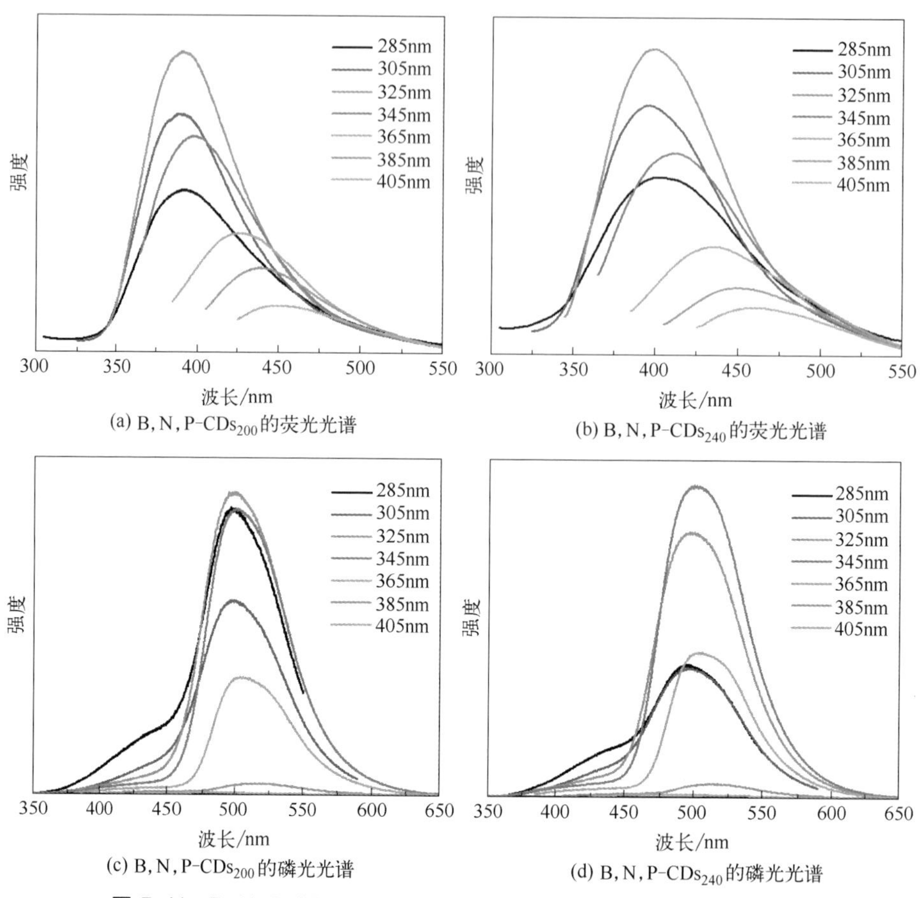

图 5-11 B, N, P-CDs$_{200}$、 B, N, P-CDs$_{240}$ 的荧光光谱、磷光光谱

(τ_2) 则与表面态的复合相关。若磷光寿命的衰减形式为双指数函数，则CDs具有多个磷光来源，这时磷光的产生可能同时受本征态和表面态影响。磷光寿命的三指数衰减行为意味着CDs有多个发射中心[25,26]。

为了进一步表征反应温度对3种B,N,P-CDs磷光性能的影响，通过测定3种B,N,P-CDs的磷光寿命曲线，得到磷光寿命。具体地，采用单光子计数法估算B,N,P-CDs的磷光寿命，然后利用指数函数 $I(t)$ 对测试结果进行拟合[27,28]。公式如下：

$$I(t)=\sum_{i=1}^{n}\alpha_i \exp(-t/\tau_i)\times 100\%$$

式中 $I(t)$——样品受到光脉冲激发后 t 时刻测量到的强度；

α_i——衰减时间 τ_i 对应的指数因子。

CDs 的平均寿命 τ_{avg} 可以根据下式计算得出[29]。

$$\tau_{avg}=\sum(\tau_i^2\alpha_i)/\sum(\tau_i\alpha_i)$$

B,N,P-CDs$_{200}$ 和 B,N,P-CDs$_{240}$ 的磷光寿命分别为 718.70ms［图 5-12（a）］和 1.16s［图 5-12（b）］，而 B,N,P-CDs$_{280}$ 的磷光寿命最长，达到了 1.89s［图 5-12（c）］。

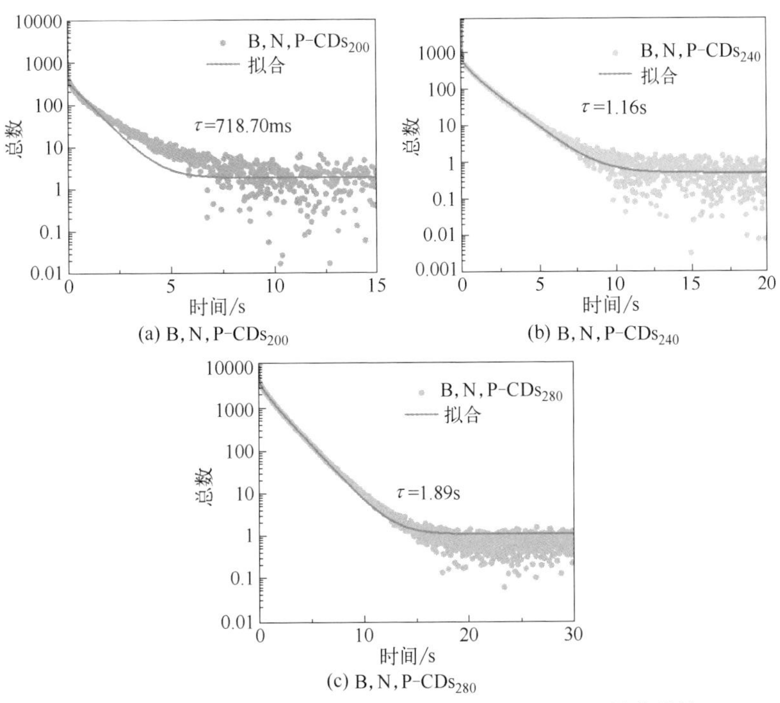

图 5-12　B,N,P-CDs 在室温条件下的磷光衰减及拟合曲线

$Ex=345$nm；$Em=502$nm

可以发现，随着反应温度的升高，B,N,P-CDs 的磷光寿命也逐渐增长。具体的寿命组成见表 5-7，其中 B,N,P-CDs$_{200}$ 呈双指数函数衰减，B,N,P-CDs$_{240}$ 和 B,N,P-CDs$_{280}$ 呈三指数函数衰减。从磷光寿命拟合分析来看，3 种 B,N,P-CDs 的磷光寿命都呈双指数或三指数衰减形式，表明 B,N,P-CDs 具有多个发射中心[30]。

表 5-7　B,N,P-CDs 的磷光寿命组成

样品	Em/nm	τ_1/s	α_1/%	τ_2/s	α_2/%	τ_3/s	α_3/%	τ_{avg}/s
B,N,P-CDs$_{200}$	499	0.8465	3.96	0.0062	96.04	—	—	0.7187
B,N,P-CDs$_{240}$	501	0.0058	91.52	0.4345	2.97	1.3681	5.51	1.1618
B,N,P-CDs$_{280}$	502	0.0060	61.57	0.5578	11.24	2.0554	27.19	1.8931

5.1.3 B,N,P-CDs 磷光性能随温度变化原因分析

在大多数研究中，反应条件是影响磷光性能较为重要的一个因素[31]。RTP 材料具有较长的磷光寿命和较高的磷光量子产率，因而更有利于该材料的应用。因此，通过改变反应的温度在 200℃、240℃ 和 280℃ 下制备得到 3 种 CDs，并对其结构和磷光性能进行分析，分析影响其磷光寿命和量子产率的主要因素。B,N,P-CDs_{200}、B,N,P-CDs_{240} 和 B,N,P-CDs_{280} 粉末在紫外灯移除后均表现出磷光，去除紫外灯后，其余辉时间为 8～18s，肉眼可见，如图 5-8 所示。由 TEM 图像和粒径分布图对比［图 5-1（a）～（c）］不难发现，B,N,P-CDs_{200}、B,N,P-CDs_{240} 和 B,N,P-CDs_{280} 的平均粒径分别为 2.09nm、2.46nm 和 3.07nm。随着反应温度的升高，B,N,P-CDs 的平均粒径逐渐增大。此外，这些 CDs 的 XRD 谱图显示了与 B,N,P-CDs_{280} 相似的衍射峰［图 5-2（a）］，在 24°和 12°左右的 2 个衍射峰分别归因于石墨碳和聚合物交联结构。具体来说，随着反应温度的升高，2 个衍射峰变得更尖锐。出现这种现象一般来说具有两种可能：第一种是 CDs 的碳核随着碳化程度的增加而变大，结晶度逐渐提高；另一种是碳核大小基本不变，外部交联结构变大，这在一定程度上影响了 CDs 的磷光性能[32]。

为了进一步了解反应温度对 CDs 内部结构组成的变化，采用 FTIR 和 XPS 对不同温度得到的 3 个 CDs 的化学结构和组成进行表征，结果表明其具有相同的官能团和化学组成［图 5-2（b）、（c）］，不同之处在于 XPS 图谱显示其结构中的元素及化学键含量有所差异。随着反应温度的升高，C 与 N 以及 O 元素含量逐渐减少，B 和 P 元素含量逐渐增加（表 5-1），这可能是因为随着温度的升高，反应变得更为剧烈，原料中更多的硼酸与磷酸参与了反应，所以 C、N 含量就相对减少。表 5-2～表 5-6 总结了 C 1s、N 1s、O 1s、B 1s、P 2p 谱的拟合结果，从 B,N,P-CDs_{200}、B,N,P-CDs_{240} 和 B,N,P-CDs_{280} 官能团发生了相对定量的变化可以明显观察到 N—H、B—O 和 P—O/P═O 键的相对数量显著增加，而 C—C/C═C、C—N 和 C—O 键的相对数量则相对减少。这一结果表明，由于反应温度的升高，在 CDs 表面产生了更多的含杂原子官能团。

结合 FTIR 和 XPS 的数据可以推断反应温度促进 CDs 磷光寿命延长的真正原因表现在两个方面：

① 随着反应温度的升高，CDs 所含 B、P 等吸电子能力强的杂原子数量逐渐增多，使得 CDs 的自旋轨道耦合增强、单重态与三重态之间的能级差降低，促进了 ISC 过程，从而增强了荧光与磷光发射。荧光与磷光发射对应的是最低激发单重态与三重态的激子跃迁，因此可以通过荧光与磷光发射光谱初步估算激发单重态与三重态的能级带隙。低激发态的能级大小与发射波长的关系如下式所示[33]：

$$\Delta E_{ST}=E_T-E_S=1240/\lambda_{FL}-1240/\lambda_{Phos}$$

式中　λ_{FL} 和 λ_{Phos}——产物在荧光发射波长和磷光发射波长；

ΔE_{ST}——单重激发态（E_S）和三重激发态（E_T）之间的能隙差。

由此，通过对 B,N,P-CDs$_{200}$ 的低温（77K）荧光峰（392nm）的分析和磷光峰（495nm）的分析确定了最低单重激发态（S_1）和三重态激发态（T_1）之间的能隙为 0.65eV [图 5-13（a)]。

相似地，对 B,N,P-CDs$_{240}$ 和 B,N,P-CDs$_{280}$ 的 77K 荧光峰和磷光峰确定了 S_1 和 T_1 之间的能隙分别为 0.59eV 和 0.47eV [图 5-13（b)、(c)]。对应的 77K 荧光峰和磷光峰分别为 411nm 和 488nm 以及 400nm 和 495nm [图 5-13（a)、(b)]。即当反应温度从 200℃增加到 280℃时，得到 CDs 的 ΔE_{ST} 从 0.65eV 降到了 0.59eV 与 0.47eV，这也说明了单重态到三重态之间的能级差有一个明显的降低[34]。小的 ΔE_{ST} 值更有利于有效的 ISC 过程，满足三重态激子的填充，所以磷光寿命得以延长[35]。以 $h\nu=1240/\lambda$ 为横坐标，$F(h\nu)^{1/2}$ 为纵坐标得到关于 B,N,P-CDs 光吸收限度的谱图，在谱线切线的最大斜率处作一直线，其与横坐标的截距即为 B,N,P-CDs 的带隙[36,37] [图 5-13（d)]。

利用此方法得到 3 种 B,N,P-CDs 的单重态能级基本在 2.77eV 左右，从而得到随温度升高而减小带隙的一个能级图（图 5-14）。能级图也说明了温度改变了 S_1 到 T_1 的能级差，有利于单态激子通过自旋翻转转变为三重态激子，促使磷光增强。

② 随着温度的升高，B,N,P-CDs 的表面杂原子及其官能团数量增加，包括 N—H、B—O 和 P—O/P═O 等。这些官能团富含氢键位点，

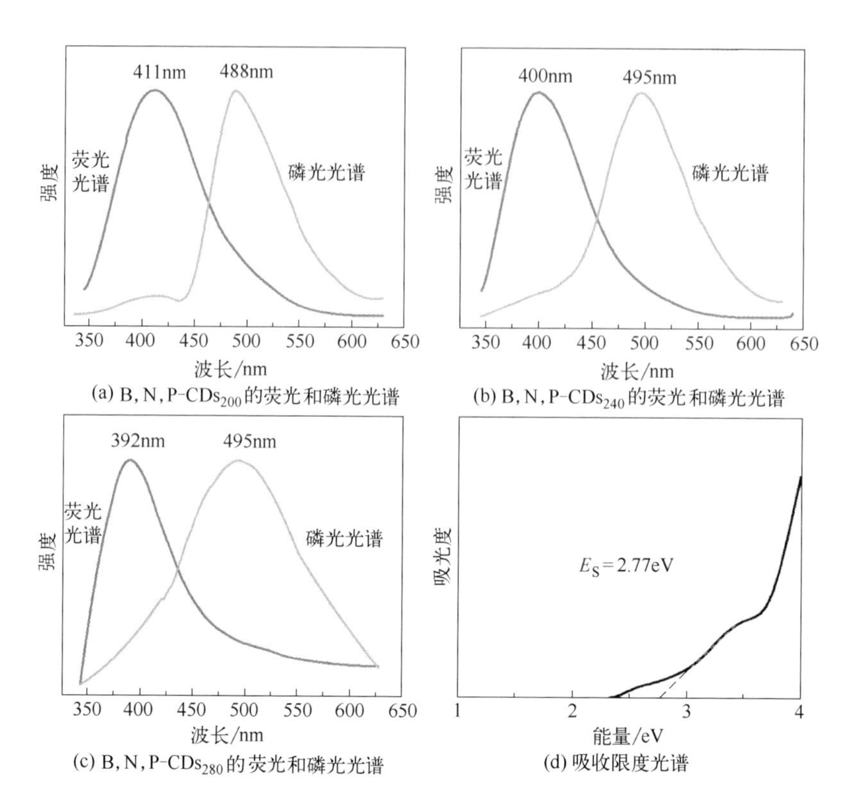

图 5-13　B, N, P-CDs$_{200}$、 B, N, P-CDs$_{240}$ 和 B, N, P-CDs$_{280}$ 分别在 345nm 激发时在 77K 下测量的 FL 和磷光光谱及吸收限度光谱图

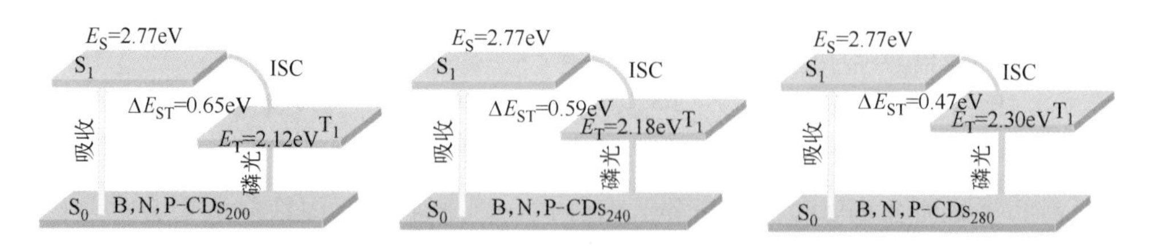

图 5-14　B, N, P-CDs$_{200}$、 B, N, P-CDs$_{240}$ 和 B, N, P-CDs$_{280}$ 的能级图

它们的存在导致 CDs 表面的交联结构紧密，易使 B,N,P-CDs 表面形成氢键网络[38]。从而增强结构刚性，进一步限制 CDs 的振动与旋转，非辐射跃迁减少，从而使得磷光寿命进一步延长，同时促进长寿命磷光产生（图 5-15）。

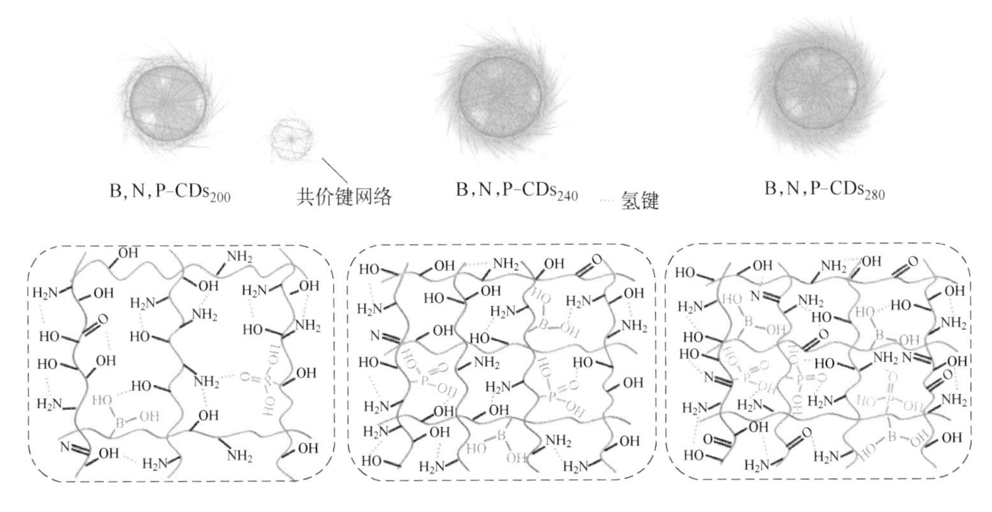

图 5-15　B, N, P-CDs$_{200}$、 B, N, P-CDs$_{240}$和 B, N, P-CDs$_{280}$ 的交联网络结构示意图

结合以上分析，杂原子 B 和 P 含量的增加以及交联结构和氢键网络的增强是 B,N,P-CDs 的 PQY 与寿命随反应温度升高而增强或延长的重要原因。

5.2 长寿命硼、氮、磷共掺杂碳点/二氧化硅室温磷光复合材料探针

选择短链小分子乙二胺为碳源，磷酸和硼酸作掺杂剂和交联剂，采用一步水热法制备具有长寿命磷光特性的无基质固态磷光 CDs（B,N,P-CDs）。尽管 B,N,P-CDs 具有不错的固态磷光性能，但是其溶于水后磷光便会被水和溶解氧猝灭。因此，B,N,P-CDs 溶液只能用作荧光探针。目前，基于 CDs 的荧光探针已经有了大量的研究。荧光成像不可避免的问题就是受到生物自体荧光的干扰，导致成像精确度降低。另外，荧光成像还需要实时激发，长时间的激发将对生物体造成损害。实现 CDs 在液相中的磷光发射，有利于提升生物成像的准确率。研究表明，无基质固态磷光 CDs 表面的交联结构或氢键网络可以受到 SiO_2 基体的保护，从而促进液相磷光发射，提升生物成像的精确度。

经过调研，液态 RTP CDs 都是无基质固态磷光 CDs。基质固态磷光 CDs 的基质在溶液中会被破坏。而无基质固态磷光 CDs 表面的交联结构或氢键网络可以受到 SiO_2 基体的保护，有利于产生液态 RTP。因此，设计合成长寿命无基质固态磷光 CDs 是开发液态 RTP CDs 的前提。基于以上考虑，以 B,N,P-CDs 为磷光源制备液相磷光 CDs 探针，由于制备的 B,N,P-CDs 是无基质固态磷光 CDs，所以利用水溶性 SiO_2 基质包覆该 CDs 后能保证其液相磷光发射，将产物用于生物成像能够避免自体荧光干扰且不需要实时激发，能提高成像的准确率以及减少对生物组织的光损伤。

因此，采用溶胶-凝胶法将 B,N,P-CDs 包覆在 SiO_2 基质中，合成 B,N,P-CDs 和 SiO_2 室温磷光复合材料（B,N,P-CDs@SiO_2），使 B,N,P-CDs 能有效隔绝水和溶解氧，结合 SiO_2 的共价网络进一步抑制 B,N,P-CDs 发光中心的运动与旋转，减少非辐射跃迁，进一步提高其液相磷光寿命[39]。具体地，分别以 B,N,P-CDs_{200}、B,N,P-CDs_{240} 和 B,N,P-CDs_{280} 为磷光材料，正硅酸乙酯为 SiO_2 前驱体原料，氨水为催化剂，通过溶胶-凝胶法合成 SiO_2 包覆的复合材料，并分别命名为 B,N,P-CDs_{200}@SiO_2、B,N,P-CDs_{240}@SiO_2 和 B,N,P-CDs_{280}@SiO_2。具体制备步骤如下：

首先准确分别称取 B,N,P-CDs_{200}、B,N,P-CDs_{240} 和 B,N,P-CDs_{280} 100mg，正硅酸四乙酯（1mL）和氨水（0.5mL）加入装有 50mL 去离子水的 100mL 的三口烧瓶中。随后，将三口烧瓶转移至磁力搅拌器中，在 25℃ 下恒温反应 24h。反应结束后，将透明溶液通过 0.22μm 亲水性微孔过滤膜过滤，以去除大颗粒。随后，使用截留分子量为 1000 的透析袋在超纯水中透析 24h，以去除未反应的正硅酸乙酯。通过旋转蒸发去除透析后溶液中多余的氨水，得到 B,N,P-CDs_{200}@SiO_2、B,N,P-CDs_{240}@SiO_2 和 B,N,P-CDs_{280}@SiO_2 的水溶液。将其放置于真空干燥箱中 80℃ 干燥 12h 至恒重得到固态粉末样品。

通过对其形貌、结构、光学性质及其细胞毒性进行表征，优化复合材料的结构，可将其应用于体内和体外的磷光生物成像中。

5.2.1 形貌与结构

为了探究固态磷光 B,N,P-CDs 与 B,N,P-CDs@SiO_2 液相磷光性能之间的关系，分别选择不同温度条件下制备的固态磷光 B,N,P-CDs_{200}、B,N,P-CDs_{240} 和 B,N,P-CDs_{280}（固态磷光寿命分别是 718.70ms、1.16s 和 1.89s），在同一实验条件下进行溶胶-凝胶包覆实验，分别得到液相磷光 CDs，即 B,N,P-CDs_{200}@SiO_2、B,N,P-CDs_{240}@SiO_2 和 B,N,P-CDs_{280}@SiO_2。从图 5-16（书后另见彩图）可以看出，当固态 CDs 磷光性能越好时，其液相磷光性能也越好（余辉时间从 4s 增加到 7s 和 12s）。因此，选择余辉时间最长的 B,N,P-CDs_{280}@SiO_2 进行后续的分析。

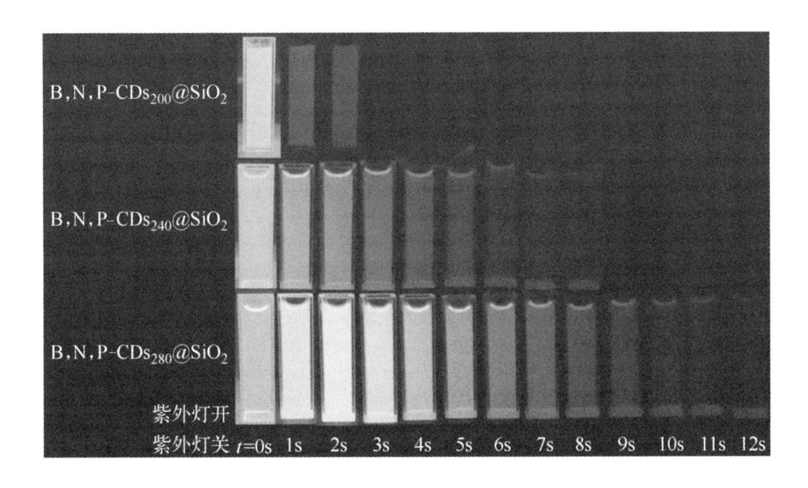

图 5-16　B,N,P-CDs@SiO_2 水溶液分别在 1～12s 的 UV 灯（365nm）下的照片

B,N,P-CDs_{280}@SiO_2 的形貌通过 TEM 表征图像显示（图 5-17），可以观察到类似胶状复合物，黑色类球状的 B,N,P-CDs_{280} 很好地分散在 SiO_2 基体里面。

采用 FTIR 光谱表征 B,N,P-CDs_{280}、SiO_2 和 B,N,P-CDs_{280}@SiO_2 的表面官能团组成［图 5-18（a）］。光谱结果显示存在 SiO—H（$3454cm^{-1}$）和 Si—O—Si（$1089cm^{-1}$）的拉伸振动峰，表明 B,N,P-CDs_{280}@SiO_2 具有 SiO_2 的特征峰。此外，以 $890cm^{-1}$ 和 $1456cm^{-1}$ 为中心的特征振动峰，分别来自 N—Si 和 C—Si 键，表明 B,N,P-CDs_{280} 与 SiO_2 之间形成了共价键，通过共价键进行键合。

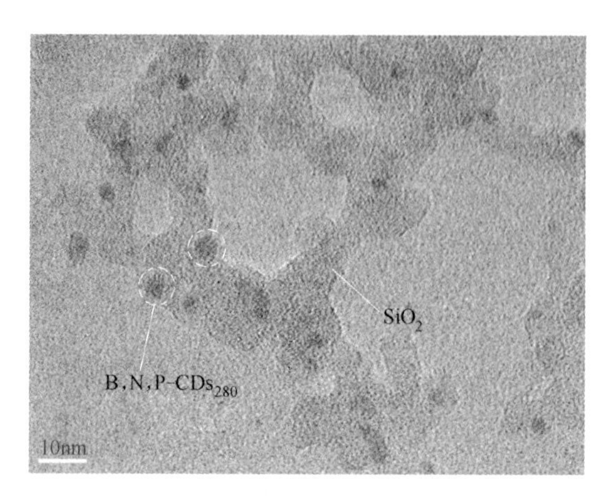

图 5-17　B,N,P-CDs$_{280}$@SiO$_2$ 的 TEM 像

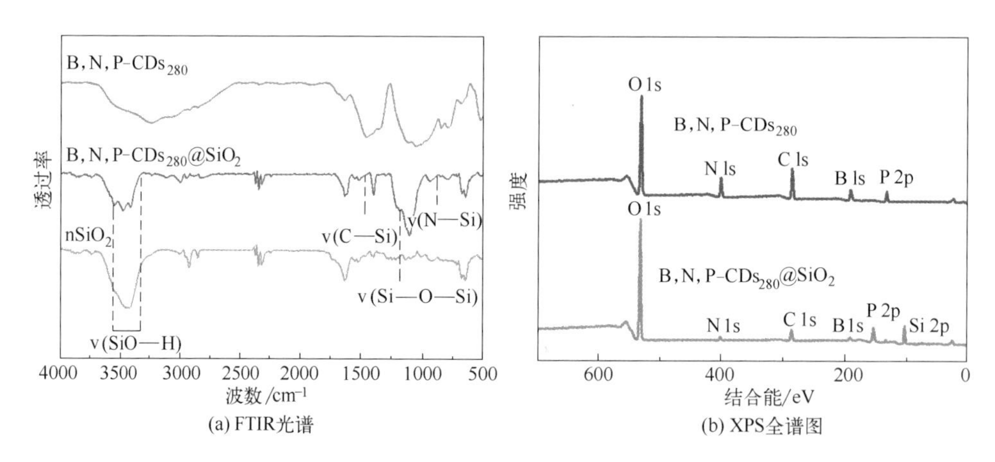

图 5-18　B,N,P-CDs$_{280}$、B,N,P-CDs$_{280}$@SiO$_2$ 和 SiO$_2$ 的 FTIR 光谱及 B,N,P-CDs$_{280}$ 和 B,N,P-CDs$_{280}$@SiO$_2$ 的 XPS 全谱图

利用 XPS 光谱对 B,N,P-CDs$_{280}$@SiO$_2$ 表面元素组成进行进一步的研究［图 5-18（b）］。XPS 全光谱显示 B,N,P-CDs$_{280}$@SiO$_2$ 具有 6 个典型的峰，分别在 C 1s（284.8eV）、N 1s（399.4eV）、O 1s（531.6eV）、B 1s（192.2eV）、P 2p（133.1eV）和 Si 2p（101.3eV），表明 B,N,P-CDs$_{280}$@SiO$_2$ 主要由 B、C、N、O、P 和 Si 等元素组成。

为了进一步验证 B,N,P-CDs$_{280}$ 与 SiO$_2$ 键合结合，通过高分辨 XPS 对 B,N,P-CDs$_{280}$@SiO$_2$ 进行分析（图 5-19，书后另见彩图）。在高分辨 C

1s 光谱中可以观察到 C—Si（284.3eV）、C—C（284.8eV）、C—O—Si（286.3eV）和 C—O（287.1eV）键［图 5-19（a）］。高分辨 N 1s 光谱可以卷积成 2 个峰，分别代表吡啶氮（399.8eV）和吡咯氮（401.6eV）［图 5-19（b）］。高分辨 P 2p 光谱在 134.9eV 和 133.9eV 处卷积包含 O ═P—N 和 O ═P—O 键的 2 个峰［图 5-19（c）］。高分辨 Si 2p 谱在 104.3eV、103.7eV 和 103.1eV 解卷积得到 3 个峰［图 5-19（d）］，分别为 Si—O_x、Si—C 和 Si—O 键[40]。结合 FTIR 和 XPS 表征证实 B,N,P-CDs_{280} 是通过 Si—C 和 Si—N 共价键合被包覆在 SiO_2 基体里面。

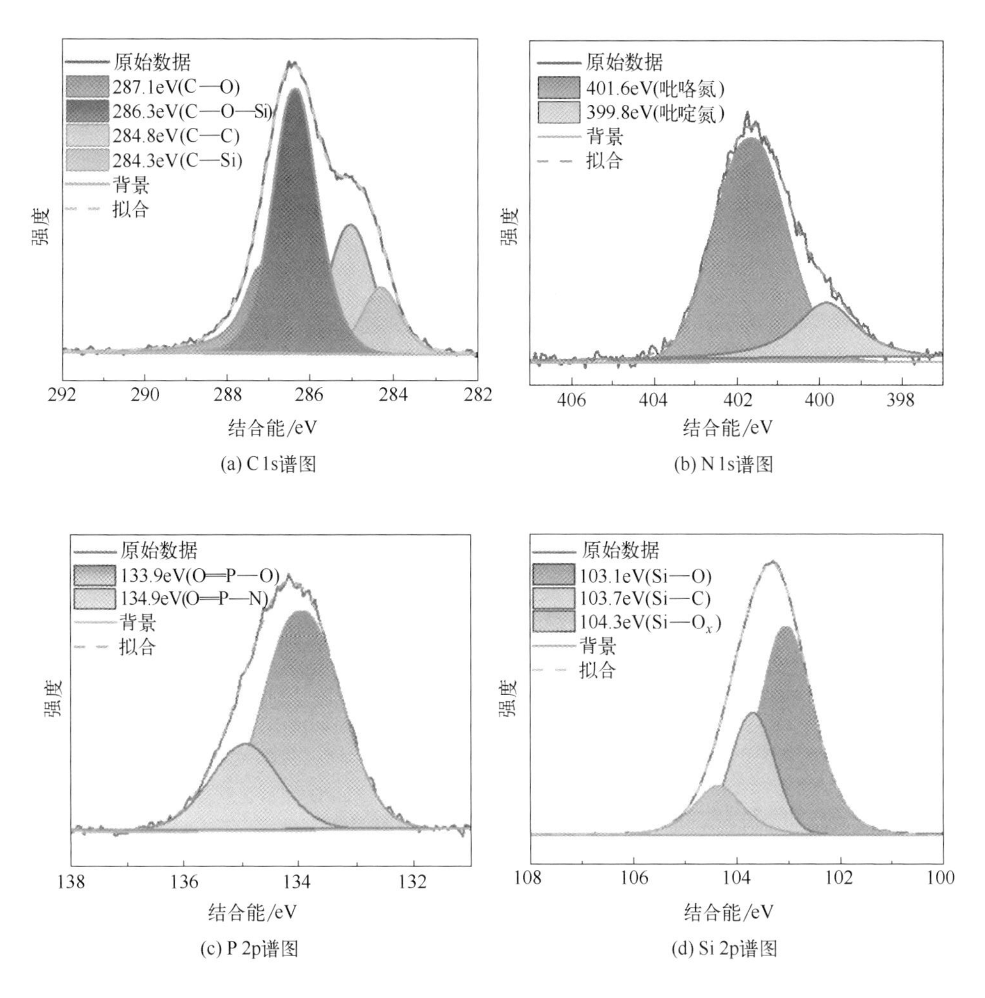

图 5-19　B, N, P-CDs_{280}@SiO_2 的高分辨 C 1s、N 1s、P 2p、Si 2p 谱图

5.2.2 光学性能

为研究 B,N,P-CDs_{280}@SiO_2 的光学特性，对其进行 UV-Vis 吸收光谱、荧光和磷光光谱以及磷光寿命测试（图 5-20，书后另见彩图）。从图 5-20（a）可以看出，B,N,P-CDs_{280}@SiO_2 的 UV-Vis 吸收光谱有 2 个吸收峰，位于 280nm 与 350nm 处，这可能是 C—C/C═C 的 π-π^* 跃迁与 C═N/C═O 的 n-π^* 跃迁引起的，与固体粉末 B,N,P-CDs_{280} 表现一致。由 B,N,P-CDs_{280}@SiO_2 的荧光激发曲线与磷光激发曲线可以得知 B,N,P-CDs_{280}@SiO_2 的荧光和磷光发射位于同一发射中心。荧光光谱［图 5-20（b）］显示，B,N,P-CDs_{280}@SiO_2 溶液的荧光与 B,N,P-CDs_{280} 固体粉末的荧光一致，在 345nm 的最佳激发波长下，B,N,P-CDs_{280}@SiO_2 的荧光最佳发射波长位于 390nm。B,N,P-CDs_{280}@SiO_2 的磷光光谱［图 5-20（c）］显示其 RTP 表现为激发独立，最佳激发波

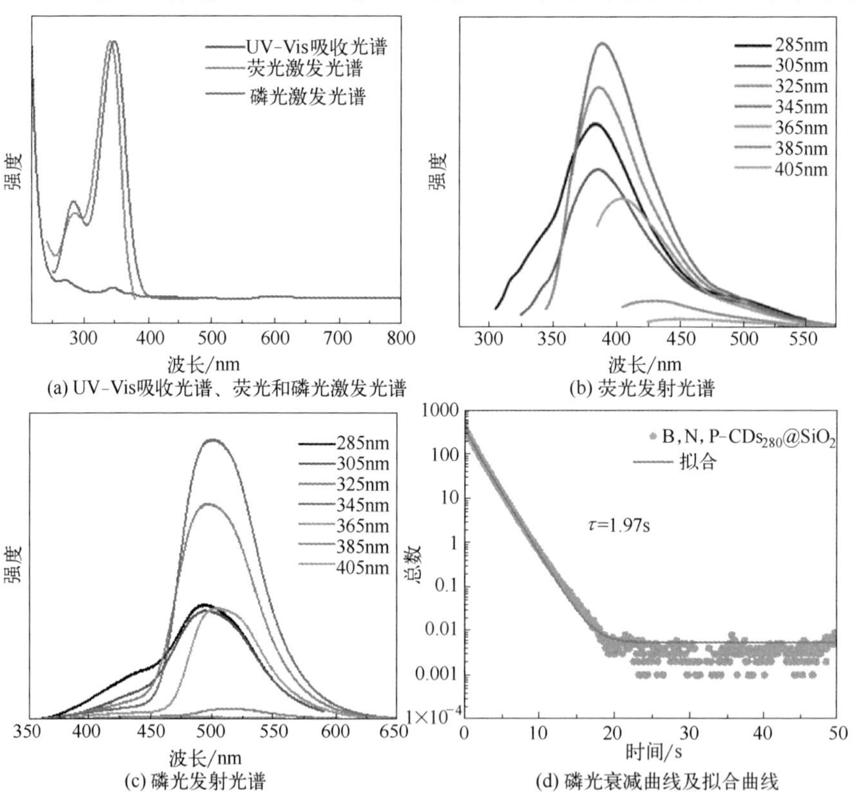

图 5-20 B,N,P-CDs_{280}@SiO_2 的 UV-Vis 吸收光谱、荧光光谱、磷光光谱表征

长为 345nm，最佳发射波长为 502nm。对 B,N,P-CDs_{280}@SiO_2 的量子产率进行测试，测得其绝对荧光量子产率为 40.60%，B,N,P-CDs_{280}@SiO_2 的磷光量子产率为 3.15%。采集 345nm 激发下时最佳发射下的寿命衰减曲线，得出 B,N,P-CDs_{280}@SiO_2 的磷光寿命为 1.97s，在液相磷光 CDs 中处于领先地位（表 5-8），相对于固态 B,N,P-CDs_{280} 的寿命有所提升，具体的寿命组成见表 5-9。

表 5-8 B,N,P-CDs_{280}@SiO_2 与其他 CDs 基 RTP 材料在水溶液中的 RTP 寿命比较

前驱体	固态 RTP CDs 寿命	基质	寿命	文献
柠檬酸和尿素	0.253s	三聚氰酸	687ms	[41]
EDTA-2Na 和尿素	269ms	三聚氰胺	664ms	[42]
m-苯二胺	456ms	SiO_2	730ms	[43]
聚丙烯酸和乙二胺	685.11ms	SiO_2	1.64s	[40]
乙二胺和磷酸	1.33s	SiO_2	1.86s	[44]
聚乙烯醇和乙二胺	—	SiO_2	1.76s	[45]
稻壳和乙二胺	—	SiO_2	1.31s	[46]
N-氨乙基-3-氨丙基甲基二甲氧基硅烷和磷酸	1.42s	SiO_2	1.46s	[47]
1,2,4-三氨基苯	1.28s	熔融盐（KNO_3、$MgCl_2$、KH_2PO_4）	1.28s	[48]
乙二胺、磷酸和硼酸	1.89s	SiO_2	1.97s	本研究

表 5-9 B,N,P-CDs_{280}@SiO_2 的磷光寿命组成

Em/nm	τ_1/s	α_1/%	τ_2/s	α_2/%	τ_3/s	α_3/%	τ_{avg}/s
502	0.8268	19.26	0.0344	24.77	2.1406	55.97	1.9742

5.2.3 长寿命液相磷光发光机理

B,N,P-CDs_{280} 被包覆在 SiO_2 基质中，通过 C—Si 和 N—Si 共价键键合，因此 B,N,P-CDs_{280} 的发光中心运动与旋转受到限制，从而有助于降低非辐射跃迁。此外，借助 SiO_2 的外壳还能够将 B,N,P-CDs_{280} 与溶液中的三重态氧分隔开来，防止三重态激子与三重态氧碰撞而失活［图 5-21(a)，书后另见彩图］。所以，这样一个具有保护功能的硅外层促使了 B,N,P-CDs_{280}@SiO_2 在水中发射磷光而不被猝灭。另外，由于 SiO_2 共价键网络对 B,N,P-CDs_{280} 的限制，增强了整个 B,N,P-CDs_{280} 外部结构的刚性，进一步抑制了 B,N,P-CDs_{280} 的非辐射跃迁以及隔绝了三重态氧，使

得非辐射跃迁速度得以减慢以及三重态激子避免失活[49]。因此，B,N,P-CDs$_{280}$@SiO_2 在水中的磷光寿命要比固态的 B,N,P-CDs$_{280}$ 磷光寿命长［图 5-21（b），书后另见彩图］。

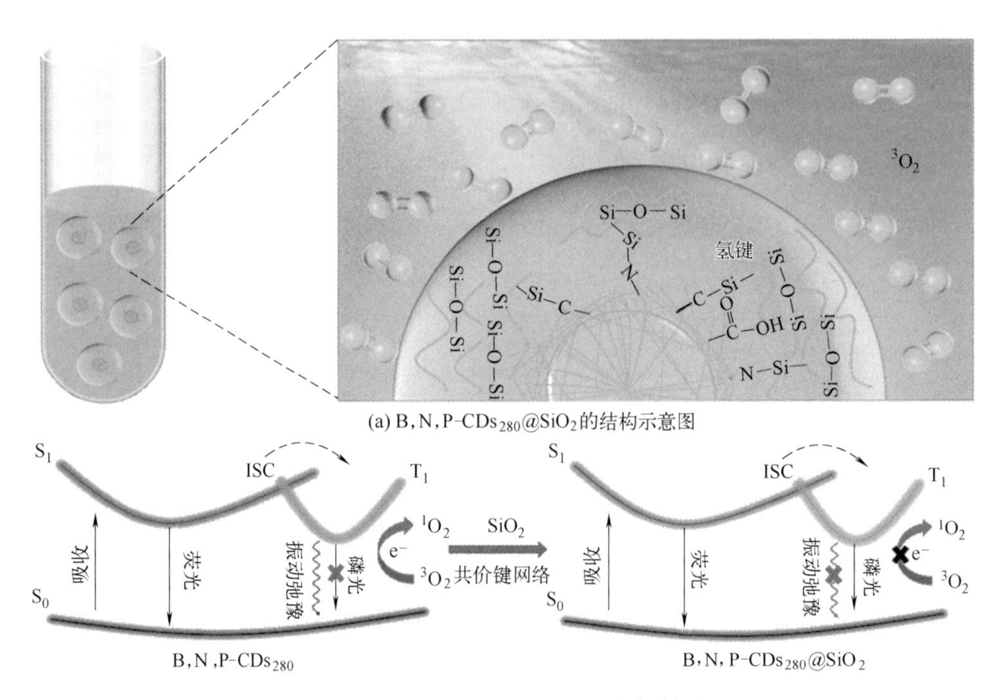

图 5-21　B,N,P-CDs$_{280}$@SiO_2 的磷光机理

5.2.4　生物安全性能

在完成对 B,N,P-CDs$_{280}$@SiO_2 的结构组成以及光学性能表征后，对 B,N,P-CDs$_{280}$@SiO_2 的生物安全性能进行评价。首先测试了 HL-7702 细胞存活率。结果显示，在 B,N,P-CDs$_{280}$@SiO_2 中处理 24h 后，当浓度从 0μg/mL 增加到 50μg/mL 时，HL-7702 细胞存活率大于 1。这可能是由于 B,N,P-CDs$_{280}$@SiO_2 的抑制率小于 HL-7702 细胞的正常增长速率。同时，100μg/mL 及以下的浓度并不影响 HL-7702 细胞的生长和扩散。当 B,N,P-CDs$_{280}$@SiO_2 浓度达到 150μg/mL 时，HL-7702 细胞存活率出现大幅降低，但仍高于 80%（图 5-22）。这证明 B,N,P-

CDs_{280}@SiO_2 具有较低的细胞毒性，可以满足生物成像应用的需求[50,51]。

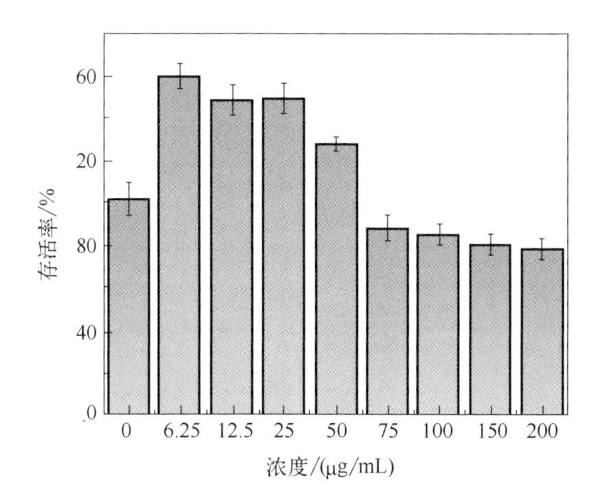

图 5-22　B,N,P-CDs_{280}@SiO_2 的细胞存活率柱状图

5.2.5　体外生物成像性能

通过激光共聚焦显微镜对 B,N,P-CDs_{280}@SiO_2 的成像能力进行评估。在成像之前，在共聚焦培养皿中用 100μg/mL 的 B,N,P-CDs_{280}@SiO_2 培养液培养 HepG2 细胞 2h，经 PBS 溶液洗涤 3 次后，采用共聚焦显微镜记录其发光图像。HepG2 细胞的亮场图像如图 5-23（a）所示（书后另见彩图）。

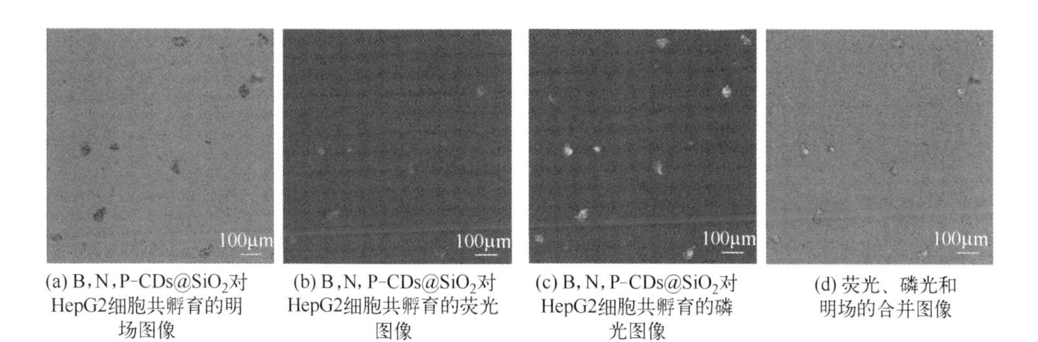

(a) B,N,P-CDs@SiO_2对HepG2细胞共孵育的明场图像　(b) B,N,P-CDs@SiO_2对HepG2细胞共孵育的荧光图像　(c) B,N,P-CDs@SiO_2对HepG2细胞共孵育的磷光图像　(d) 荧光、磷光和明场的合并图像

图 5-23　HepG2 细胞中 B,N,P-CDs@SiO_2 的共聚焦成像

Ex/Em=365nm/(375～575)nm

图 5-23（b）（书后另见彩图）为 HepG2 细胞在 365nm 光照下的荧光图像。细胞的蓝色发射信号检测范围在 385～485nm 之间，表明 B,N,P-CDs_{280}@SiO_2 分布在 HepG2 细胞的细胞质中。图 5-23（c）（书后另见彩图）为 HepG2 细胞在 365nm 光照下的磷光图像，检测范围在 485～585nm 之间。图 5-23（d）（书后另见彩图）为明场、荧光和磷光的重叠图像。对比荧光和磷光成像的图像，可以看出磷光成像具有更高的清晰度，这说明 B,N,P-CDs_{280}@SiO_2 能用于生物体外的磷光成像并且优于荧光成像。

5.2.6 体内生物成像性能

以 B,N,P-CDs_{280}@SiO_2 作为磷光显像剂，在生物光学成像系统（IVIS）中进行活体磷光成像，在生物发光模式下记录图像。首先用紫外光对 B,N,P-CDs_{280}@SiO_2 进行 1min 照射，去除激发源后采集磷光信号。如图 5-24（a）（书后另见彩图）所示，比较容易收集到 B,N,P-CDs_{280}@SiO_2 的磷光，并且随着浓度从 20μg/mL 逐渐增加到 40μg/mL、50μg/mL、80μg/mL、100μg/mL 和 200μg/mL，磷光的强度逐渐增大，表现出优异的光信号。

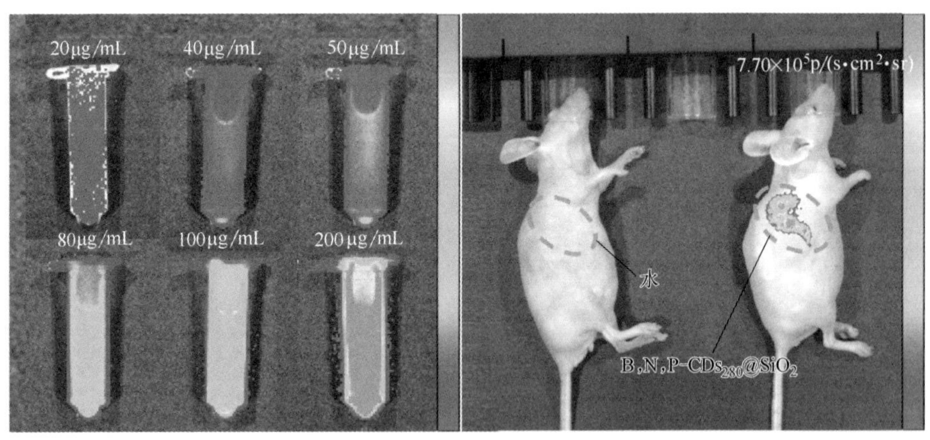

(a) 不同浓度下B,N,P-CDs_{280}@SiO_2的磷光图像

(b) 皮下注射B,N,P-CDs_{280}@SiO_2和水的两只小鼠的磷光成像

图 5-24 不同浓度下 B,N,P-CDs_{280}@SiO_2 的磷光图像及皮下注射 B,N,P-CDs_{280}@SiO_2 和水的两只小鼠的磷光成像

为了证实其在活体内部磷光成像的可能，将水和 100μg/mL B,N,P-CDs_{280}@SiO_2 分别取 20μL 注射于两只小鼠背侧皮下。然后用紫外灯照射小鼠背侧皮肤 1min，用于激活 B,N,P-CDs_{280}@SiO_2。在去除紫外激发光源之后，在生物发光模式下拍摄图像，如图 5-24（b）右侧所示。注射水（对照组）在相同的参数下检测不到光信号［图 5-24（b）左侧］，而注射 B,N,P-CDs_{280}@SiO_2 的小鼠皮下信号明显。上述结果表明，B,N,P-CDs_{280}@SiO_2 能作为磷光生物成像的探针。其中，在小鼠的感兴趣区域（region of interest，ROI）的磷光发光强度均值为 7.70×10^5 p/(s·cm^2·sr)，高于目前 CDs 小鼠皮下成像文献中所报道的数值 1.61×10^4 p/(s·cm^2·sr)[44]，表现出优异的余辉成像能力。同时，B,N,P-CDs_{280}@SiO_2 作为磷光显像剂能够有效地消除生物自体荧光的影响，具有更精确的成像能力。

参考文献

[1] Zhao S，Chen L，Yang Y，et al. Research progress of phosphorescent probe for biological imaging [J]. Journal of Molecular Structure，2022. 1269：133855.

[2] Chen L，Zhao S，Wang Y，et al. Long-lived room-temperature phosphorescent complex of B,N,P co-doped carbon dots and silica for afterglow imaging [J]. Sensors and Actuators B：Chemical，2023，390：133946.

[3] 赵少岻. 长寿命室温磷光硼氮磷共掺杂碳点及其二氧化硅复合材料的合成与性能研究 [D]. 太原：太原理工大学，2023.

[4] Zhang Y，Chen L，Liu B，et al. Multicolor afterglow carbon dots：Luminescence regulation，preparation，and application [J]. Advanced Functional Materials，2024：2315366.

[5] 张雨琪. 碳点/二氧化硅多色液相余辉复合材料的合成与生物成像 [D]. 太原：太原理工大学，2024.

[6] Tao S，Zhu S，Feng T，et al. Crosslink-enhanced emission effect on luminescence in polymers：Advances and perspectives [J]. Angewandte Chemie，2020，132 (25)：9910-9924.

[7] Xia C，Zhu S，Zhang S T，et al. Carbonized polymer dots with tunable room-temperature phosphorescence lifetime and wavelength [J]. ACS Applied Materials & Interfaces，2020，12 (34)：38593-38601.

[8] Shoji Y，Ikabata Y，Wang Q，et al. Unveiling a new aspect of simple arylboronic esters：Long-lived room-temperature phosphorescence from heavy-atom-

free molecules [J]. Journal of the American Chemical Society, 2017, 139 (7): 2728-2733.

[9] Bai L Q, Xue N, Wang X R, et al. Activating efficient room temperature phosphorescence of carbon dots by synergism of orderly non-noble metals and dual structural confinements [J]. Nanoscale, 2017, 9 (20): 6658-6664.

[10] Bao X, Ushakova E V, Liu E, et al. On-off switching of the phosphorescence signal in a carbon dot/polyvinyl alcohol composite for multiple data encryption [J]. Nanoscale, 2019, 11 (30): 14250-14255.

[11] Mieno H, Kabe R, Notsuka N, et al. Long-lived room-temperature phosphorescence of coronene in zeolitic imidazolate framework ZIF-8 [J]. Advanced Optical Materials, 2016, 4 (7): 1015-1021.

[12] Tao Y, Chen R, Li H, et al. Resonance-activated spin-flipping for efficient organic ultralong room-temperature phosphorescence [J]. Advanced Materials, 2018, 30 (44): 1803856.

[13] Lin C, Zhuang Y, Li W, et al. Blue, green, and red full-color ultralong afterglow in nitrogen-doped carbon dots [J]. Nanoscale, 2019, 11 (14): 6584-6590.

[14] Zhang Q, Yang T, Li R, et al. A functional preservation strategy for the production of highly photoluminescent emerald carbon dots for lysosome targeting and lysosomal pH imaging [J]. Nanoscale, 2018, 10 (30): 14705-14711.

[15] Zhang Q, Wang R, Feng B, et al. Photoluminescence mechanism of carbon dots: Triggering high-color-purity red fluorescence emission through edge amino protonation [J]. Nature Communications, 2021, 12 (1): 6856.

[16] Yuan F, Wang Z, Li X, et al. Bright multicolor bandgap fluorescent carbon quantum dots for electroluminescent light-emitting diodes [J]. Advanced Materials, 2017, 29 (3): 1604436.

[17] Sun X, He J, Meng Y, et al. Microwave-assisted ultrafast and facile synthesis of fluorescent carbon nanoparticles from a single precursor: Preparation, characterization and their application for the highly selective detection of explosive picric acid [J]. Journal of Materials Chemistry A, 2016, 4 (11): 4161-4171.

[18] Liu B, Chu B, Wang Y, et al. Crosslinking-induced white light emission of poly (hydroxyurethane) microspheres for white LEDs [J]. Advanced Optical Materials, 2020, 8 (14): 1902176.

[19] Tian Z, Li D, Ushakova E V, et al. Multilevel data encryption using thermal-treatment controlled room temperature phosphorescence of carbon dot/polyvinylalcohol composites [J]. Advanced Science, 2018, 5 (9): 1800795.

[20] JiangK, Wang Y, Cai C, et al. Conversion of carbon dots from fluorescence to ultralong room-temperature phosphorescence by heating for security applications [J]. Advanced Materials, 2018, 30 (26): 1800783.

[21] He W, Sun X, Cao X. Construction and multifunctional applications of visible-light-excited multicolor long afterglow carbon dots/boron oxide composites [J]. ACS Sustainable Chemistry & Engineering, 2021, 9 (12): 4477-4486.
[22] Li W, Zhou W, Zhou Z, et al. A universal strategy for activating the multicolor room-temperature afterglow of carbon dots in a boric acid matrix [J]. Angewandte Chemie, 2019, 131 (22): 7356-7361.
[23] Li W, Wu S, Zhang H, et al. Enhanced biological photosynthetic efficiency using light-harvesting engineering with dual-emissive carbon dots [J]. Advanced Functional Materials, 2018, 28 (44): 1804004.
[24] Li Q, Zhou M, Yang Q, et al. Efficient room-temperature phosphorescence from nitrogen-doped carbon dots in composite matrices [J]. Chemistry of Materials, 2016, 28 (22): 8221-8227.
[25] Tan J, Yi Z, Ye Y, et al. Achieving red room temperature afterglow carbon dots in composite matrices through chromophore conjugation degree controlling [J]. Journal of Luminescence, 2020, 223: 117267.
[26] Hu X, An X, Li L. Easy synthesis of highly fluorescent carbon dots from albumin and their photoluminescent mechanism and biological imaging applications [J]. Materials Science and Engineering: C, 2016, 58: 730-736.
[27] Sun Y, Liu S, Sun L, et al. Ultralong lifetime and efficient room temperature phosphorescent carbon dots through multi-confinement structure design [J]. Nature Communications, 2020, 11 (1): 5591.
[28] Fan R, Qiang S, Ling Z, et al. Photoluminescent carbon dots directly derived from polyethylene glycol and their application for cellular imaging [J]. Carbon, 2014, 71 (7): 87-93.
[29] Tao S, Lu S, Geng Y, et al. Design of metal-free polymer carbon dots: A new class of room-temperature phosphorescent materials [J]. Angewandte Chemie International Edition, 2018, 57 (9): 2393-2398.
[30] Zhao F, Zhang T, Liu Q, et al. Aphen-derived N-doped white-emitting carbon dots with room temperature phosphorescence for versatile applications [J]. Sensors and Actuators B: Chemical, 2020, 304: 127344.
[31] Wang Z, Shen J, Xu B, et al. Thermally driven amorphous-crystalline phase transition of carbonized polymer dots for multicolor room-temperature phosphorescence [J]. Advanced Optical Materials, 2021, 9 (16): 2100421.
[32] Lu S, Sui L, Wu M, et al. Graphitic nitrogen and high-crystalline triggered strong photoluminescence and room-temperature ferromagnetism in carbonized polymer dots [J]. Advanced Science, 2019, 6 (2): 1801192.
[33] Song Z, Shang Y, Lou Q, et al. A molecular engineering strategy for achieving blue phosphorescent carbon dots with outstanding efficiency above 50% [J]. Advanced Materials, 2023, 35 (6): 2207970.
[34] Gao R, Kodaimati M S, Yan D. Recent advances in persistent luminescence based on molecular hybrid materials [J]. Chemical Society Reviews, 2021,

50 (9): 5564-5589.

[35] Qu S, Zhou D, Li D, et al. Toward efficient orange emissive carbon nanodots through conjugated sp^2-domain controlling and surface charges engineering [J]. Advanced Materials, 2016, 28 (18): 3516-3521.

[36] Jia H, Wang Z, Yuan T, et al. Electroluminescent warm white light-emitting diodes based on passivation enabled bright red bandgap emission carbon quantum dots [J]. Advanced Science, 2019, 6 (13): 1900397.

[37] Huang H, Yang S, Liu Y, et al. Photocatalytic polymerization from amino acid to protein by carbon dots at room temperature [J]. ACS Applied Bio Materials, 2019, 2 (11): 5144-5153.

[38] Long P, Feng Y, Cao C, et al. Self-protective room-temperature phosphorescence of fluorine and nitrogen codoped carbon dots [J]. Advanced Functional Materials, 2018, 28 (37): 1800791.

[39] Stöber W, Fink A, Bohn E. Controlled growth of monodisperse silica spheres in the micron size range [J]. Journal of Colloid and Interface Science, 1968, 26 (1): 62-69.

[40] Li W, Wu S, Xu X, et al. Carbon dot-silica nanoparticle composites for ultralong lifetime phosphorescence imaging in tissue and cells at room temperature [J]. Chemistry of Materials, 2019, 31 (23): 9887-9894.

[41] Li Q, Zhou M, Yang M, et al. Induction of long-lived room temperature phosphorescence of carbon dots by water in hydrogen-bonded matrices [J]. Nature Communications, 2018, 9 (1): 734.

[42] Gao Y, Zhang H, Jiao Y, et al. Strategy for activating room-temperature phosphorescence of carbon dots in aqueous environments [J]. Chemistry of Materials, 2019, 31 (19): 7979-7986.

[43] JiangK, Wang Y, Cai C, et al. Activating room temperature long afterglow of carbon dots via covalent fixation [J]. Chemistry of Materials, 2017, 29 (11): 4866-6873.

[44] Liang Y, Gou S, Liu K, et al. Ultralong and efficient phosphorescence from silica confined carbon nanodots in aqueous solution [J]. Nano Today, 2020, 34: 100900.

[45] Sun Y, Liu J, Pang X, et al. Temperature-responsive conversion of thermally activated delayed fluorescence and room-temperature phosphorescence of carbon dots in silica [J]. Journal of Materials Chemistry C, 2020, 8 (17): 5744-5751.

[46] He J, Chen Y, He Y, et al. Anchoring carbon nanodots onto nanosilica for phosphorescence enhancement and delayed fluorescence nascence in solid and liquid states [J]. Small, 2020, 16 (49): 2005228.

[47] Liu Y, Chen W, Lu L, et al. Si-assisted N, P co-doped room temperature phosphorescent carbonized polymer dots: information encryption, graphic anti-counterfeiting and biological imaging [J]. Journal of Colloid and Interface

Science，2022，609：279-288.

[48] Wang C，Chen Y，Xu Y，et al. Aggregation-induced room-temperature phosphorescence obtained from water-dispersible carbon dot-based composite materials [J]. ACS Applied Materials & Interfaces，2020，12（9）：10791-10800.

[49] Zhang Y，Li M，Lu S. Rational design of covalent bond engineered encapsulation structure toward efficient，long-lived multicolored phosphorescent carbon dots [J]. Small，2022，2206080.

[50] Geng X，Sun Y Q，Guo Y F，et al. Fluorescent carbon dots for in situ monitoring of lysosomal atp levels [J]. Analytical Chemistry，2020，92（11）：7940-7946.

[51] Qin H Y，Sun Y Q，Geng X，et al. A wash-free lysosome targeting carbon dots for ultrafast imaging and monitoring cell apoptosis status [J]. Analytica Chimica Acta，2020，1106：207-215.

第6章

多色长寿命余辉碳点探针

6.1
多色长寿命余辉碳点的光谱调控

随着余辉 CDs 的不断发展，不仅余辉寿命越来越长，对其发射颜色的调控也越来越引起研究人员的重视，目前余辉 CDs 的发光主要以绿光为主。为了适应不同应用的需求，设计和合成具有多色发射的余辉至关重要[1,2]。由于缺乏系统的理论指导，多色余辉 CDs 的调控方法缺乏灵活性且鲜有报道，但余辉 CDs 的发射颜色会随着反应条件、激发波长、时间和温度的变化而变化，这一多色余辉特性在生物成像应用中具有重要的科学与实际应用价值。多色余辉 CDs 还具有更强的生物组织穿透能力，在生物成像方面表现出更高的成像深度和信噪比[3-5]。

CDs 多色余辉的发光调控大致可以分为多色 RTP、热激活延迟荧光（thermal activation delayed fluorescence，TADF）与 RTP 转换（TADF-RTP）CDs、基于福斯特共振能量转移（Förster resonance energy transfer，FRET）的多色 DF。其中，对于多色 RTP CDs 的研究最为广泛[6]，一方面可以通过增强 CDs 的碳化程度减小带隙使得余辉发射红移；另一方面，由于存在多个发射中心，可以呈现激发或时间依赖的多色余辉[7]。基于稳定的三重态，科学家们还可以合成同时具有 RTP 和 TADF 的 CDs。TADF 显示出与荧光相同的发射光谱，由于斯托克斯位移的存在，大部分情况下 RTP 发射相对 TADF 发射红移，呈现出温度依赖的多色余辉。此外，选用 RTP CDs 作为能量供体，有机染料或多色荧光量子点作为能量受体，选择不同的供受体进行 FRET，可以实现 CDs 复合材料的全色余辉发射[8,9]。

在科学家们的不断探索和研究下，余辉 CDs 的设计灵活性使其在可调光致发光方面具有更多的可能性[10-13]。随着余辉 CDs 的不断发展，不仅余辉寿命越来越长，对固态余辉 CDs 包覆基质通过共价键、氢键或离子键进一步构建刚性保护，一方面限制 CDs 的分子振动和非辐射跃迁，稳定三重态激子；另一方面隔绝水和水中溶解氧，防止余辉被猝灭，使得 CDs 在水溶液中也具有余辉发射。目前主要用来实现液相余辉

CDs 的基质有熔融盐[14]、沸石[15] 和二氧化硅（SiO_2）[16] 等。多色液相余辉的实现主要在于对余辉 CDs 的光谱进行调控并在液相环境中同样实现余辉。

近年来，余辉 CDs 的研究已取得一定的进展，但对于余辉 CDs 的多色发光调控仍处于起步阶段。已报道多色余辉 CDs 的调控策略可以分为：

① 多色 RTP CDs 的能级和发射中心调控。调整能隙可以使得发射波长改变。若同时具有多个 T_1 能级，则可以实现多种发射中心的竞争。不同能级上不同发射位点的存在使得在不同的激发波长下，其发射波长也随之改变。

② 实现同时具有 RTP 和 TADF 的 CDs，即 TADF-RTP CDs。基于稳定的 T_1 能级，若 ΔE_{ST} 足够小，则处于 T_1 的三重态激子可以基于热效应再跃迁至 S_1 发生 RISC 过程，电子最终由 S_1 回到基态 S_0 实现 TADF 的发射[17,18]。由于 RTP 具有较大的斯托克斯位移，且温度升高有利于表现 TADF，温度降低有利于表现 RTP，因此调节温度即可实现多色余辉。

③ 基于 FRET 的多色 DF，即 RTP CDs 与多种荧光染料或荧光量子点之间在一定基质中发生 FRET。RTP CDs 可以作为能量供体，处于 T_1 的三重态激子通过 FRET 向能量受体中不同的激发单线态 S_1 进行非辐射跃迁，处于 S_1 的电子回到基态可得到多色的 DF[19]。

6.1.1 RTP

CDs 的结构包括碳核态和表面态［如图 6-1（a），书后另见彩图］。碳核态主要为 sp^2 杂化的碳，表面态通常具有丰富的含氧官能团，如羟基、羧基和酰胺基等[20]。石墨化碳核通常是由分子或聚合物前驱体在溶液或固相中高温碳化而成，碳核的共轭区域范围能够调整能隙及其光致发光的灵活性，还能够提高其结构稳定性[21,22]。表面态中丰富的官能团使其具有多个发射中心从而会带来不同的跃迁能级，复杂的表面态赋予 CDs 激发态的多样性[23,24]。目前对于 CDs 本身磷光的调控主要通过以下两方面：

① 对 CDs 表面态和碳核态的调控构建出不同的 T_1 能级，实现多个

发射中心［图 6-1（b），书后另见彩图］；

② 基于不同 CDs 具有不同的 S_1 能级，将其嵌入某一特定基质中，实现不同 T_1 能级，从而改变 RTP 发射波长[25]［图 6-1（c），书后另见彩图］。

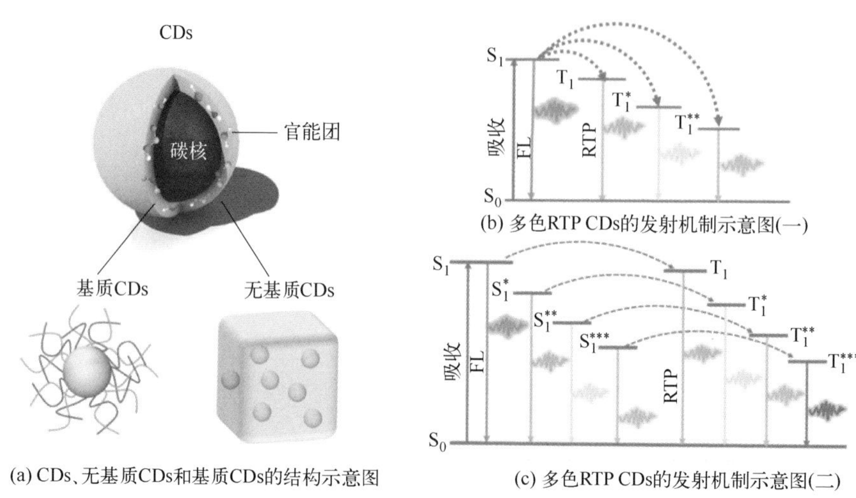

(a) CDs、无基质CDs和基质CDs的结构示意图

(b) 多色RTP CDs的发射机制示意图(一)

(c) 多色RTP CDs的发射机制示意图(二)

图 6-1　CDs、无基质 CDs、基质 CDs 的结构示意图及多色 RTP CDs 的发射机制示意图

（1）T_1 能级的调控

CDs 的碳核态发光很大程度上依赖于 sp^2 共轭区域的大小，sp^2 共轭区域越大，带隙越小，发射波长越易发生红移。Wang 等通过对发射绿色 RTP 的碳点（G-CPDs）进行不同温度的退火处理，获得分别发射黄绿色、黄色和橙红色的多色 RTP CDs（YG-CPDs、Y-CPDs 和 OR-CPDs）[26]。热退火使 CPDs 中的聚合物链发生交联、脱水和碳化。CP-Ds 与团簇态相关的发光中心减少，而与共轭 π 域相关的发光中心增加。共轭 π 域含量的增加可缩小带隙，从而使发射波长红移。Cheng 等以不同碳链长度的胺类化合物为原料，通过硼酸熔融法制备了一系列 RTP CDs。研究结果表明，胺类化合物烷基链长度的增加扩大了 CDs 碳核的平面间距，减弱了交联增强效应，降低了碳核的电子云密度和碳核的共轭度，使 CDs 的磷光强度和寿命降低和缩短，且发射波长发生蓝移[27]。

CDs 的 RTP 发射波长也会受到表面官能团的影响[18]。利用 CDs 原料本身含有的官能团（如 C═O、C═N 等）或者在合成过程中形成的亚荧光团（如 C—O、C—N 等），以电子重叠相互作用产生不同的 T_1 能级作为多个发射中心，可实现对 RTP 发射颜色的调控。Shi 等以缩二脲和磷酸为原料合成一种磷光发射可随着激发波长的增加从蓝色转变为红色的碳点（FP-CDs）粉末[28]。这是由于 FP-CDs 表面存在大量 C ═O 和含氮、氧、磷的官能团（C—O、C—N、P ═O 等），短波长发射磷光的中心是由羰基和一些含杂原子的官能团组成的团簇，而长波长发射中心则与双缩脲热解产生的三氯异氰脲酸有关，从而表现出与激发相关的多色余辉。Tan 等首先以左氧氟沙星为原料用水热法制备了一种磷光颜色随时间变化的 RTP CDs，将其印在纸上得到磷光颜色可从橙色变为绿色的 CD@纸[29]。研究发现 CDs@纸具有双磷光发射中心，分别为左氧氟沙星本身氮杂环结构引起的绿色磷光和与 CDs 表面 C ═O 官能团有关的红色磷光。两个磷光发射中心同时被激活，红色磷光衰减快速，而绿色磷光衰减缓慢，最初两色磷光重叠表现为橙色磷光，然后逐渐变为绿色磷光。为探究 C ═O 对 CDs 磷光光谱的影响，用 $NaBH_4$ 对 CDs 表面进行还原得到 C ═O 含量下降的还原态 CDs（r-CDs）。由于氮杂环结构对应的发射中心保持不变，r-CD@纸仅发出绿色磷光，证实 C ═O 会影响 RTP CDs 的磷光发射光谱。

此外，Wang 等以苯二胺和尿素为体系制备的 RTP CDs，磷光颜色可由深蓝（431nm）调至红色（620nm）。结果表明 RTP CDs 中 C ═O 的增加是引起 RTP 红移的主要原因，也验证了 RTP CDs 的磷光发射颜色可以通过调控表面官能团来实现[30]。由于苯二胺和尿素具有相同的 C—NH_2 基团，共价交联不仅发生在 CDs 中，而且会跟随 C—N 含量的增加发生在 CDs 和尿素之间，这种效果对于磷光的影响相当于增加 C ═O 的含量。为验证这一点，合成掺杂不同共轭氮结构的 CDs@UO（邻苯二胺和尿素）、CDs@UP（对苯二胺和尿素）和 CDs@UOP（邻苯二胺、对苯二胺和尿素），并与尿素共价键合来研究其光学性质。通过密度泛函理论（DFT）分析可以得到，三种分子从 S_1 到 T_1 的 SOC 分别为 $0.72cm^{-1}$、$0.20cm^{-1}$ 和 $0.1cm^{-1}$。小的 SOC 说明三重态激子发光效率低。当两个尿素分子共价连接时，可以促进 RTP 红移。随着 C—N 对空间限制的增强，S_1 和 T_1 能级降低。

Ding 等提出一种原位包覆策略，采用微波法将柠檬酸在 NaOH 中快速碳化得到全色 RTP CDs。改变 NaOH 的量，分别采用 1.1g、0.7g 和 0.1g NaOH 合成蓝色、绿色和红色的 RTP CDs，分别命名为 b-R-CDs、g-R-CDs 和 r-R-CDs。为了探索全色 RTP 发射机制，通过含时密度泛函理论（TD-DFT）计算研究在 NaOH 中聚集的 CDs 对余辉发射的影响[31]。构建在单斜 NaOH 中分别含有由 1 个、2 个和 3 个 CDs 来组成的单体、二聚体和三聚体模型，其 T_1 和 S_0 之间的能隙分别为 4.65eV、4.58eV 和 4.55eV。结果证实，随着 NaOH 用量的减少，封闭在一个单斜 NaOH 单元中的 CDs 增大，减小了 T_1 和 S_0 之间的能隙，促进了磷光发射波长的红移。

（2）S_1 能级的调控

制备具有不同荧光性质的 CDs，并进一步将其嵌入特定基质中也可以得到多色 RTP CDs。Zheng 等选用不同原料合成 5 种具有不同荧光的 CDs，然后将各 CDs 嵌入三聚氰酸（cyanuric acid，CA）基质中，合成一系列具有不同 RTP 发射（从蓝色到红色）的 CDs@CA 复合材料[25]。由于不同原料合成的 CDs 具有不同的 S_1 能级，分别嵌入基质当中后构建出的 T_1 带隙（$T_1 \rightarrow S_0$）不同，使其 RTP 发射也不相同。Lin 等制备了一种以尿素为基质，以乙醇和叶酸为原料的 N 掺杂 CDs（NCD1-C），其在 254nm 和 365nm 激发光激发下分别发射蓝色 DF 和绿色 RTP[32]。以叶酸为原料合成 NCD2，以邻苯二胺和乙醇为原料合成 NCD3，通过同样的方法嵌入尿素当中制备得到 NCD2-C 和 NCD3-C。由于碳源不同，NCD1-C、NCD2-C 和 NCD3-C 的 S_1 能级也不同。NCD2-C 在 254nm 或 365nm 激发光激发下都可以发出绿色余辉（主要是 RTP）。NCD3-C 在 365nm 和 450nm 激发光激发下，可以观察到黄色 DF 和红色 RTP 发射。因此，通过合成具有不同单重激发态的 NCD 基材料并嵌入尿素分别构建出带隙不同的三重激发态，实现从蓝、绿、黄到红的全色 RTP 发射。

6.1.2 TADF-RTP

TADF 具有和荧光相同的发射颜色，由于斯托克斯位移的存在，RTP 的发射颜色通常相对于荧光颜色有所红移。因此，还可以利用 TADF 对温度的依赖特性，在 RTP 向 TADF 的转变过程中实现多色 TADF CDs。随着温度的升高，三重态激子更容易吸收热量促进 RISC

过程，使 TADF 的寿命延长和强度增加，与之相对应的是 RTP 的寿命缩短和强度降低[7,17]。基于这种特性，当 TADF 和 RTP 同时存在时可以实现基于温度的余辉颜色调控。在上述过程中，ΔE_{ST} 越小越有利于 RTP 向 TADF 转换。同时，为了稳定和保护三重态激子不会在较高的温度下被耗散，这类 CDs 通常需要借助刚性基质形成的共价键或者氢键网络实现多色 TADF-RTP 的调控。

Liu 等通过原位溶剂热法基于不同的有机原料合成同时具有 RTP 和 TADF 的 CDs-沸石系统[33]。利用磷酸锌铝（SBT）基质对 CDs 进行保护，分别得到 ΔE_{ST} 为 0.36eV 和 0.18eV 的 CDs@SBT-1 和 CDs@SBT-2。前者余辉发射在室温空气环境中主要为绿色 RTP（525nm）和少量蓝色 TADF（453nm）；后者余辉发射在 330K 下主要为蓝色 TADF（440nm），在温度 100～225K 之间时为蓝绿色 RTP（470nm）。可见，不同的有机模板构成不同 CDs 结构，从而调节材料的 ΔE_{ST} 值，实现多色余辉的调控。He 等制备了一种同时具有 TADF 和 RTP 的纳米纤维 CDs/PVA，聚乙烯醇（PVA）分子提高了整体结构的刚性，极大地缩小了 S_1 和 T_1 之间的能隙，使得 CDs/PVA 纳米纤维同时具有绿色的 TADF 发射和黄色的 RTP 发射[7]。随着温度由 80K 升高到 420K，绿色 TADF 的发射峰逐渐增强，黄色 RTP 的发射峰逐渐减弱，RTP 逐渐转变为 TADF，发射颜色由绿色变为黄色。Deng 等在黏土中原位合成 CDs，通过共价键连接形成 CDs@黏土复合材料[34]。CDs@黏土对温度的敏感度很高，随着温度从 298K 升至 513K，余辉发射的颜色从 517nm 逐渐变为 450nm，实现由温度变化激活的双模式余辉切换性能。Sun 等从制备的 CDs@SiO_2 纳米复合材料中也观察到了类似的现象，通过调节温度可以实现 RTP 和 TADF 的转换[35]。在从低温到室温的温度范围内，余辉显示为 RTP。随着温度逐渐升高到 480K，磷光逐渐发生变化，直至最终变成 TADF。通过调节温度，余辉的颜色从绿色到青色再到蓝色。在室温下，CDs@SiO_2 纳米复合材料的 ΔE_{ST} 为 0.53eV。由于实现 TADF 的理想 ΔE_{ST} 通常小于 0.3eV，因此高温可以促进非辐射转变，从而减弱 RTP，增强 TADF，实现余辉色移。

为了通过 TADF-RTP 转换实现对余辉颜色的调控，研究人员开始探索减小 ΔE_{ST} 的方法。He 等将 CDs 嵌入 B_2O_3，在 CDs/B_2O_3 中形成新的B—C键，硼原子上的空p轨道吸引π电子形成p-π共轭体系，从而降低ΔE_{ST}值[36]。通过ISC过程到达T_1的电子可在热辅助作用下回到S_1，CDs/B_2O_3复合物（CDs-Ⅰ/B_2O_3和CDs-Ⅳ/B_2O_3）同时具有RTP和TADF发射。随着温度的升高，CDs-Ⅳ/B_2O_3的RTP逐渐减少，直至完全转化为TADF，发光颜色也从橙色变为蓝色。

因此，设计合成同时具有RTP和TADF发射的CDs，借助其温度响应特性调控余辉颜色，使其具有广阔的应用前景。

6.1.3 基于FRET的DF

基于FRET的DF通常以RTP CDs作为能量供体，以不同发射波长的染料分子或荧光量子点作为能量受体，当前者的RTP发射光谱与后者的激发光谱重叠，且二者空间距离足够近（7～10nm）时，RTP CDs的三重态激子通过FRET向染料中单重激发态进行非辐射跃迁，发射延迟荧光[37]。通常，嵌入在基质中的CDs具有较稳定的三重态激子，且基质可以调控供体-受体之间的距离，根据受体的灵活性通过FRET轻易实现多色余辉。对于FRET而言，增加能量受体的含量在一定程度上会提高效率。但是，由于在FRET过程中存在能量耗散，余辉寿命会缩短。通过增加能量供体的发射光谱与能量受体的紫外吸收光谱之间的重叠度，以及减小能量供体与受体之间的距离，可以最大限度地减少能量耗散。常用的基质有SiO_2、PVA和沸石等。

基于SiO_2基质的CDs可以稳定三重激子，缩小供体和受体之间的距离。Liang等首先将RTP CDs（CNDs）、罗丹明B（RhB）和SiO_2混合得到CNDs-RhB@SiO_2，实现在水溶液中发射红色余辉[9]。SiO_2基质的存在将供体CDs和受体RhB限制在狭窄的空间，满足距离要求。此外，CDs的磷光发射光谱与RhB的吸收光谱有部分重叠。CND与RhB之间的FRET过程表明，CND的光辐射通过电磁相互作用引发RhB的电荷变化，其能量传递方式类似于两个耦合的电偶极子的振动。当两个偶极子的振动频率相同时，就会发生FRET。在去除激发源后，CNDs-RhB@SiO_2可以观察到约6s的亮红色余辉。Cheng等采用长寿命RTP CDs作为供体，短寿命荧光染料（Rh6G和RhB）作为受体，将RTP CDs和荧光染料包覆进无定形SiO_2中实现多色余辉。通过三重态到单重态共振能量转移，固态复合材料余辉颜色可由绿色变为橙色[27]。而Mo等通过多级FRET过程，将RTP CDs（PCDs）和多种荧光染料（Rh6G、RhB和磺胺101）包覆在SiO_2基质中实现多色余辉发光系统[19]。其中RTP CDs作为能量供体与有机荧光染料作为能量受体之间发生能量转移实现余辉颜色逐步调控。一般来说系统仅包含一步直接能量转移，这限制了余辉波长的变化范围。与一步FRET相比，级联共振能量转移能够实现具有更宽范围的颜色调节[38,39]。为了保证供受体距离足够近来实现高效的能量传递过程，Li等开发了一种表面胶束自组装的方法，构建中间为疏水基团、外侧为亲水基团的胶束结构。以乙醇胺和磷酸为原料合成RTP CDs，然后包覆SiO_2，在水溶液中合成具有磷光的CDs@SiO_2，再在CDs@SiO_2表面形成表面胶束，得到CDs@SiO_2@胶束[40]。并以CDs@SiO_2@胶束作为能量供体，Rh6G、RhB和尼罗红（NR）三种有机染料作为能量受体，分别得到黄色（553nm）、橙色（575nm）和橙红色（627nm）的余辉。重要的是FRET，当能量受体被分散在CDs@SiO_2@胶束中时，它们通过疏水相互作用聚集在胶束的疏水层中，使得供体-受体之间可以保持非常近的距离，实现高效FRET，最终在水溶液中获得多色余辉。

此外，还有PVA和沸石等基质均可作为FRET的保护基质，Yu等将不同余辉寿命的沸石基质的余辉CDs（CDs@沸石）作为能量供体，多色荧光量子点作为能量受体，以钙钛矿量子点（PeQDs）作为能量受体为例通过匹配不同余辉寿命的供体和不同荧光颜色的受体，可实现波长在463～614nm、寿命在232～1500ms范围内的可调余辉发射[8]。在紫外光的照射下，CDs@沸石复合材料和PeQDs都能被极化并产生偶极矩。关闭紫外光后，CDs@沸石复合材料以TADF或RTP光子的形式释放能量。TADF或RTP的辐射通过电磁相互作用引起PeQDs的电荷变化，并在PeQDs中产生偶极矩。当两个偶极子以相同的频率振动时，TADF或RTP光子的能量被PeQDs吸收，从而产生电子-空穴对（激子）。当激子重新结合时，新的低能光子被发射出来，这就是PeQDs的余辉。Sun等以柠檬酸和1,10-菲咯啉-5-胺为原料制备的以PVA为基质的余辉CDs（ACCDs-PVA）作为能量供体，荧光染料RhB作为能量受体制备复合薄膜ACCDs-RhB-PVA[41]。随着RhB掺杂量的增加，ACCDs-RhB-PVA 薄膜可以发射从黄色到红色的余辉。

可见，基于 FRET 的 DF 设计原则为合成多色余辉材料，尤其在灵活调节余辉发射波长方面提供一种有效且通用的策略。

6.2 基于热处理策略调控磷光碳点/二氧化硅的探针

液相余辉 CDs 因具有低毒性、避免生物自发荧光及无需实时激发等优点，成为一种极具潜力的生物成像余辉探针。CDs 一般可通过以下两种方式发射余辉：

① 调节 CDs 表面态增强 SOC 并促进 ISC 过程，如引入杂原子（N、P、B 和卤素等）或羰基；或羰基与其他杂原子官能团簇作为多个发射中心。

② 调节 CDs 的碳核态，CDs 的碳核态发光很大程度上取决于 CDs 的碳化程度。碳化程度越大，带隙越窄，发射发生红移。

但是目前的单纯液相余辉 CDs 发射波大多集中在绿色，需要调控其表面结构来进一步改善液相余辉的发射波长。

退火热处理是一种常用的调节表面态和碳核态的方式。基于笔者团队前期已经得到的无基质绿色长寿命固态磷光 CDs，对其在 280℃下进行退火热处理 120min，消耗表面官能团并进一步脱水碳化得到退火后的 CDs（A-CDs）。对 CDs 和 A-CDs 进行结构、光学性能表征，探索退火对 CDs 的表面态和碳核态的影响。进一步将 CDs 和 A-CDs 通过共价键包覆在 SiO_2 中得到液相余辉复合材料，将其称为 CDs@SiO_2 和 A-CDs@SiO_2。具体地，首先将 0.5mL 乙二胺、0.4mL 磷酸和 1.0g 硼酸溶解于 20mL 去离子水中。用 50mL 聚四氟乙烯反应釜在 280℃烘箱反应 10h。反应完成待其冷却至室温后提纯，使用 0.22μm 微孔过滤膜进行过滤，然后利用截留分子量为 1000 的透析袋在超纯水中透析 24h。最后将溶液进行冷冻干燥，得到淡黄色粉末，即为 CDs。然后称取 2g CDs 放入方形刚玉舟中，并将刚玉舟置于管式炉管内，检查管式炉密封，在氩气氛围下，以 10℃/min 的升温速率从 50℃ 升至 280℃ 并保持

120min，再以 10℃/min 的降温速率降至 50℃进行退火处理。待管式炉自然冷却至室温将刚玉舟取出，得到黄色粉末。将该粉末溶于去离子水中，进行离心过滤去除大分子物质，得到黄色溶液，将黄色溶液冷冻干燥得到粉末样品 A-CDs。最后，采用溶胶-凝胶法进行 SiO_2 包覆，分别以 CDs 和 A-CDs 作为磷光材料，以正硅酸乙酯作为 SiO_2 前驱体，氨水作为催化剂，得到 SiO_2 包覆复合材料：准确称量 100mg CDs 和 A-CDs 分别溶解于 50mL 去离子水，超声后转移至三口烧瓶，在磁力搅拌器中边搅拌边缓慢添加 1mL 正硅酸四乙酯和 0.5mL 氨水，在 25℃下反应 24h；使用 0.22μm 微孔过滤膜过滤，再使用截留分子量为 1000 的透析袋在超纯水中透析 24h，得到纯化后的 CDs@SiO_2 和 A-CDs@SiO_2 水溶液；将溶液放置于真空干燥箱中在 80℃下干燥 12h 得到固体粉末。通过对形貌结构、光学性质及生物相容性进行测试，最终将其应用于体外磷光成像。

6.2.1 形貌及结构

为分析 CDs 磷光发射的发光机理，我们对退火前后的 CDs 和 A-CDs 进行形貌和结构的表征。首先通过 TEM 图像观察 CDs 和 A-CDs 的形貌［图 6-2（a）、（b）］，可见两种 CDs 分散均匀，呈准球状。通过粒径统计直方图，可以发现 CDs 的平均粒径为 1.70nm，A-CDs 平均粒径为 2.33nm，退火后的产物粒径有所增大。但从 CDs 和 A-CDs 的 HRTEM 可观察到内部清晰的晶格间距为 0.212nm 的晶格条纹，对应于石墨碳的（100）晶面，表明退火后的 CDs 保留类石墨的结构[42-45]。可以发现，对 CDs 进一步退火处理，所得到的 A-CDs 粒径逐渐增大，这说明退火可在一定程度上加强 CDs 内部碳化程度。

利用 XRD 谱图进一步对 CDs 和 A-CDs 的结构进行表征［图 6-2（c）］。谱图显示，CDs 和 A-CDs 在 24°和 12°处具有 2 个相似的衍射峰。24°的衍射峰归因于 CDs 内部石墨碳的（002）晶面[46]。12°处的衍射峰归因于 CDs 的类聚合物骨架，说明其具有碳化聚合物点的特征[47]。与 CDs 相比，A-CDs 在 24°处的衍射峰变得更加尖锐，在 12°处的衍射峰变弱，表明退火可在一定程度上消耗聚合物结构增加 CDs 的碳化程度。

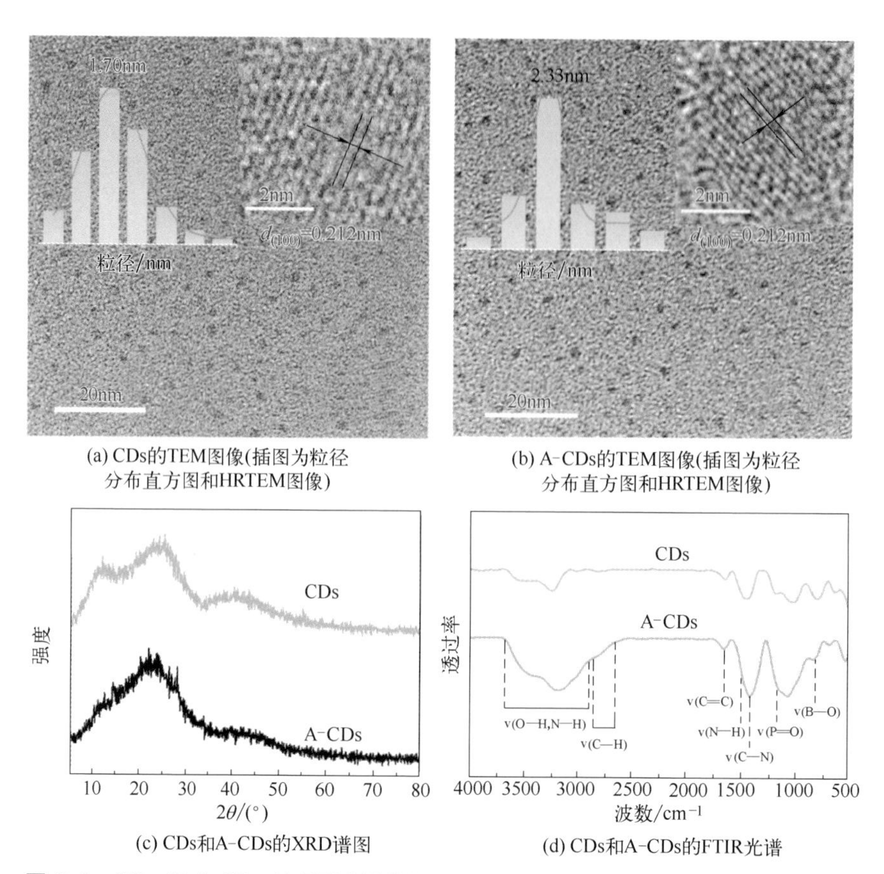

(a) CDs的TEM图像(插图为粒径分布直方图和HRTEM图像)

(b) A-CDs的TEM图像(插图为粒径分布直方图和HRTEM图像)

(c) CDs和A-CDs的XRD谱图

(d) CDs和A-CDs的FTIR光谱

图 6-2 CDs 和 A-CDs 的 TEM 图像及 CDs 和 A-CDs 的 XRD 谱图、FTIR 光谱

两种 CDs 的表面官能团和元素组成主要通过 XPS 和 FTIR 进行表征。通过对比分析 CDs 与 A-CDs 的 FTIR 光谱［图 6-2（d）］，观察到退火处理前后的 CDs 在化学组成上具有相似性。具体来说，在 3750～2650cm^{-1} 处均存在明显的宽吸收带，分别对应于—OH、—NH_2 基团以及亚甲基—CH_2—的伸缩振动[48]。两种 CDs 都具有 C ═ C（1680cm^{-1}）、N—H（1470cm^{-1}）、C—N（1400cm^{-1}）、P ═ O（1184cm^{-1}）和 B—O（812cm^{-1}）官能团。通过 XPS 能谱深入研究退火前后 CDs 的表面组成（图 6-3 和图 6-4，书后另见彩图）。XPS 全谱显示两种 CDs 具有一致的元素组成［图 6-3（a）和图 6-4（a）］。谱图共呈现出 5 个显著衍射峰，分别对应 C 1s（284.8eV）、N 1s（399.3eV）、O 1s（531.6eV）、B 1s（192.2eV）以及 P 2p（133.1eV）[49,50]。表明 CDs 和 A-CDs 主要由 B、C、N、O 和 P 等元素构成，但各元素相对含

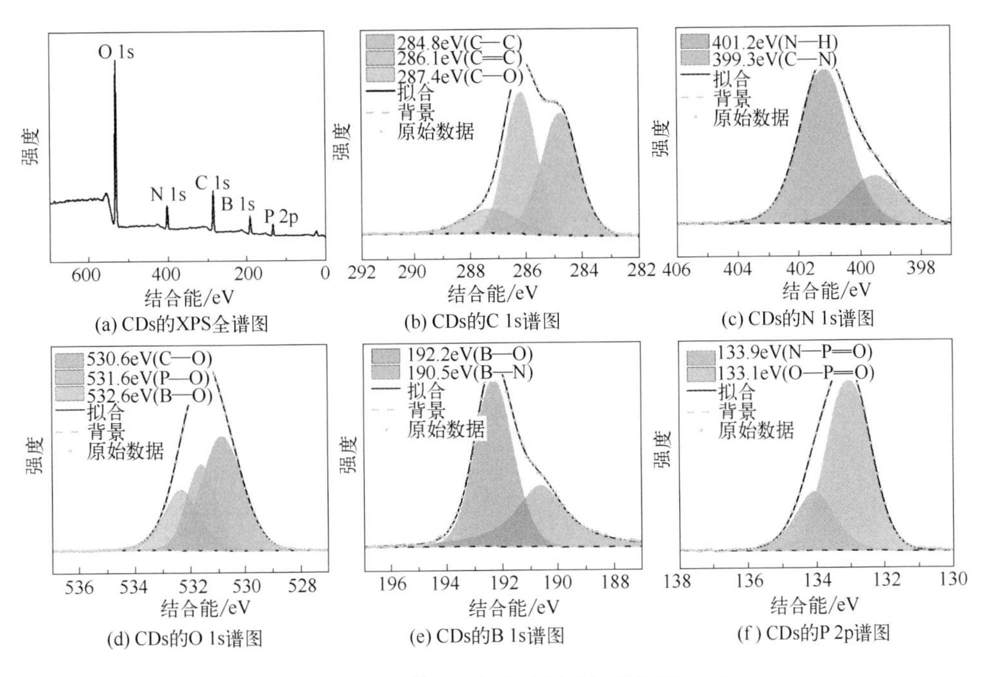

图 6-3　CDs 的 XPS 全谱图及高分辨分谱图

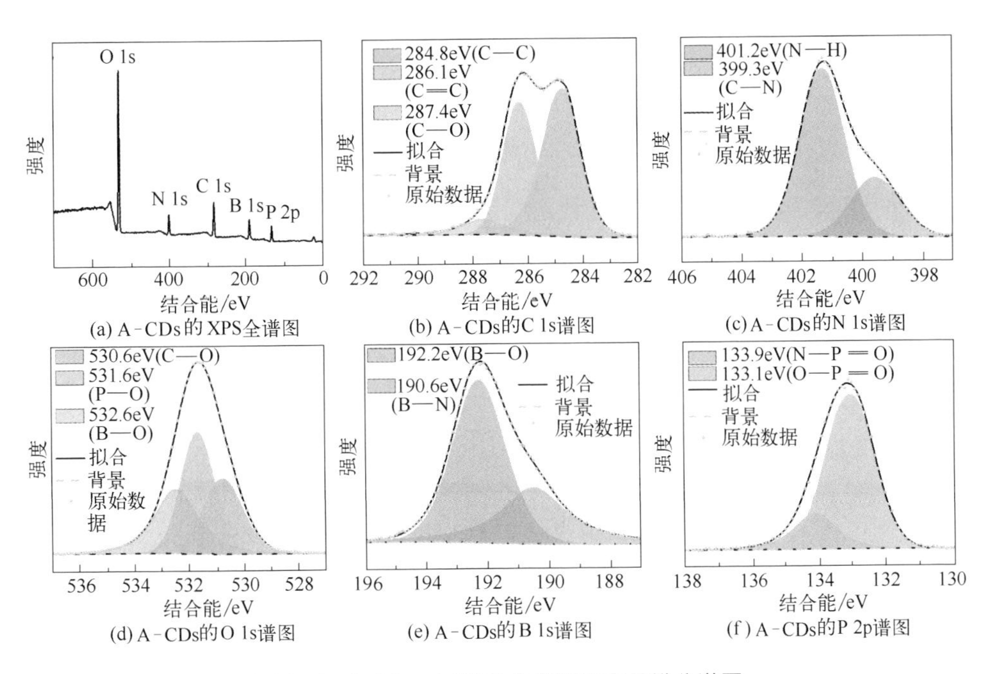

图 6-4　A-CDs 的 XPS 全谱图及高分辨分谱图

量存在差距（表 6-1）。可以看出，在对 CDs 进行退火处理后，C 元素含量从 24.74%下降至 22.26%，N 元素含量从 9.19%减少至 8.05%。相反，O 元素含量从 36.76%增加至 37.72%，B 元素含量从 24.99%增加至 26.05%，P 元素的含量则从 4.32%增加至 5.92%。这些变化表明碳化后的 A-CDs 表面 C 和 N 原子含量减少，而 O、B 和 P 原子含量增加。这一现象是由于 CDs 在退火过程中进一步发生反应，硼酸和磷酸进一步参与反应，进而改变了 CDs 的碳化程度以及官能团的相对含量。

表 6-1　基于 XPS 测量的 CDs 和 A-CDs 中 C、N、O、B 和 P 的相对含量

样品	C 1s/%	N 1s/%	O 1s/%	B 1s/%	P 2p/%
CDs	24.74	9.19	36.76	24.99	4.32
A-CDs	22.26	8.05	37.72	26.05	5.92

然而，仅依赖分析 C、N、O、B 和 P 原子的相对含量不足以分析退火前后 CDs 的结构差异。为了更深入分析其化学组成和各元素含量，进一步对 CDs 和 A-CDs 的 C 1s、N 1s、O 1s、B 1s 和 P 2p 高分辨图谱进行分峰拟合。

CDs 和 A-CDs 的高分辨率 C 1s 谱图［图 6-3（b）和图 6-4(b)］均可以分解为 3 个主要的峰，分别对应 C—C（284.8eV）、C ═C（286.1eV）以及 C—O（287.4eV），各官能团具体含量如表 6-2 所列。经过退火处理后，C—C 的含量有所增长，C ═C 和 C—O 含量均有所降低。CDs 和 A-CDs 的高分辨率 N 1s 谱图［图 6-3（c）和图 6-4（c）］可以卷积为 C—N（399.3eV）和 N—H（401.2eV）2 个峰。经过退火处理后，N—H 键的相对含量减少，而 C—N 键相对含量逐渐增加（表 6-2），说明在退火过程中进一步发生脱水碳化。进一步分析 CDs 和 A-CDs 的高分辨率 O 1s 谱图［图 6-3（d）和图 6-4（d）］可以分解为 C—O（530.6eV）、P—O（531.6eV）以及 B—O（532.6eV）3 个峰。C—O 键的相对含量减少，而 P—O 键和 B—O 键的相对含量增加（表 6-2）。这进一步表明在退火过程中硼酸和磷酸进一步发生反应。CDs 和 A-CDs 的高分辨率 B 1s 谱图［图 6-3（e）和图 6-4（e）］可以卷积为 B—N（190.6eV）和 B—O（192.2eV）2 个峰[51]。如表 6-2 所列，B—N 键的相对含量逐渐减少，而 B—O 键的相对含量逐渐增加。且从分峰拟合的结果可以看出，在退火过程中硼酸没有反应为 B_2O_3 基质。

CDs 和 A-CDs 的高分辨率 P 2p 谱图［图 6-3（f）和图 6-4（f）］分解为 2 个峰，对应 P—O（133.1eV）键和 P—N（133.9eV）键[52]。P—N 键相对含量逐渐减少，P—O 键的相对含量则逐渐增加（表 6-2）。这一结果也表明磷酸在退火处理中发生反应。

表 6-2　高分辨 XPS 谱中 CDs 和 A-CDs 中各官能团相对含量

样品	C 1s/%			N 1s/%		O 1s/%			B 1s/%		P 2p/%	
	C—C	C=C	C—O	C—N	N—H	C—O	P—O	B—O	B—N	B—O	P—O	P—N
CDs	44.57	43.23	12.20	17.31	82.69	50.52	26.65	22.83	37.76	62.24	75.13	24.87
A-CDs	52.39	39.93	7.68	27.84	72.16	29.69	39.89	30.42	34.19	65.81	81.42	18.58

分析结果表明退火处理后的 A-CDs 仍保持球形颗粒结构，且表现出更高的石墨化程度。XPS 和 FTIR 表征表明 A-CDs 仍主要由 C、N、B、O、P 和 H 等元素构成，且证实退火后 A-CDs 保持 CDs 的表面官能团，使其仍可发射磷光，但各元素和官能团含量发生变化，形成更加稳定的交联结构和氢键网络结构。

大多数 RTP 材料在水环境中表现为磷光猝灭的现象，因为基质的溶解会破坏其结构刚性，不能有效保护三重态激子避免无辐射跃迁的失活。对 CDs 和 A-CDs 在同一实验条件下进行溶胶-凝胶 SiO_2 包覆，得到 CDs@SiO_2 和 A-CDs@SiO_2 实现液相磷光。TEM 表征图像［图 6-5（a）和（c）］可以观察到类似胶状的 SiO_2，类球状的 CDs 和 A-CDs 均匀分散在 SiO_2 中。采用 FTIR 光谱分别表征 CDs、CDs@SiO_2 和纳米 SiO_2（nSiO_2）与 A-CDs、A-CDs@SiO_2 和 nSiO_2 的表面官能团组成［图 6-5（b）和（d）］。FTIR 光谱结果显示存在多个与 SiO_2 相关的峰，如 SiO—H（3487cm^{-1}）、Si—H（2059cm^{-1}）、C—Si（1417cm^{-1}）、Si—O—Si（1134cm^{-1}）。这些官能团表明 CDs@SiO_2 具有 SiO_2 的特征峰，且 CDs 与 SiO_2 之间形成 C—Si 共价键固定发射中心。同样采用 FTIR 对 A-CDs、A-CDs@SiO_2 和 nSiO_2 进行表征。光谱结果显示与 CDs、CDs@SiO_2 和 SiO_2 的表面官能团组成十分相似，同样存在 SiO—H、Si—H、Si—O—Si 和 C—Si 键。说明 A-CDs 与 SiO_2 之间也是通过共价键连接。

XPS 能谱表征进一步证实了 FTIR 结果。XPS 全光谱显示 CDs@SiO_2 和 A-CDs@SiO_2 主要由 C、N、O、B、P 和 Si 元素组成，分别归

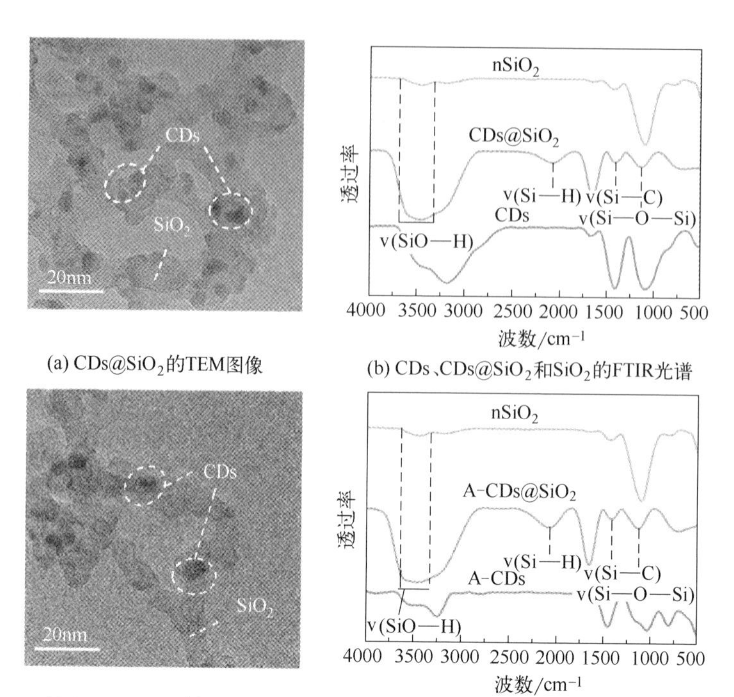

(a) CDs@SiO$_2$的TEM图像　(b) CDs、CDs@SiO$_2$和SiO$_2$的FTIR光谱

(c) A-CDs@SiO$_2$的TEM图像　(d) A-CDs、A-CDs@SiO$_2$和SiO$_2$的FTIR光谱

图 6-5　CDs@SiO$_2$、A-CDs@SiO$_2$ 的 TEM 图像及 CDs、CDs@SiO$_2$、SiO$_2$、A-CDs、A-CDs@SiO$_2$ 的 FTIR 光谱

属于 O 1s（531.6eV）、N 1s（400.25eV）、C 1s（284.8eV）、B 1s（187.1eV）、P 2p（133.2eV）和 Si 2p（102.2eV）[图 6-6（a）和（d），书后另见彩图]。为验证 CDs 和 A-CDs 与 SiO$_2$ 之间的键合，通过高分辨 XPS 对 CDs@SiO$_2$ 和 A-CDs@SiO$_2$ 进行深入分析。C 1s 的高分辨光谱显示存在 C—Si（284.3eV）、C—C（284.8eV）、C—O—Si（285.8eV）和 C—O（287.1eV）[图 6-6（b）和（e），书后另见彩图]。高分辨 Si 2p 光谱可以卷积为 104.3eV、103.7eV 和 103.0eV 3 个峰，对应 Si—O$_x$、Si—C 和 Si—O 键 [图 6-6（c）和（f），书后另见彩图]。FTIR 和 XPS 表征结果说明 CDs 和 A-CDs 通过 Si—C 与 SiO$_2$ 连接，并通过 Si—O—Si 交联网络进一步限制分子的振动与旋转。

综上所述，通过 TEM、FTIR 和 XPS 等多种表征方法系统地研究了 CDs@SiO$_2$ 和 A-CDs@SiO$_2$ 的形貌及表面官能团组成，并揭示其与 SiO$_2$ 之间的共价键连接方式，为理解其光学性质提供了重要的理论依据。

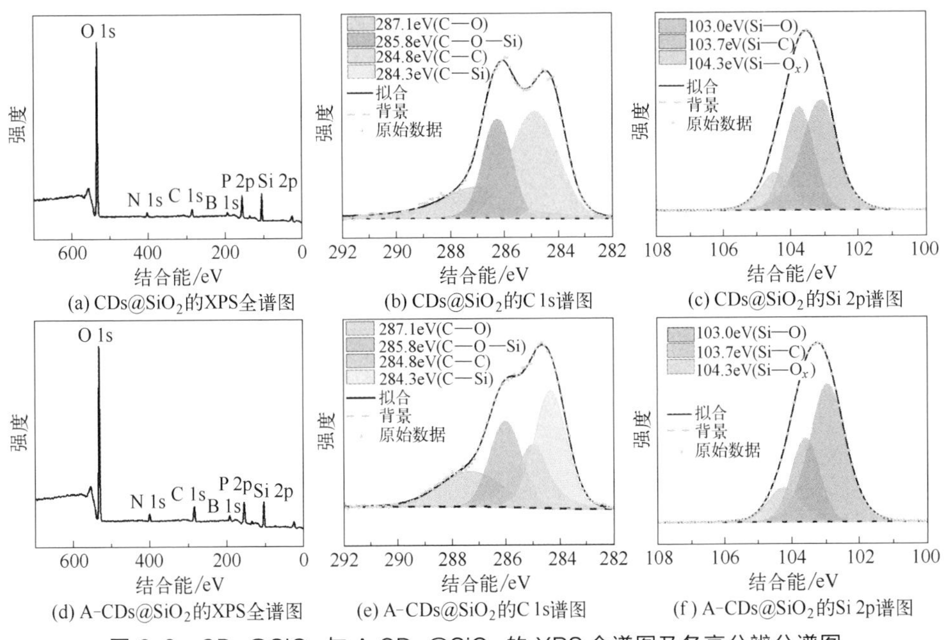

(a) CDs@SiO_2的XPS全谱图 (b) CDs@SiO_2的C 1s谱图 (c) CDs@SiO_2的Si 2p谱图

(d) A-CDs@SiO_2的XPS全谱图 (e) A-CDs@SiO_2的C 1s谱图 (f) A-CDs@SiO_2的Si 2p谱图

图 6-6 CDs@SiO_2 与 A-CDs@SiO_2 的 XPS 全谱图及各高分辨分谱图

6.2.2 光学性能

为了探究退火处理对 CDs 光学特性的影响，通过 UV-Vis 吸收光谱、发射光谱和磷光寿命分析了 CDs 和 A-CDs 的光学性能。用硼酸、磷酸和乙二胺合成 CDs，再将 CDs 粉末置于管式炉中 280℃退火 120min 得到 A-CDs。紫外灯照射前后的样品照片如图 6-7 所示（书后另见彩图），在紫外灯的照射下 CDs 粉末展现出蓝色荧光和绿色磷光，余辉时间可达 17s。相比之下，A-CDs 粉末在紫外灯下发出白光荧光，在紫外灯关闭后发射黄色磷光，肉眼可见余辉时间可达 9s。

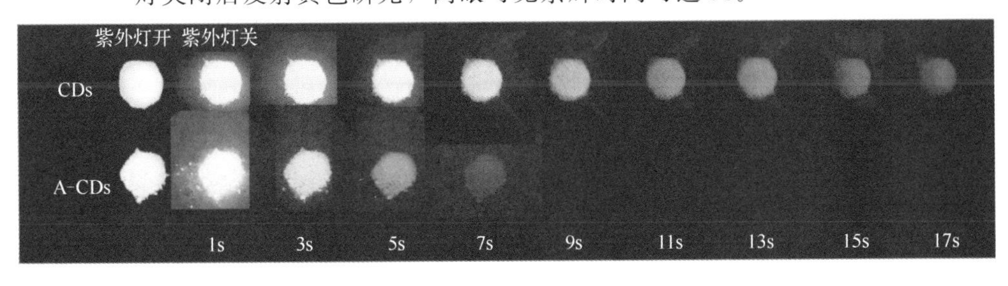

图 6-7 CDs 和 A-CDs 粉末在紫外灯（365nm）开和关下拍摄的照片

CDs 的 UV-Vis 吸收光谱在 271nm 与 335nm 处显示出 2 个吸收峰，同样的 A-CDs 显示出在 277nm 和 345nm 处有 2 个吸收峰，可归因于 C—C/C ═C 的 π-π^* 跃迁与 C ═N/C ═O 的 n-π^* 跃迁［图 6-8（a）、(d)，书后另见彩图］[53]。且磷光和荧光激发光谱与紫外可见光谱 300～400nm 处的吸收峰重叠，可以看出荧光和磷光来自同一发射中心。对 CDs 的荧光光谱［图 6-8（b），书后另见彩图］分析发现 CDs 荧光发射呈现激发依赖特性，主要集中在蓝光区域。在 325nm 激发光的激发下，CDs 表现出最佳发射效果，最佳发射波长为 400nm。进一步分析退火处理后的 A-CDs 的稳态荧光光谱特性，结果显示 A-CDs 具有激发独立的荧光发射，在 365nm 激发光的激发下，其最佳发射波长为 520nm。相比于 CDs 的荧光发射，A-CDs 的荧光发射红移 120nm，且光谱变宽。

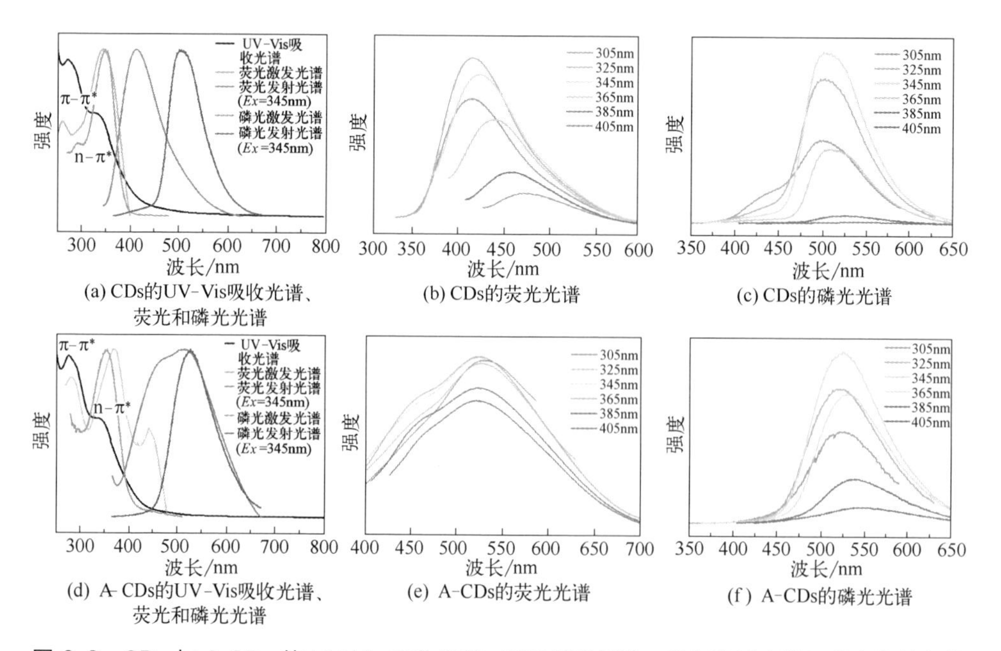

图 6-8　CDs 与 A-CDs 的 UV-Vis 吸收光谱、荧光激发光谱、荧光发射光谱和磷光发射光谱

与荧光发射不同，磷光光谱显示 CDs 的磷光发射表现出轻微的激发依赖特性。当激发波长为 345nm 时，最佳发射波长为 500nm［图 6-8（c），书后另见彩图］。同样，A-CDs 磷光光谱也呈现出类似的轻微激发依赖特性。在最佳激发波长 345nm 的激发下，A-CDs 的发射波长为 525nm［图 6-8（f），书后另见彩图］。当激发波长增加至 405nm 时，

CDs 的发射波长进一步红移至 550nm。该现象可能是因为 CDs 的荧光发射主要源自荧光基团的聚集，如 C ═O/C ═N、—NH_2、P ═O 等官能团。这些官能团为荧光发射提供多个发光位点。当 CDs 受到不同波长的激发时，会表现出不同的最佳激发波长和发射波长，即激发依赖特性。因为磷光的产生主要归因于 C ═O/C ═N，C ═O/C ═N 可与其他官能团通过电子重叠相互作用作为不同发射中心，且不易被破坏。退火处理可能对 CDs 的表面官能团和碳化程度产生显著影响[54]。一方面，经过退火热处理的 A-CDs 的各元素含量及表面官能团含量发生变化，使得原有发射位点发生变化，其中荧光发射主要受到表面态影响；另一方面，碳核态的共轭程度变大，导致带隙变窄，发射红移，磷光的红移主要归因于碳核态的共轭程度增大。

磷光寿命的测定是剖析磷光来源与贡献的关键表征。当磷光寿命呈单指数衰减时，意味着 CDs 磷光来源单一。短衰减寿命（τ_1）说明发射可能源于碳核态辐射重组，而长衰减寿命（τ_2）与表面态复合相关[55,56]。若磷光寿命呈双指数衰减，则说明 CDs 有多个磷光来源，可能同时受本征态和表面态影响。

测定 CDs 和 A-CDs 的磷光寿命来表征退火对 CDs 磷光性能的影响。采用单光子计数法估算退火前后 CDs 的磷光寿命，利用指数函数 $I(t)$ 对测试结果进行拟合[57]，公式如下：

$$I(t)=\sum_{i=1}^{n}\alpha_i\exp(-t/\tau_i)\times100\%$$

式中　$I(t)$——样品受到光脉冲激发后 t 时刻测量到的强度；

　　α_i——衰减时间 τ_i 对应的指数因子。

CDs 的平均寿命 τ_{avg} 可以由下式计算得出[45]。

$$\tau_{avg}=\sum(\tau_i^2\alpha_i)/\sum(\tau_i\alpha_i)$$

CDs 和 A-CDs 的磷光寿命分别为 1296.47ms［图 6-9（a）］和 926.97ms［图 6-9（b）］。可以看出，由于退火消耗部分表面官能团，退火后的 A-CDs 的 τ_2 磷光寿命有所减短。具体的寿命组成见表 6-3，从磷光寿命拟合分析来看，退火 CDs 的磷光寿命都呈现双指数衰减形式。

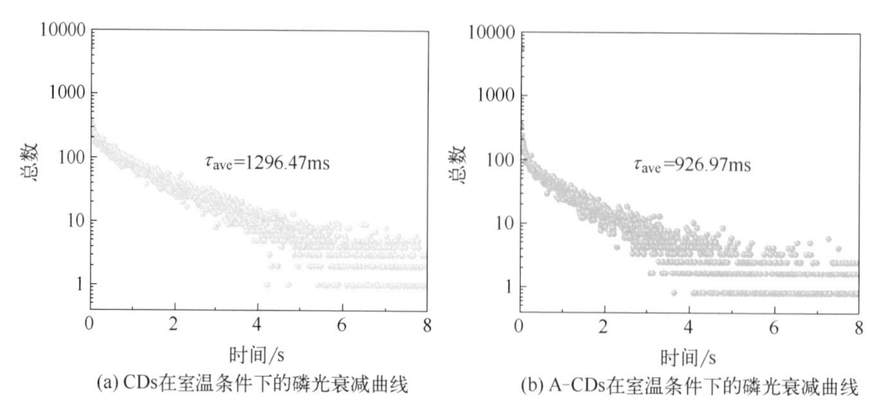

(a) CDs在室温条件下的磷光衰减曲线　　(b) A-CDs在室温条件下的磷光衰减曲线

图 6-9　CDs 和 A-CDs 在室温条件下的磷光衰减曲线

$Ex=345$nm

表 6-3　CDs 和 A-CDs 的磷光寿命组成

样品	Em/nm	τ_1/ms	α_1/%	τ_2/ms	α_2/%	τ_{avg}/ms
CDs	500	109.63	8.65	1305.95	91.35	1202.47
A-CDs	520	111.52	11.39	939.41	88.61	845.11

进一步将 CDs 和 A-CDs 包覆上 SiO_2 得到 CDs@SiO_2 和 A-CDs@SiO_2，在紫外灯下均发出蓝色荧光。紫外灯关闭后，CDs@SiO_2 发射绿色磷光，肉眼可见余辉时间约 12s，A-CDs@SiO_2 发射黄绿色照片，肉眼可见余辉时间可达 8s，如图 6-10 所示（书后另见彩图）。

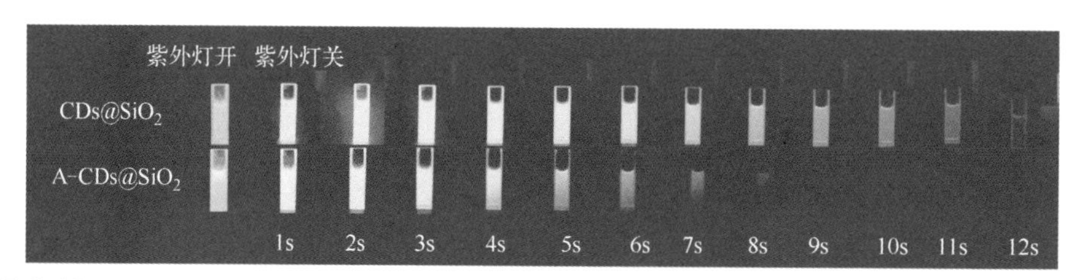

图 6-10　CDs@SiO_2 和 A-CDs@SiO_2 水溶液分别在 1~12s 的 UV 灯（365nm）下的照片

进一步研究 CDs@SiO_2 和 A-CDs@SiO_2 的光学特性（图 6-11，书后另见彩图）。CDs@SiO_2 的 UV-Vis 吸收光谱中呈现 278nm 和 342nm 2 个吸收峰，而 A-CDs@SiO_2 的吸收峰为 282nm 和 348nm［图 6-11（a）、（d）］。以上吸收峰可能源于 C—C/C ═C 的 π-π^* 跃迁与 C ═N/C ═O 的 n-π^* 跃迁，与 CDs 和 A-CDs 固体粉末的特性相符。CDs@SiO_2 的荧光光谱［图 6-11（b）］显示，CDs@SiO_2 溶液的荧光与 CDs

固体粉末的荧光一致，在 325nm 的最佳激发波长下，$CDs@SiO_2$ 具有最佳荧光发射，位于 400nm。A-$CDs@SiO_2$ 的荧光光谱相较于 $CDs@SiO_2$ 出现红移，在最佳激发下其发射位于 442nm［图 6-11（e）］。而 $CDs@SiO_2$ 的磷光光谱显示其在 345nm 的最佳激发波长下，最佳发射

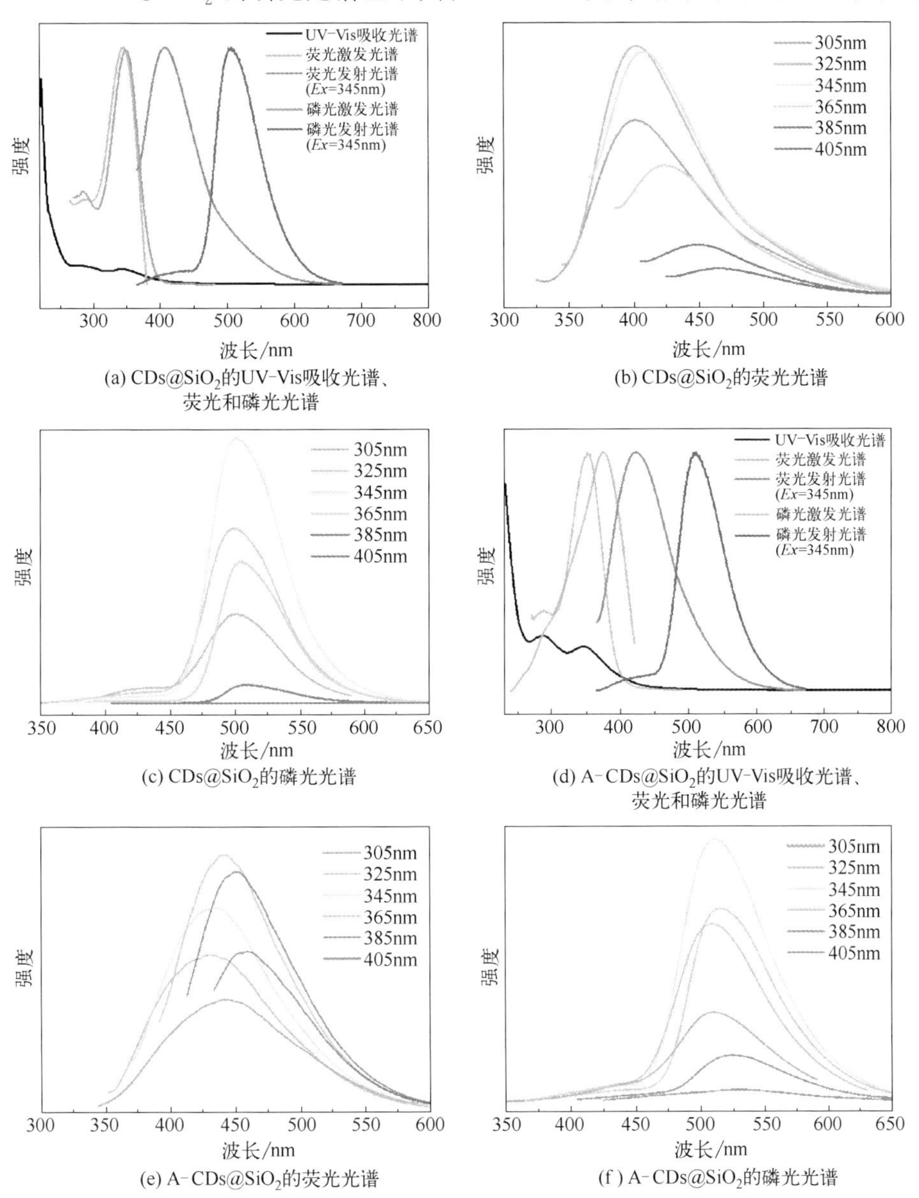

(a) CDs@SiO₂的UV-Vis吸收光谱、荧光和磷光光谱

(b) CDs@SiO₂的荧光光谱

(c) CDs@SiO₂的磷光光谱

(d) A-CDs@SiO₂的UV-Vis吸收光谱、荧光和磷光光谱

(e) A-CDs@SiO₂的荧光光谱

(f) A-CDs@SiO₂的磷光光谱

图 6-11 $CDs@SiO_2$ 的 UV-Vis 吸收光谱、荧光激发光谱、荧光发射光谱和磷光发射光谱

波长具有激发依赖特性，在 385nm 激发下，磷光红移至 504nm [图 6-11（c）]。A-CDs@SiO_2 的磷光光谱显示其在 345nm 激发光的激发下具有最佳磷光发射，位于 513nm [图 6-11（f）]。值得注意的是，A-CDs@SiO_2 的磷光发射可以随着激发波长增长红移，在 385nm 激发光的激发下，其最佳发射位于 524nm。进一步采集 CDs@SiO_2 和 A-CDs@SiO_2 在 345nm 激发光激发下的寿命衰减曲线，得到 CDs@SiO_2 的磷光寿命为 1484.22ms，A-CDs@SiO_2 的磷光寿命为 1263.40ms [图 6-12（a）、(b)]，具体寿命组成见表 6-4。A-CDs@SiO_2 的寿命较 CDs@SiO_2 有所缩短，可能是因为退火过程进一步脱水碳化消耗部分发光基团，但液相磷光寿命较固态粉末均有所增长，进一步证实 SiO_2 的包覆限制了发光中心的运动。

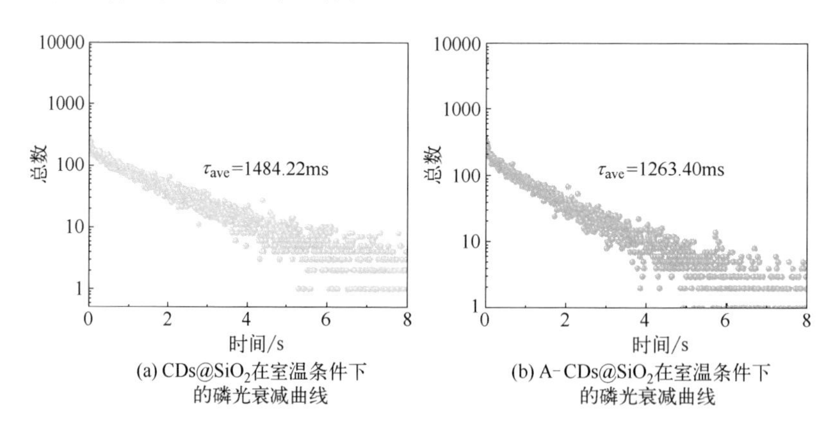

(a) CDs@SiO_2在室温条件下的磷光衰减曲线

(b) A-CDs@SiO_2在室温条件下的磷光衰减曲线

图 6-12 CDs@SiO_2 和 A-CDs@SiO_2 在室温条件下的磷光衰减曲线

Ex = 345nm

表 6-4 CDs@SiO_2 和 A-CDs@SiO_2 的磷光寿命组成

样品	Em/nm	τ_1/ms	α_1/%	τ_2/ms	α_2/%	τ_{avg}/ms
CDs@SiO_2	502	117.70	4.75	1486.12	95.25	1484.22
A-CDs@SiO_2	510	82.64	6.16	1268.45	93.84	1263.40

综上所述，通过对 CDs@SiO_2 和 A-CDs@SiO_2 的荧光光谱、磷光光谱和寿命衰减等详细研究，展示二者荧光和磷光特性的关键参数，包括最佳激发波长、最佳发射波长以及磷光寿命等。这些结果有利于理解退火处理对 CDs@SiO_2 光学性能的影响。

6.2.3 退火热处理对 $CDs@SiO_2$ 磷光性能的影响

目前调控 RTP 发射颜色大多数是对表面态和碳核态的调控[58]。在生物成像应用中，发射波长越长，组织穿透能力越强，成像效果越好。因此，本书通过对已有长寿命 RTP CDs 进一步进行退火处理制备得到发光红移的 A-CDs，并对其结构和发光性能进行探究，分析影响发射波长红移的主要因素。进一步将 CDs 和 A-CDs 分别包覆进 SiO_2 中，通过 C—Si 的共价键合和 Si—O—Si 的三维网络结构限制发光中心运动，促进 ISC 过程，实现液相磷光。

CDs 丰富的表面官能团赋予其发光多样性，而 CDs 的碳核态发光很大程度上依赖于 sp^2 共轭区域的大小，sp^2 共轭区域越大，带隙越小，发射波长易发生红移。如图 6-7 所示 CDs 粉末表现出蓝色荧光和绿色磷光，肉眼可见余辉时间为 17s。而 A-CDs 粉末表现出白色荧光和黄色磷光，在去除紫外灯后可见余辉时间为 9s。从 TEM 图像和粒径分布图可以看出 CDs 和 A-CDs 的平均粒径分别为 1.70nm 和 2.33nm [图 6-2 (a)、(b)]。经过热处理后，平均粒径有所增大。XRD 图谱进一步揭示两者在大约 24°和 12°处均显示 2 个衍射峰，分别对应石墨碳与聚合物的交联结构 [图 6-2 (c)]。经过退火处理后，A-CDs 在 24°处的衍射峰变得更加尖锐，在 12°处的衍射峰变得不太明显，说明退火使 CDs 的碳化程度增加，聚合物结构减弱，结晶度逐渐提高。

为了深入探究退火热处理对 CDs 内部结构的影响，借助 FTIR 和 XPS 对 CDs 和 A-CDs 进行详细的化学结构和组成分析，对比表明两种 CDs 具有相似官能团和化学组成 [图 6-2 (d)、图 6-3 和图 6-4]，不同之处在于元素及化学键含量有所差异。这些差异有助于揭示退火处理对 CDs 内部结构组成的具体影响。

随着反应温度的升高，B 和 P 元素含量逐渐增加，C、N 和 O 元素含量逐渐减少，(表 6-2)，这可能是因为退火处理过程发生进一步反应，硼酸与磷酸更多地掺入 CDs 中，相比之下 C、N 含量就相对减少。表 6-2 总结高分辨 C 1s、N 1s、O 1s、B 1s、P 2p 能谱拟合结果。其中，C—O 和 N—H 含量明显降低，而 C—C、C—N、B—O 和 P—O 含量增加，进一步说明碳化程度的增加。

对 CDs 和 A-CDs 的紫外吸收光谱和激发光谱进行测试，可以看出 A-CDs 较 CDs 的吸收光谱和激发光谱均发生红移（图 6-13）。

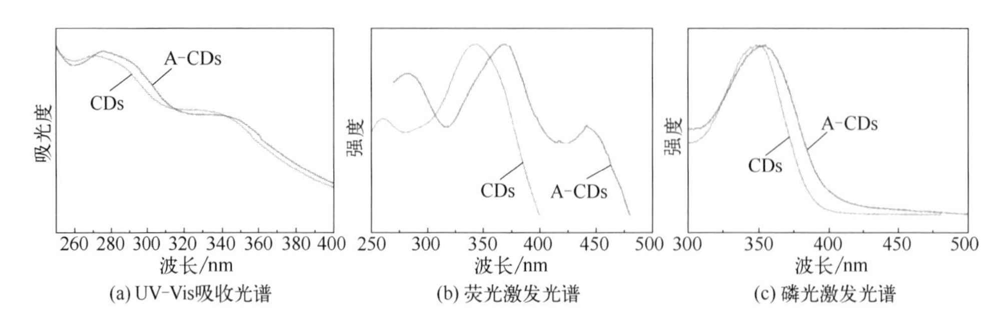

图 6-13　CDs 和 A-CDs 的 UV-Vis 吸收、荧光和磷光激发光谱

结合结构和光学表征数据可以推断退火处理使 CDs 发射红移的真正原因表现在两个方面：

① 退火热处理引起紫外-可见吸收光谱吸收带的红移和激发光谱的变宽。吸收带红移可归因于 CDs 经过脱水碳化，促进了刚性 π 结构的形成，共轭含量增大导致带隙缩小。

② 退火处理使杂原子更容易掺杂到 CDs 的主体中，杂原子官能团的增多将减小 S_1 和 T_1 之间的能隙，从而促进 S_1 和 T_1 之间的 SOC，促进 ISC 过程［图 6-14（a），书后另见彩图］。荧光与磷光发射现象分别源自最低单重激发态与三重激发态至基态的辐射跃迁过程。因此可以借助荧光与磷光发射光谱估算单重激发态与三重激发态之间的能级间隙。低激发态的能级大小与发射波长的关系为下式所示[59]：

$$\Delta E_{ST}=E_T-E_S=1240/\lambda_{FL}-1240/\lambda_{Phos}$$

式中　λ_{FL} 和 λ_{Phos}——样品荧光和磷光发射波长；

ΔE_{ST}——单重激发态（E_S）和三重激发态（E_T）之间的能隙差。

由此，通过 CDs 的低温（77K）荧光峰（412nm）和磷光峰（501nm）确定 S_1 和 T_1 之间的能隙为 0.61eV［图 6-14（b），书后另见彩图］。而通过 A-CDs 的低温荧光峰（518nm）和磷光峰（527nm）可以计算其能隙为 0.04eV［图 6-14（c），书后另见彩图］。

在对 CDs 和 A-CDs 进一步包覆 SiO_2 后，不仅保留了原有固体粉末的发光性质，而且 SiO_2 的包覆降低了非辐射跃迁速率以及避免了三重态激子失活。CDs@SiO_2 和 A-CDs@SiO_2 在液相中磷光寿命要比固态要长，但液相磷光发射光谱较固体粉末有所蓝移，这归因于 CDs 溶解在水中后一些发光基团被破坏。但 A-CDs@SiO_2 的荧光和磷光发射光谱较 CDs@SiO_2 均有所红移。

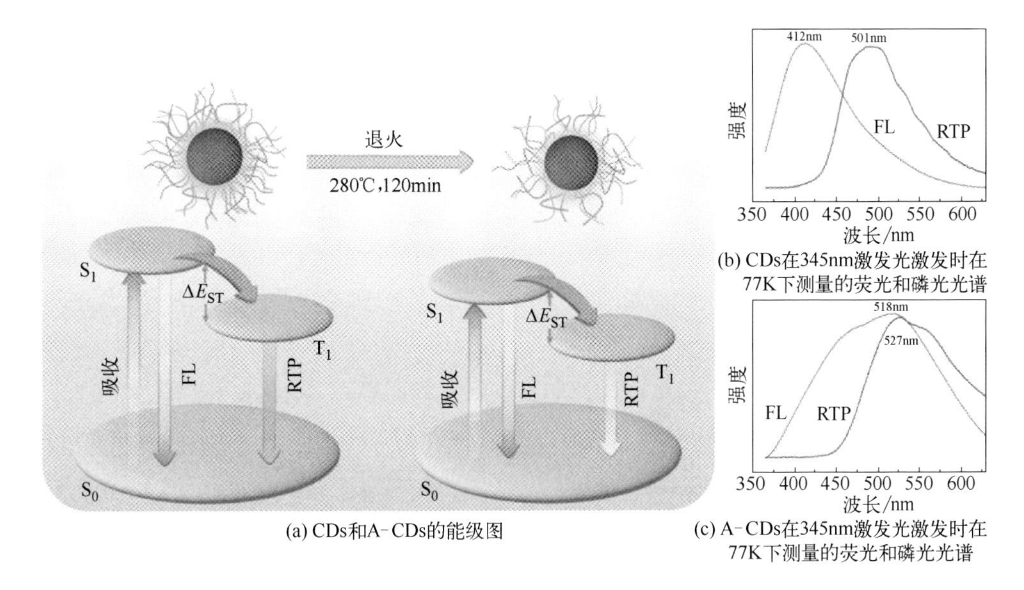

(a) CDs和A-CDs的能级图

(b) CDs在345nm激发光激发时在77K下测量的荧光和磷光光谱

(c) A-CDs在345nm激发光激发时在77K下测量的荧光和磷光光谱

图 6-14 CDs 和 A-CDs 的能级图及其在 345nm 激发光激发时在 77K 下测量的荧光和磷光光谱

6.2.4 生物安全性能

生物安全性是进行生物应用的基础。要将 CDs@SiO_2 和 A-CDs@SiO_2 用于生物领域，首先需要确定 CDs@SiO_2 和 A-CDs@SiO_2 样品的生物安全性。首先通过溶血实验评估 CDs@SiO_2 和 A-CDs@SiO_2 的生物相容性，以确定其在动物层面应用的安全性。如图 6-15（a）、（b）（书后另见彩图）所示，与阳性对照组相比，即使 CDs@SiO_2 和 A-CDs@SiO_2 浓度达到 200μg/mL，依然未观察到明显的溶血现象，结果表明 CDs@SiO_2 和 A-CDs@SiO_2 具有较高的生物相容性。

使用 CCK-8 试剂对 CDs@SiO_2 和 A-CDs@SiO_2 进行体外细胞毒性实验。结果显示 HL-7702 细胞经过 CDs@SiO_2 和 A-CDs@SiO_2 孵育

24h后，随着样品浓度从0μg/mL增加至200μg/mL，细胞存活率仍高于80%［图6-15（c）、（d），书后另见彩图］，细胞均表现出高活性，说明$CDs@SiO_2$和A-$CDs@SiO_2$样品不会造成正常细胞的损伤，具有良好的生物安全性，可以满足生物体内实验的要求[60,61]。

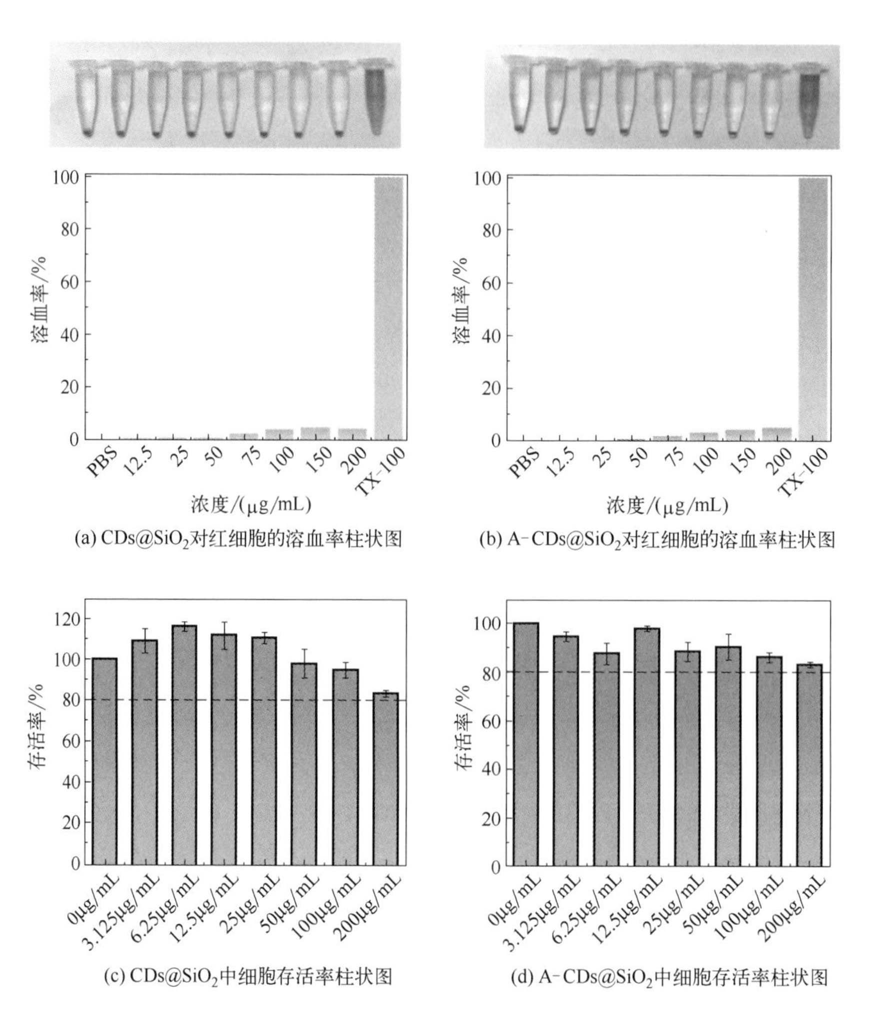

(a) $CDs@SiO_2$对红细胞的溶血率柱状图

(b) A-$CDs@SiO_2$对红细胞的溶血率柱状图

(c) $CDs@SiO_2$中细胞存活率柱状图

(d) A-$CDs@SiO_2$中细胞存活率柱状图

图6-15　$CDs@SiO_2$和A-$CDs@SiO_2$对红细胞的溶血率［PBS为阴性对照，曲拉通100（TX-100）为阳性对照］

为了进一步确定$CDs@SiO_2$和A-$CDs@SiO_2$的生物安全性，对小鼠进行尾静脉注射24h后对裸鼠的主要器官（心、肝、脾、肺和肾）进行HE染色（图6-16，书后另见彩图）。结果显示2种样品注射后，其主要器官未见明显病理变化。进一步通过血常规检测小鼠的血常规参数。主要分析 4 种血常规指标，分别为白细胞（WBC）、淋巴细胞（Lymph）、红细胞（RBC）和血小板（PLT）。如图 6-17 所示，两组血常规指标均在正常范围内，表明 CDs@SiO_2 和 A-CDs@SiO_2 在体内均未引起炎症。

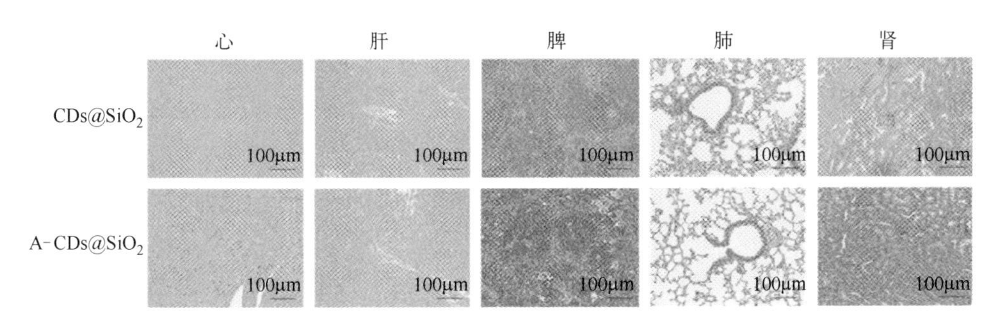

图 6-16 CDs@SiO_2 和 A-CDs@SiO_2 处理 24h 后的心、肝、脾、肺、肾组织病理学分析

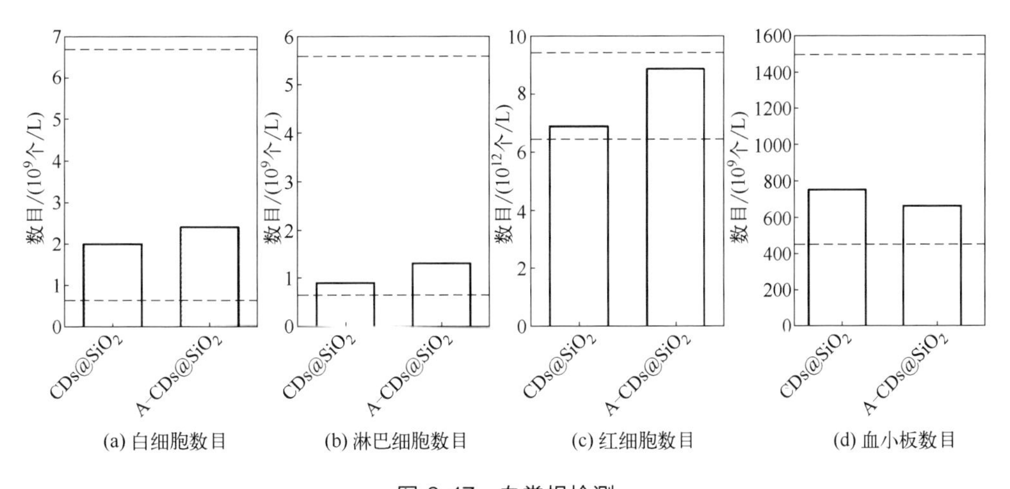

图 6-17 血常规检测

6.2.5 生物成像性能

进一步对 CDs@SiO_2 和 A-CDs@SiO_2 的体内余辉成像能力进行评估。取 100μL CDs@SiO_2 和 A-CDs@SiO_2（2mg/mL）分别注射于两只小鼠背侧皮下。用紫外灯照射注射处 1min 用于激活 CDs@SiO_2 和 A-

$CDs@SiO_2$。在成像过程中关闭激发光，并以生物发光模式采集其在不同时间下的磷光图像（图 6-18，书后另见彩图）。当在注射 $CDs@SiO_2$ 和 A-$CDs@SiO_2$ 后立即采集，可以看出小鼠皮下信号明显，注射 $CDs@SiO_2$ 的感兴趣区域（region of interest，ROI）磷光发光强度为 4.499×10^6 p/(s · cm^2 · sr)，注射 A-$CDs@SiO_2$ 的 ROI 磷光发光强度为 3.260×10^6 p/(s · cm^2 · sr)。以上结果表明 $CDs@SiO_2$ 和 A-$CDs@SiO_2$ 均能作为磷光生物成像的探针。值得注意的是，随着时间的推移，注射 $CDs@SiO_2$ 的小鼠在 0.5h 后重新激发无法采集到磷光信号。而注射 A-$CDs@SiO_2$ 的小鼠在注射 1h 后重新激发仍能采集到明显信号，ROI 的磷光发光强度可以达到 2.172×10^6 p/(s · cm^2 · sr)。上述结果表明，$CDs@SiO_2$ 和 A-$CDs@SiO_2$ 作为磷光显影剂均能消除生物自发荧光干扰，并精准成像。而 A-$CDs@SiO_2$ 在 1 h 内重新激发都能收集到磷光的信号，这是由于 A-$CDs@SiO_2$ 具有更长的波长和更强的穿透能力。

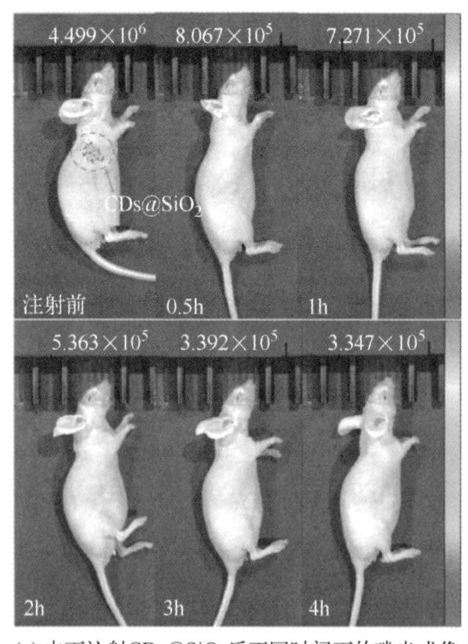

(a) 皮下注射$CDs@SiO_2$后不同时间下的磷光成像

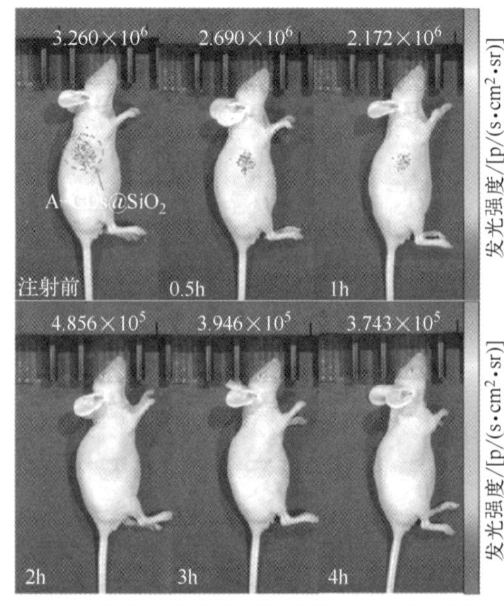

(b) 皮下注射A-$CDs@SiO_2$后不同时间下的磷光成像

图 6-18 皮下注射 $CDs@SiO_2$ 和 A-$CDs@SiO_2$ 后不同时间下的磷光图像

圆圈表示 $CDs@SiO_2$ 和 A-$CDs@SiO_2$ 的注射位置

6.3 基于共振能量转移策略的多色余辉碳点/荧光染料/二氧化硅的探针

尽管笔者团队已合成了长寿命绿色磷光 CDs，对其进行退火处理得到发射波长红移的 A-CDs，将其包覆进 SiO_2 得到在水溶液环境中磷光发射红移的 A-CDs@SiO_2，并已应用于生物成像。但 CDs 本身碳核态和表面态能量有限，导致退火引发的红移发射波长有所限制。目前，大多数基于 CDs 的液相余辉材料仍只显示出绿色或黄绿色的余辉发射，基于 CDs 的液相黄色甚至红色余辉的研究尚处于初级阶段。然而，长波长液相余辉的开发对于生物成像具有重要的意义。

受到 FRET 的启发，利用三重态到单重态磷光能量转移可获得理想发射的余辉。实现 FRET 需要能量供体的 RTP 发射光谱与能量受体的激发光谱重叠，且二者空间距离需要小于 10nm。因此，选择合适的 RTP CDs 作为能量供体，吸收匹配的长波长荧光染料作为能量受体对于实现 FRET 过程非常重要。亲水性的 SiO_2 不仅可以作为刚性基质稳定三重态激子，还可以缩短 CDs 与染料之间的距离。基于共振能量转移策略，以上一节制备的 CDs 作为能量供体，Rh6G 和 RhB 两种荧光染料分别作为能量受体，将 CDs 和染料掺入 SiO_2 中构建 CDs/Rh6G@SiO_2 和 CDs/RhB@SiO_2 两种体系，CDs 与染料之间发生有效的三重态到单重态 FRET，使其分别发射黄色和橙红色余辉。具体地，取 100mg CDs 和 5mg Rh6G 或 RhB 分别溶解在 50mL 去离子水中，超声 15min 使其混合均匀，转移至带有磁力搅拌器的三口烧瓶中。在搅拌过程中加入 1mL 正硅酸四乙酯作为 SiO_2 前驱体原料和 0.5mL 氨水作为催化剂，25℃恒温下反应 24h 合成 SiO_2 包覆的复合材料（CDs/Rh6G@SiO_2 和 CDs/RhB@SiO_2）。反应结束后，通过 0.22μm 微孔过滤膜过滤。随后，将液体置于截留分子量为 1000 的透析袋在超纯水中透析 24h，去除未反应的正硅酸乙酯和染料得到 CDs/Rh6G@SiO_2 和 CDs/RhB@SiO_2 的水溶液。在 80℃真空干燥箱中干燥得到固态粉末样品。通过对其结构、发光性能和生物安全性进行测试，最终将其应用于体内生物成像。

6.3.1 形貌及结构

通过溶胶凝-胶法将 CDs 包覆在 SiO_2 中，本节在合成过程中加入荧光染料 Rh6G 和 RhB，得到具有余辉发射的 CDs/Rh6G@SiO_2 和 CDs/RhB@SiO_2。从 TEM 图像［图 6-19（a）、（b）］中可以看出多个类球状的 CDs 被 SiO_2 共价交联网络包裹。SiO_2 不仅可以阻挡水和溶解氧破坏室温磷光（RTP），还能进一步限制发光基团的振转与旋转。

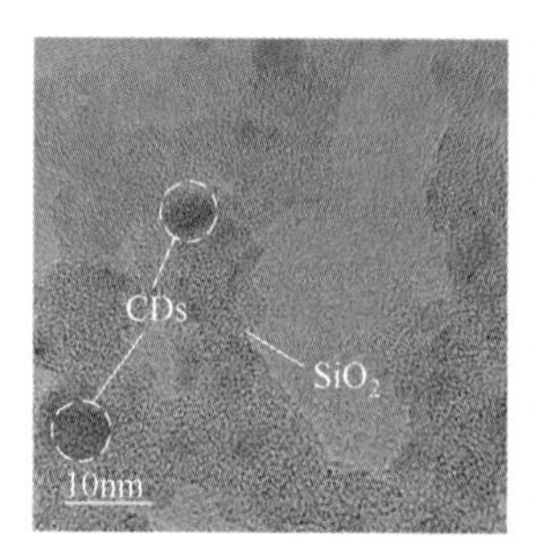

(a) CDs/Rh6G@SiO_2的TEM图像

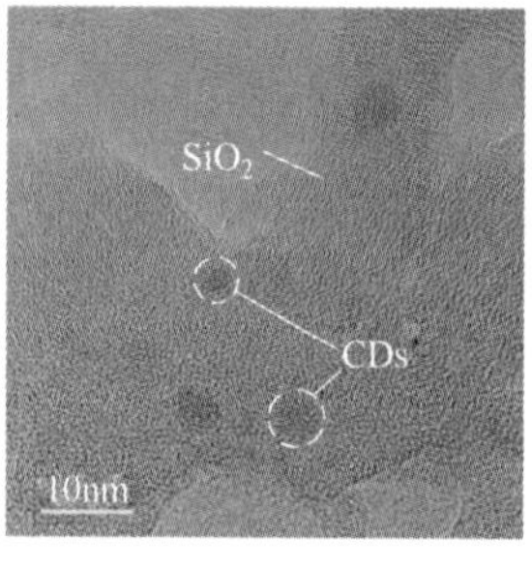

(b) CDs/RhB@SiO_2的TEM图像

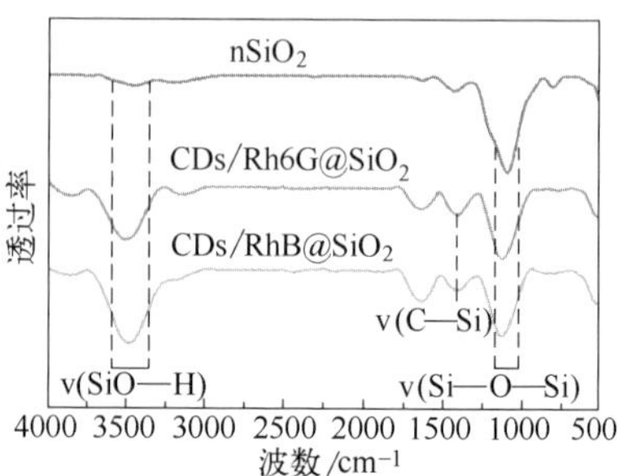

(c) CDs/Rh6G@SiO_2、CDs/RhB@SiO_2和nSiO_2的FTIR光谱

图 6-19　CDs/Rh6G@SiO_2 和 CDs/RhB@SiO_2 的 TEM 图像及 CDs/Rh6G@SiO_2、CDs/RhB@SiO_2 和 nSiO_2 的 FTIR 光谱

采用 FTIR 和 XPS 能谱进一步表征 CDs/Rh6G@SiO_2、CDs/RhB@SiO_2 和 nSiO_2 的表面官能团。通过对比样品与 nSiO_2 的 FTIR 光谱，显示在 3477cm^{-1} 处有一个吸收带，归因于 SiO—H 的伸缩振动，以 1114cm^{-1} 为中心的特征峰归因于 Si—O—Si，表明 CDs/Rh6G@SiO_2、CDs/RhB@SiO_2 具有 SiO_2 的特征峰［图 6-19（c）］。在 1421cm^{-1} 处还存在一个特征峰，是由 C—Si 的伸缩振动引起的，表明 CDs 与 SiO_2 之间形成了共价键[62]。

利用 XPS 光谱对表面元素组成进行研究（图 6-20，书后另见彩图）。XPS 全光谱［图 6-20（a）、（d）］显示出 CDs/Rh6G@SiO_2 和 CDs/RhB@SiO_2 主要具有 6 个典型的峰，分别归属于 C 1s(284.8eV)、N 1s(399.4eV)、O 1s(531.6eV)、B 1s(192.2eV)、P 2p(133.1eV) 和 Si 2p（101.3eV）。在高分辨图谱中，如图 6-20（b）、（e）所示，C 1s 分为 4 个峰，证明有 C—Si（284.3eV）、C—C（284.8eV）、C—O—Si

(285.8eV) 和 C—O (287.1eV) 键存在。如图 6-20 (c)、(f) 所示，高分辨 Si 2p 图谱可分为 3 个峰，证明有 Si—O_x (104.3eV)、Si—C (103.7eV) 和 Si—O (103.1eV) 键存在[16]。FTIR 和 XPS 结果共同表明 CDs 通过 Si—C 共价键被良好包覆在 SiO_2 基体中。

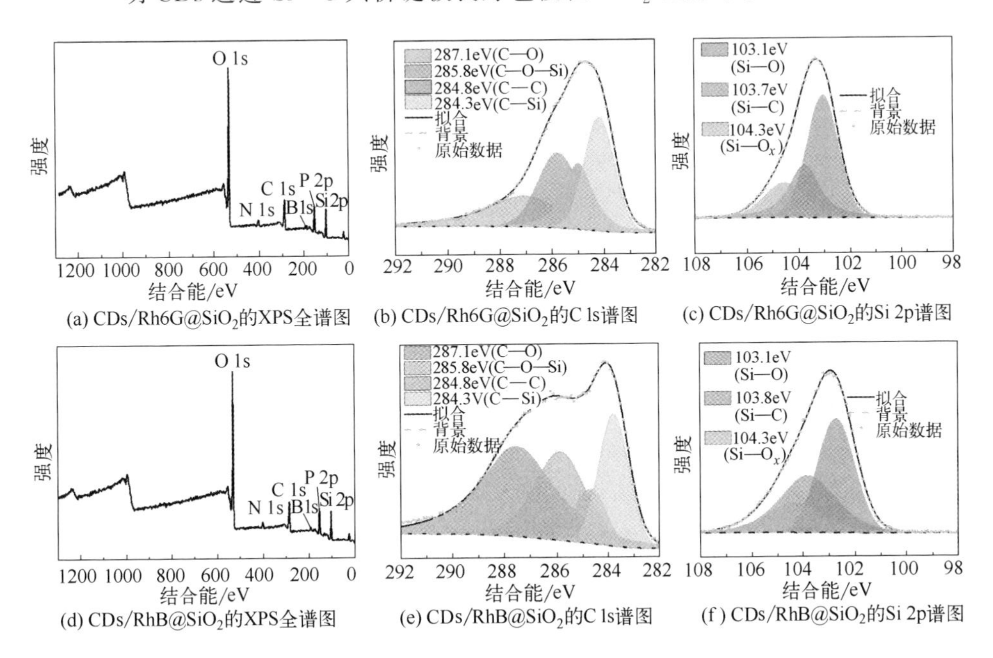

图 6-20 CDs/Rh6G@SiO_2 与 CDs/RhB@SiO_2 的 XPS 全谱图及高分辨 C 1s、Si 2p 谱图

6.3.2 光学性能

对 CDs/Rh6G@SiO_2 和 CDs/RhB@SiO_2 的光学性能进行分析考察。如图 6-21 (书后另见彩图) 所示，CDs/Rh6G@SiO_2 在紫外灯照射下发出黄绿色荧光，在紫外灯关闭后该黄绿色发光仍能持续 6s 左右。CDs/RhB@SiO_2 在紫外灯照射下发出橙红色荧光，紫外灯关闭后发出相同的橙红色余辉，肉眼可见余辉时间可达 4s。

为探究 CDs/Rh6G@SiO_2 和 CDs/RhB@SiO_2 的光学性质，对其荧光光谱、余辉光谱和余辉寿命进行测试分析 (图 6-22，书后另见彩图)。如图 6-22 (a) 所示，CDs/Rh6G@SiO_2 的荧光光谱在 345nm 的最佳激

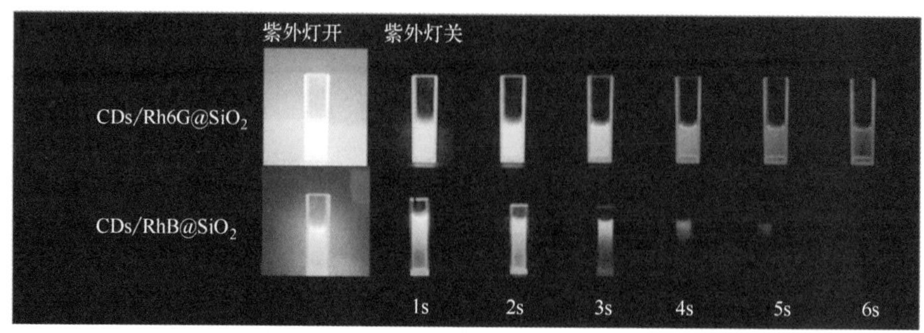

图 6-21　CDs/Rh6G@SiO_2 和 CDs/RhB@SiO_2 水溶液分别在 1～6s 的 UV 灯（365nm）下的照片

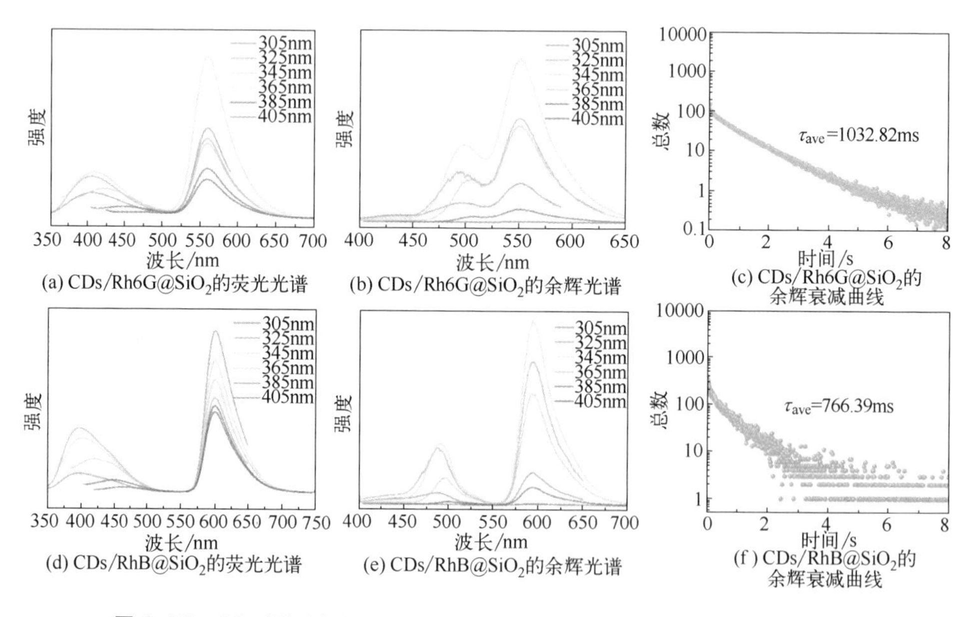

图 6-22　CDs/Rh6G@SiO_2 和 CDs/RhB@SiO_2 的荧光光谱、余辉光谱和余辉衰减曲线（E_x＝345nm）

发波长下，最佳发射波长位于 558nm，且在 400nm 处还有弱的激发依赖的荧光发射，与 CDs@SiO_2 的荧光发射光谱吻合。如图 6-22（b）所示，CDs/Rh6G@SiO_2 的余辉光谱在 345nm 的最佳激发波长下，最佳发射波长也位于 558nm 处，且在 500nm 处还有弱的激发依赖的余辉发射，与 CDs@SiO_2 的余辉发射光谱吻合。如图 6-22（d）、（e）所示，CDs/RhB@SiO_2 的荧光和余辉发射光谱最佳发射均为 600nm，同样荧光光谱在 400nm 左右有弱的发射峰，余辉光谱在 500nm 左右有弱的发射峰。这一结果证实了 CDs/Rh6G@SiO_2 和 CDs/RhB@SiO_2 的余辉发射均来自 CDs@SiO_2，当共振能量发生转移时，CDs@SiO_2 的部分能量可有效转移至染料，使得发出与染料荧光相同的余辉。由磷光寿命衰减曲线拟合可知，CDs/Rh6G@SiO_2 的余辉寿命为 1032.82ms [图 6-22 (c)]，CDs/RhB@SiO_2 的余辉寿命为 766.39ms [图 6-22 (f)]。

6.3.3 多色液相余辉 CDs/荧光染料/SiO_2 的发光原因分析

基于 FRET 理论，要实现基于 CDs 的多色余辉，在 SiO_2 中构建共振能量转移策略，选择 CDs@SiO_2 作为能量供体，Rh6G 和 RhB 作为能量受体。CDs@SiO_2 的磷光发射中心在 500nm，Rh6G 的 UV-Vis 光谱主要吸收峰在 527nm 处，RhB 的 UV-Vis 光谱主要吸收峰在 553nm 处。CDs@SiO_2 的磷光光谱分别与 Rh6G 和 RhB 的 UV-Vis 光谱均具有较大重叠 [图 6-23 (a)，书后另见彩图]，符合能量转移发生的首要要求。光谱的重叠作为重要标准，可用来评估能量转移体系构建的合理性和可行性。CIE 色度图可以更加直观看出 CDs/Rh6G@SiO_2 和 CDs/RhB@SiO_2 的荧光及余辉颜色 [图 6-23 (b)，书后另见彩图]。

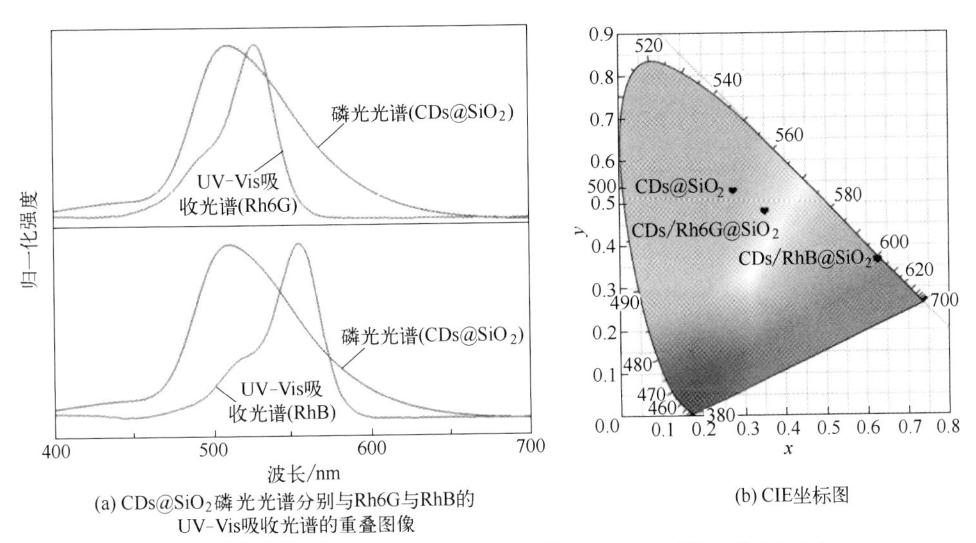

(a) CDs@SiO_2磷光光谱分别与Rh6G与RhB的UV-Vis吸收光谱的重叠图像

(b) CIE坐标图

图 6-23 CDs@SiO_2 的磷光光谱分别与 Rh6G 和 RhB 的 UV-Vis 吸收光谱的重叠图像及其 CIE 坐标图

在图 6-22 中，$CDs/Rh6G@SiO_2$ 的磷光光谱在 500nm 和 558nm 处各有一个发射峰，分别对应于 $CDs@SiO_2$ 的绿色余辉和 $CDs/Rh6G@SiO_2$ 的黄色余辉。与其余辉光谱相比较，发现荧光与余辉的发射峰一致，均在 558nm 处有发射。如图 6-21 中 $CDs/Rh6G@SiO_2$ 在日光下和紫外灯下为黄色，关闭紫外灯后肉眼就可观察到明亮的黄色余辉，说明 CDs 与 Rh6G 之间发生有效的由三重态到单重态的共振能量转移[63]。$CDs/RhB@SiO_2$ 也是如此，$CDs/RhB@SiO_2$ 的磷光光谱在 500nm 和 600nm 处各有一个发射峰，500nm 对应 $CDs@SiO_2$ 的绿色余辉，600nm 对应 $CDs/RhB@SiO_2$ 的橙红色余辉。与其余辉光谱相比较，发现荧光与余辉的发射峰一致，均在 600nm 处有发射。如图 6-21 中 $CDs/RhB@SiO_2$ 在日光下和紫外灯下为橙红色，关闭紫外灯后肉眼可观察到橙红色余辉，说明 CDs 与 RhB 之间也成功发生共振能量转移。CDs/荧光染料/SiO_2 复合材料受到紫外光激发后，$CDs@SiO_2$ 和染料都能被极化产生偶极矩。关闭紫外灯后 $CDs@SiO_2$ 以 RTP 光子的形式释放能量。磷光辐射通过电磁相互作用引起电荷变化，并在染料中产生偶极矩。当两个偶极子以相同的频率振动时，就会发生 FRET 得到基于 CDs 的液相余辉。光谱和照片均可以证明，CDs 受到激发后电子由基态跃迁至 CDs 的单重激发态，再通过系间窜越跃迁至三重激发态，其中部分三重态激子回到基态实现磷光，部分三重态激子从 CDs 的三重激发态跃迁到染料的单重激发态，发生有效能量转移（图 6-24）。

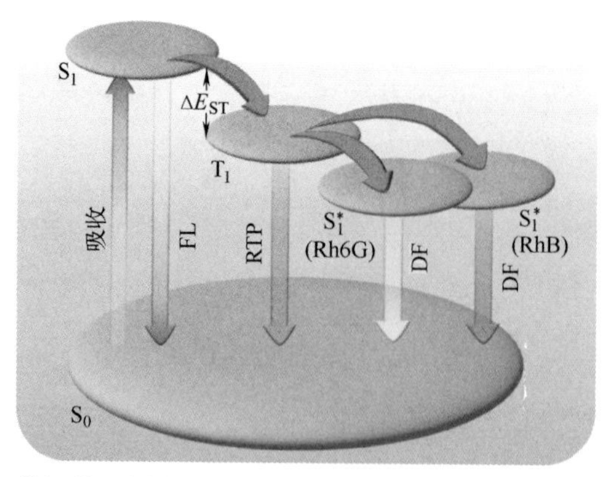

图 6-24 共振能量转移实现 $CDs/Rh6G@SiO_2$ 和 $CDs/RhB@SiO_2$ 余辉红移的机理图

6.3.4 生物安全性能

在完成对 CDs/Rh6G@SiO_2 和 CDs/RhB@SiO_2 的结构组成以及光学性能表征后，然后对其的生物安全性能进行评价。首先通过溶血实验评估 CDs/Rh6G@SiO_2 和 CDs/RhB@SiO_2 的血液相容性，确定其在生物应用中的安全性。CDs/Rh6G@SiO_2 和 CDs/RhB@SiO_2 在浓度达到 200μg/mL 时，溶血率仍低于 5% [图 6-25(a)、(b)，书后另见彩图]。说明 CDs/Rh6G@SiO_2 和 CDs/RhB@SiO_2 不会引起溶血反应，具有良好的生物相容性。

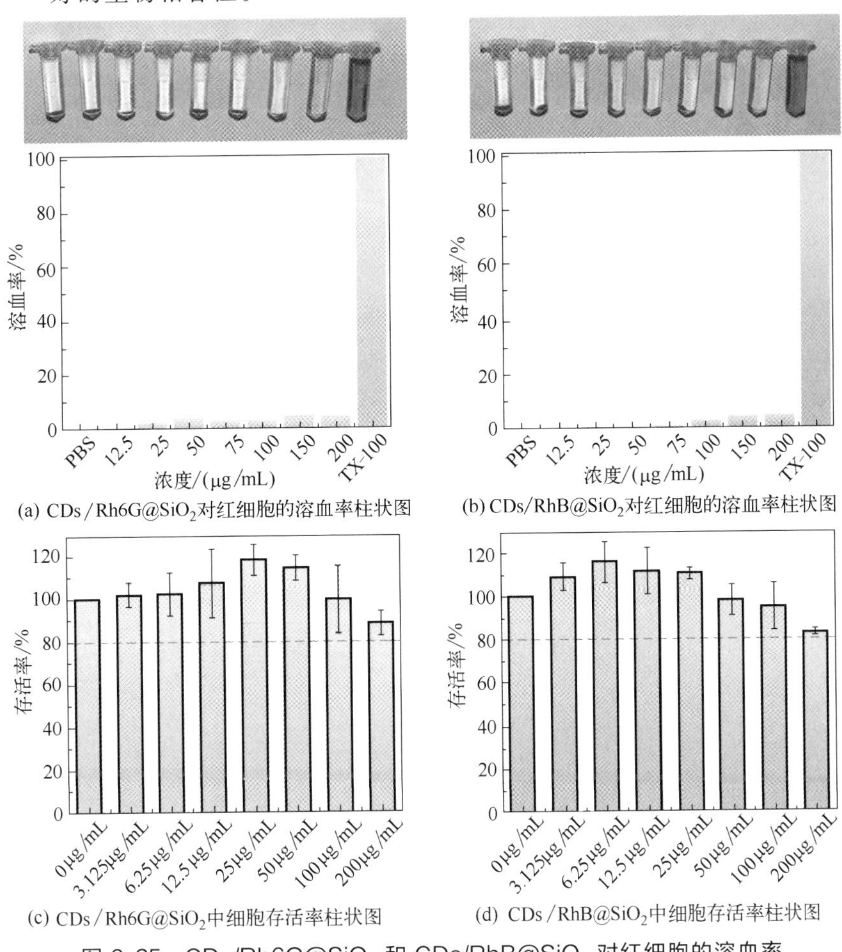

图 6-25 CDs/Rh6G@SiO_2 和 CDs/RhB@SiO_2 对红细胞的溶血率（PBS 为阴性对照，TX-100 为阳性对照）及其细胞存活率柱状图

通过 CCK-8 体外评价 $CDs/Rh6G@SiO_2$ 和 $CDs/RhB@SiO_2$ 的细胞毒性，结果显示，在 $CDs/Rh6G@SiO_2$ 和 $CDs/RhB@SiO_2$ 中分别孵育 HL-7702 细胞 24h。当 $CDs/Rh6G@SiO_2$ 和 $CDs/RhB@SiO_2$ 浓度达到 200μg/mL 时，HL-7702 细胞存活率仍高于 80% [图 6-25(c)、(d)，书后另见彩图]。这一结果说明 $CDs/Rh6G@SiO_2$ 和 $CDs/RhB@SiO_2$ 的细胞毒性低，可满足生物成像应用的需求。

对 BALB/c 小鼠进行尾静脉注射 $CDs/Rh6G@SiO_2$ 和 $CDs/RhB@SiO_2$，注射 24h 后对小鼠实施安乐死，解剖取得心、肝、脾、肺和肾，并进行组织切片 HE 染色。通过组织病理学分析看出各组织器官状态正常（图 6-26，书后另见彩图），未见明显的病理变化。通过血常规检测小鼠的血液学参数，主要分析白细胞（WBC）、淋巴细胞（Lymph）、红细胞（RBC）和血小板（PLT）4 种血常规指标。如图 6-27 所示，两

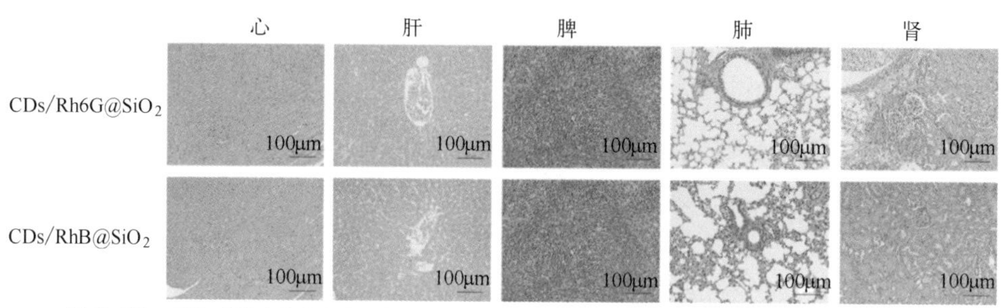

图 6-26　$CDs/Rh6G@SiO_2$ 和 $CDs/RhB@SiO_2$ 处理 24h 后的心、肝、脾、肺、肾组织病理学分析

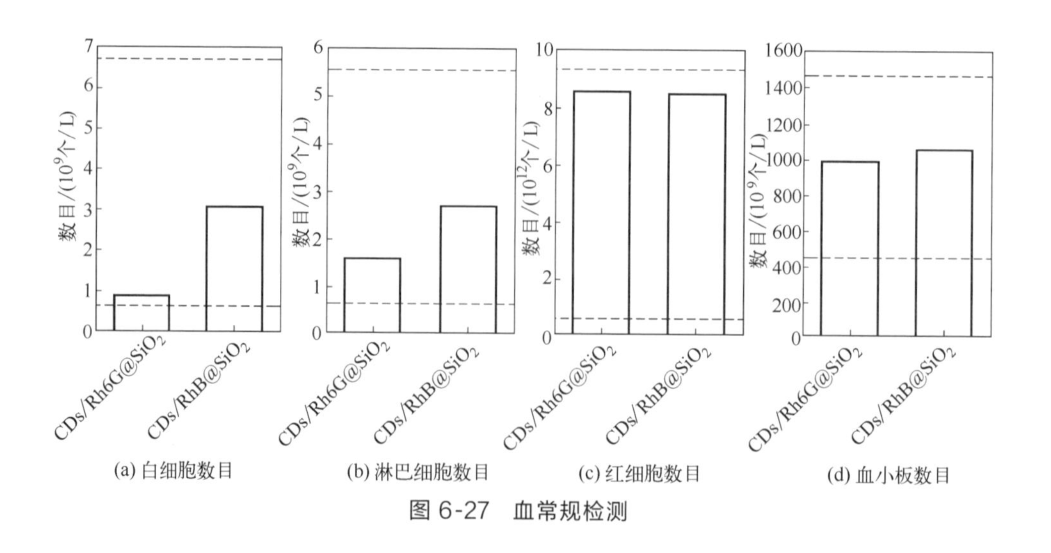

图 6-27　血常规检测

组血常规指标均正常，证实 $CDs/Rh6G@SiO_2$ 和 $CDs/RhB@SiO_2$ 具有良好的生物安全性。

6.3.5 生物成像性能

鉴于 $CDs/Rh6G@SiO_2$ 和 $CDs/RhB@SiO_2$ 在水溶液中具有出色磷光性能，进一步评估其在生物体内余辉成像的能力。分别取 100μL 2mg/mL 的 $CDs/Rh6G@SiO_2$ 和 $CDs/RhB@SiO_2$ 将其注射于两只小鼠背侧皮下。用紫外灯照射小鼠背侧皮肤 1min 用于激活 $CDs/Rh6G@SiO_2$ 和 $CDs/RhB@SiO_2$。移除激发光后，以生物发光模式采集其在不同时间下的余辉图像（图 6-28，书后另见彩图）。在注射后立即采集，可以看出小鼠皮下信号明显，注射 $CDs/Rh6G@SiO_2$ 的 ROI 余辉发光强度均值为 3.579×10^6 p/(s·cm^2·sr)，注射 $CDs/RhB@SiO_2$ 的 ROI 余辉发光强度均值为 4.971×10^6 p/(s·cm^2·sr)。以上结果表明 $CDs/Rh6G@SiO_2$ 和 $CDs/RhB@SiO_2$ 均能作为优异的余辉生物成像探针。相比之下，在注射 1h 内，$CDs/RhB@SiO_2$ 收集到的信号明显比 $CDs@SiO_2$ 强，且随着时间的推移，注射 $CDs/Rh6G@SiO_2$ 的小鼠在 2h 后重

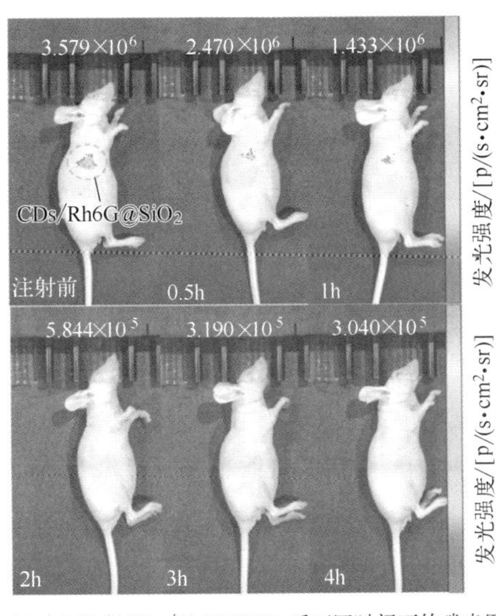

(a) 皮下注射 $CDs/Rh6G@SiO_2$ 后不同时间下的磷光图　(b) 皮下注射 $CDs/RhB@SiO_2$ 后不同时间下的磷光图

图 6-28　皮下注射 $CDs/Rh6G@SiO_2$ 和 $CDs/RhB@SiO_2$ 后不同时间下的磷光图像

圆圈表示注射位置

新激发无法采集到余辉信号。而注射 CDs/RhB@SiO_2 的小鼠在注射 4h 后重新激发仍可采集到信号。上述结果表明，CDs/Rh6G@SiO_2 和 CDs/RhB@SiO_2 作为磷光显影剂均能消除生物自发荧光干扰，并精准成像。由于 CDs/RhB@SiO_2 具有更长的发射波长和更强的穿透能力，其成像能力更加精准。

参考文献

[1] Zhang Y, Chen L, Liu B, et al. Multicolor afterglow carbon dots: Luminescence regulation, preparation, and application [J]. Advanced Functional Materials, 2024: 2315366.

[2] Shi H, Wu Y, Xu J, et al. Recent advances of carbon dots with afterglow emission [J]. Small, 2023, 19 (31): 2207104.

[3] 张雨琪. 碳点/二氧化硅多色液相余辉复合材料的合成与生物成像 [D]. 太原：太原理工大学，2024.

[4] 赵少岖. 长寿命室温磷光硼氮磷共掺杂碳点及其二氧化硅复合材料的合成与性能研究 [D]. 太原：太原理工大学，2023.

[5] Chen L, Zhao S, Wang Y, et al. Long-lived room-temperature phosphorescent complex of B,N,P co-doped carbon dots and silica for afterglow imaging [J]. Sensors and Actuators B: Chemical, 2023, 390 (1): 133946.

[6] Wang K, Qu L, Yang C. Long-lived dynamic room temperature phosphorescence from carbon dots based materials [J]. Small, 2023, 19 (31): 2206429.

[7] He J, He Y, Chen Y, et al. Construction and multifunctional applications of carbon dots/PVA nanofibers with phosphorescence and thermally activated delayed fluorescence [J]. Chemical Engineering Journal, 2018, 347: 505-513.

[8] Yu X, Liu K, Wang B, et al. Time-dependent polychrome stereoscopic luminescence triggered by resonance energy transfer between carbon dots-in-zeolite composites and fluorescence quantum dots [J]. Advanced Materials, 2023, 35 (6): 2208735.

[9] Liang Y, Cao Q, Liu K, et al. Phosphorescent carbon-nanodots-assisted forster resonant energy transfer for achieving red afterglow in an aqueous solution [J]. ACS Nano, 2021, 15 (10): 16242-16254.

[10] Jiang K, Zhang L, Lu J, et al. Triple-mode emission of carbon dots: Applications for advanced anti-counterfeiting [J]. Angewandte Chemie International Edition, 2016, 55 (25): 7231-7235.

[11] Li L, Dong T. Photoluminescence tuning in carbon dots: Surface passivation

or/and functionalization, heteroatom doping [J]. Journal of Materials Chemistry C, 2018, 6 (30): 7944-7970.

[12] Jiang K, Wang Y, Cai C, et al. Conversion of carbon dots from fluorescence to ultralong room-temperature phosphorescence by heating for security applications [J]. Advanced Materials, 2018, 30 (26): 1800783.

[13] Tian Z, Li D, Ushakova E, et al. Multilevel data encryption using thermal-treatment controlled room temperature phosphorescence of carbon dot/polyvinylalcohol composites [J]. Advanced Science, 2018, 5 (9): 1800795.

[14] Song S, Liu K, Mao X, et al. Colorful triplet excitons in carbon nanodots for time delay lighting [J]. Advanced Materials, 2023, 35 (21): 2212286.

[15] Zhang H, Liu K, Liu J, et al. Carbon dots-in-zeolite via in-situ solvent-free thermal crystallization: Achieving high-efficiency and ultralong afterglow dual emission [J]. CCS Chemistry, 2020, 2 (3): 118-127.

[16] Li W, Wu S, Xu X, et al. Carbon dot-silica nanoparticle composites for ultralong lifetime phosphorescence imaging in tissue and cells at room temperature [J]. Chemistry of Materials, 2019, 31 (23): 9887-9894.

[17] Jiang K, Wang Y, Li Z, et al. Afterglow of carbon dots: Mechanism, strategy and applications [J]. Materials Chemistry Frontiers, 2020, 4 (2): 386-399.

[18] Sun Y, Zhang X, Zhuang J, et al. The room temperature afterglow mechanism in carbon dots: Current state and further guidance perspective [J]. Carbon, 2020, 165: 306-316.

[19] Mo L, Liu H, Liu Z, et al. Cascade resonance energy transfer for the construction of nanoparticles with multicolor long afterglow in aqueous solutions for information encryption and bioimaging [J]. Advanced Optical Materials, 2022, 10 (10): 2102666.

[20] Chen B, Liu M, Li C, et al. Fluorescent carbon dots functionalization [J]. Advances in Colloid and Interface Science, 2019, 270: 165-190.

[21] He C, Xu P, Zhang X, et al. The synthetic strategies, photoluminescence mechanisms and promising applications of carbon dots: Current state and future perspective [J]. Carbon, 2022, 186: 91-127.

[22] Wu Y, Chen X, Wu W. Multiple stimuli-response polychromatic carbon dots for advanced information encryption and safety [J]. Small, 2023, 19 (10): 2206709.

[23] Chandra S, Pathan S. H, Mitra S, et al. Tuning of photoluminescence on different surface functionalized carbon quantum dots [J]. RSC Advances, 2012, 2 (9): 3602-3606.

[24] Schwenke A. M, Hoeppener S, Schubert U. S. Synthesis and modification of carbon nanomaterials utilizing microwave heating [J]. Advanced Materials,

2015，27 (28)：4113-4141.

[25] Zheng Y，Zhou Q，Yang Y，et al. Full-color long-lived room temperature phosphorescence in aqueous environment [J]. Small，2022，18 (19)：2201223.

[26] Wang Z，Shen J，Xu B，et al. Thermally driven amorphous-crystalline phase transition of carbonized polymer dots for multicolor room-temperature phosphorescence [J]. Advanced Optical Materials，2021，9 (16)：2100421.

[27] Cheng Q，Chen Z，Hu L，et al. Spatial effect and resonance energy transfer for the construction of carbon dots composites with long-lived multicolor afterglow for advanced anticounterfeiting [J]. Chinese Chemical Letters，2023，34 (8)：108070.

[28] Shi H，Niu Z，Wang H，et al. Endowing matrix-free carbon dots with color-tunable ultralong phosphorescence by self-doping [J]. Chemical Science，2022，13 (15)：4406-4412.

[29] Tan J，Li Q，Meng S，et al. Time-dependent phosphorescence colors from carbon dots for advanced dynamic information encryption [J]. Advanced Materials，2021，33 (16)：2006781.

[30] Wang W，Chang Q，Li L，et al. Carbon dots with full-color-tunable room-temperature phosphorescence for photo-stimulated responsive application [J]. Journal of Luminescence，2023，263：120017.

[31] Ding Z，Shen C，Han J，et al. In situ confining citric acid-derived carbon dots for full-color room-temperature phosphorescence [J]. Small，2023，19 (31)：2205916.

[32] Lin C，Zhuang Y，Li W，et al. Blue，green，and red full-color ultralong afterglow in nitrogen-doped carbon dots [J]. Nanoscale，2019，11 (14)：6584-6590.

[33] Liu J，Zhang H，Wang N，et al. Template-modulated afterglow of carbon dots in zeolites：Room-temperature phosphorescence and thermally activated delayed fluorescence [J]. ACS Materials Letters，2019，1 (1)：58-63.

[34] Deng Y，Li P，Jiang H，et al. Tunable afterglow luminescence and triple-mode emissions of thermally activated carbon dots confined within nanoclays [J]. Journal of Materials Chemistry C，2019，7 (43)：13640-13646.

[35] Sun Y，Liu J，Pang X，et al. Temperature-responsive conversion of thermally activated delayed fluorescence and room-temperature phosphorescence of carbon dots in silica [J]. Journal of Materials Chemistry C，2020，8 (17)：5744-5751.

[36] He W，Sun X，Cao X. Construction and multifunctional applications of visible-light-excited multicolor long afterglow carbon dots/boron oxide composites [J]. ACS Sustainable Chemistry & Engineering，2021，9 (12)：4477-4486.

[37] Ghenuche P, Mivelle M, de Torres J, et al. Matching nanoantenna field confinement to FRET distances enhances förster energy transfer rates [J]. Nano Letters, 2015, 15 (9): 6193-6201.

[38] Song Q, Yan X, Cui H, et al. Efficient cascade resonance energy transfer in dynamic nanoassembly for intensive and long-lasting multicolor chemiluminescence [J]. ACS Nano, 2020, 14 (3): 3696-3702.

[39] Chen J, Huang F, Wang H, et al. One-pot preparation of multicolor polymeric nanoparticles with high brightness by single wavelength excitation [J]. Journal of Applied Polymer Science, 2014, 132 (8): 41492.

[40] Li T, Li X, Zheng Y, et al. Phosphorescent carbon dots as long-lived donors to develop an energy transfer-based sensing platform [J]. Analytical Chemistry, 2023, 95 (4): 2445-2451.

[41] Sun W, Hu W, Shi B, et al. 1, 10-Phenanthroline-5-amine derived N-doped carbon dots for long-lived visible-light-activated room temperature phosphorescence in the matrix and information encryption application [J]. Journal of Luminescence, 2023, 263: 120078.

[42] Zhang Q, Yang T, Li R, et al. A functional preservation strategy for the production of highly photoluminescent emerald carbon dots for lysosome targeting and lysosomal pH imaging [J]. Nanoscale,2018,10 (30):14705-14711.

[43] Zhang Q, Wang R, Feng B, et al. Photoluminescence mechanism of carbon dots: Triggering high-color-purity red fluorescence emission through edge amino protonation [J]. Nature Communications, 2021, 12 (1): 6856.

[44] Wang Z, Liu Y, Zhen S, et al. Gram-scale synthesis of 41% efficient single-component white-light-emissive carbonized polymer dots with hybrid fluorescence/phosphorescence for white light-emitting diodes [J]. Advanced Science, 2020, 7 (4): 1902688.

[45] Tao S, Lu S, Geng Y, et al. Design of metal-free polymer carbon dots: A new class of room-temperature phosphorescent materials [J]. Angewandte Chemie International Edition, 2018, 57 (9): 2393-2398.

[46] Yuan F, Wang Z, Li X, et al. Bright multicolor bandgap fluorescent carbon quantum dots for electroluminescent light-emitting diodes [J]. Advanced Materials, 2016, 29 (3): 1604436.

[47] Sun X, He J, Meng Y, et al. Microwave-assisted ultrafast and facile synthesis of fluorescent carbon nanoparticles from a single precursor: Preparation, characterization and their application for the highly selective detection of explosive picric acid [J]. Journal of Materials Chemistry A, 2016, 4 (11): 4161-4171.

[48] Liu B, Chu B, Wang Y, et al. Crosslinking-induced white light emission of

poly (hydroxyurethane) microspheres for white LEDs [J]. Advanced Optical Materials, 2020, 8 (14): 1902176.
[49] Li W, Zhou W, Zhou Z, et al. A universal strategy for activating the multicolor room-temperature afterglow of carbon dots in a boric acid matrix [J]. Angewandte Chemie International Edition, 2019, 58 (22): 7278-7283.
[50] Li W, Wu S, Zhang H, et al. Enhanced biological photosynthetic efficiency using light-harvesting engineering with dual-emissive carbon dots [J]. Advanced Functional Materials, 2018, 28 (44): 1804004.
[51] 肖斌，刘兴华，郑静霞，等. 高热稳定性碳点及其荧光薄膜的制备 [J]. 太原理工大学学报. 2021, 52 (5): 702-711.
[52] Jiang K, Wang Y, Gao X, et al. Facile, quick, and gram-scale synthesis of ultralong-lifetime room-temperature-phosphorescent carbon dots by microwave irradiation [J]. Angewandte Chemie International Edition, 2018, 57 (21): 6216-6220.
[53] Tan J, Yi Z, Ye Y, et al. Achieving red room temperature afterglow carbon dots in composite matrices through chromophore conjugation degree controlling [J]. Journal of Luminescence, 2020, 223: 117267.
[54] Hu X, An X, Li L. Easy synthesis of highly fluorescent carbon dots from albumin and their photoluminescent mechanism and biological imaging applications [J]. Materials Science and Engineering: C, 2016, 58: 730-736.
[55] Sun Y, Liu S, Sun L, et al. Ultralong lifetime and efficient room temperature phosphorescent carbon dots through multi-confinement structure design [J]. Nature Communications, 2020, 11 (1): 5591.
[56] Fan R, Qiang S, Ling Z, et al. Photoluminescent carbon dots directly derived from polyethylene glycol and their application for cellular imaging [J]. Carbon, 2014, 71 (7): 87-93.
[57] Tao S, Lu S, Geng Y, et al. Design of metal-free polymer carbon dots: A new class of room-temperature phosphorescent materials [J]. Angewandte Chemie International Edition, 2018, 57 (9): 2393-2398.
[58] Geng X, Sun Y, Guo Y, et al. Fluorescent carbon dots for in situ monitoring of lysosomal ATP levels [J]. Analytical Chemistry, 2020, 92 (11): 7940-7946.
[59] Song Z, Shang Y, Lou Q, et al. A molecular engineering strategy for achieving blue phosphorescent carbon dots with outstanding efficiency above 50% [J]. Advanced Materials, 2022, 35 (6): 2207970.
[60] Qin H, Sun Y, Geng X, et al. A wash-free lysosome targeting carbon dots for ultrafast imaging and monitoring cell apoptosis status [J]. Analytica Chimica Acta, 2020, 1106: 207-215.

[61] Jeong J, Cho M, Lim Y. T, et al. Synthesis and characterization of a photoluminescent nanoparticle based on fullerene-silica hybridization [J]. Angewandte Chemie International Edition, 2009, 48 (29): 5296-5299.
[62] Li W, Wu S, Xu X, et al. Carbon dot-silica nanoparticle composites for ultralong lifetime phosphorescence imaging in tissue and cells at room temperature [J]. Chemistry of Materials, 2019, 31 (23): 9887-9894.
[63] 霍薪竹，曹梦楠，刘守新，等. 碳点/纤维素构建多色余辉气凝胶 [J]. 林产化学与工业，2023，43 (5): 1-7.

第7章

结论与趋势分析

7.1
主要结论

本书主要以功能化 CDs 为研究对象，包括靶向高尔基体 CDs、磁性 Gd-CDs 和余辉 CDs 探针等。从 3 种 CDs 的性质与功能介绍出发，总结其制备方法和成像原理，并开展其合成与生物成像性能研究，具体研究结论如下。

7.1.1 靶向高尔基体碳点

以开发长波长发射的靶向高尔基体 CDs 为目的，基于配体-受体主动靶向策略，采用一步水热法开发 2 种长波长发射的、以 COX-2 为靶点的靶向高尔基体 CDs 探针，探讨苯磺酰胺对 CDs 靶向性能的影响，并总结其靶向高尔基体的机制。首先，选择对苯二胺和苯磺酰胺为前驱体，通过一步溶剂热法，在 180℃、8h 的条件下快速制备得到具备高尔基体靶向能力的橙光 GTCDs。制备的 GTCDs 呈类石墨结构，表面带有—NH_2 和磺酰胺等含硫基团，最佳激发波长为 563nm，最佳发射波长为 612nm。GTCDs 代谢周期短（24h），且光毒性低，在加入培养基后可快速进入细胞内并准确定位高尔基体（平均 Pearson 系数=0.92）。同时 GTCDs 可实现 200min 长时活细胞成像。理论计算证明苯磺酰胺与高尔基体表面 COX-2 的活性位点形成氢键作用使 GTCDs 具有高尔基体特异靶向性。

为进一步验证磺酰胺配体-COX-2 受体的主动靶向作用，以尼罗蓝为前驱体，保留靶向识别单元苯磺酰胺，以去离子水和无水乙醇为混合溶剂，通过一步溶剂热法在 190℃、12h 的条件下制备得到具备高尔基体靶向能力的红光 RGCDs。制备的 RGCDs 具有 CNDs 的性质，具有大 π 共轭结构，表面保留磺酰胺结构，发射峰为 645nm，具有激发独立性。在 400μg/mL 浓度下仍具有 80% 的细胞存活率，其具有低毒性。RGCDs 在 HL-7702 细胞中具有良好的高尔基体定位性能（平均 Pearson 系数=0.87）。该工作进一步验证了磺酰胺基团对高尔基体靶向性的影响，展现了配体-受体主动靶向策略赋予 CDs 在高尔基体靶向成像领域较高的应用价值和潜力。

7.1.2 磁性碳点

针对磁性 Gd-CDs 发射波长短和磁学性能低等问题，以开发红光发射、较高磁共振弛豫性能的 Gd-CDs FL/MRI 双模态成像探针为目的，基于官能团继承策略，采用一步水热法、化学偶联法和静电相互作用制备出 Gd-CDs，并在其表面修饰 HA 得到靶向 Gd-CDs（Gd-CDs-HA）。通过对 Gd-CDs 和 Gd-CDs-HA 的形貌结构、光学和磁学特性进行分析，并考察其体内外安全性和 FL/MRI 双模态成像能力，结果显示 Gd-CDs 的表面具有羰基、羟基和氨基等官能团，其最佳激发波长为 533nm，最佳发射波长为 640nm，纵向弛豫率 r_1 为 58.701L/(mmol · s)，修饰 HA 后光学、磁学性能变化不大，具有靶向性能。同时，Gd-CDs-HA 具有低细胞毒性，并且溶血率小于 5%，能通过肝和肾排出体外，具有良好的体内外生物安全性。此外，Gd-CDs-HA 能在细胞内实现 FL/MRI 双模态成像，并且在荷瘤鼠中利用 FL/MRI 双模态成像可清楚地显示肿瘤部位和大小。

7.1.3 余辉碳点

（1）长寿命余辉碳点

以制备长寿命磷光发射的液相磷光 CDs 成像探针为目的，首先以乙二胺为碳源和氮源，以磷酸和硼酸为掺杂剂和交联剂，通过 B、N、P 等杂原子掺杂，采用一步水热法，通过改变反应温度制备了一系列 B,N,P-CDs（B,N,P-CDs_{200}、B,N,P-CDs_{240}、B,N,P-CDs_{280}），其中 B,N,P-CDs_{280} 的磷光性能最为优异。制备的 B,N,P-CDs 都是类球状纳米颗粒，分散均匀，无明显团聚现象，且 B,N,P-CDs_{280} 具有晶格条纹，晶格间距为 0.212nm，对应石墨碳（100）晶面，平均粒径为 3.07nm，表面具有大量含杂原子的官能团。B,N,P-CDs_{280} 具有激发独立的磷光发射，磷光寿命长达 1.89s，磷光量子产率为 6.39%。

其次，选择具有最优磷光性能的 B,N,P-CDs_{280} 作为磷光源，以改良的溶胶-凝胶法制备了 B,N,P-CDs_{280}@SiO_2，使合成的 B,N,P-

CDs_{280}@SiO_2 在水中能够隔绝水和溶解氧，促使在液相中同时具有发射荧光和磷光的能力，对液相具有磷光发射的 B,N,P-CDs_{280}@SiO_2 进行荧光和磷光性能、生物安全性能以及生物成像性能表征。B,N,P-CDs_{280} 通过 N—Si 和 C—Si 键合在水溶性 SiO_2 基体中，能隔绝外部的磷光猝灭环境水和溶解氧。B,N,P-CDs_{280}@SiO_2 的最佳磷光激发波长位于 345nm，最佳发射波长位于 502nm，且具有激发独立性，且能在水中发射磷光。同时，B,N,P-CDs_{280}@SiO_2 具有超长的磷光寿命，为 1.97s，FLQY 为 40.36%，PQY 为 3.15%，可以作为水溶性生物磷光探针。B,N,P-CDs_{280}@SiO_2 在 150μg/mL 的浓度下，HL-7702 细胞存活率仍高于 80%，具有较低的生物毒性。

B,N,P-CDs_{280}@SiO_2 用于体外和体内生物成像，不需要实时激发，兼具避免生物自荧光干扰的能力，在生物光学成像领域表现出优异的性能，也展现出良好的应用前景。

（2）多色长寿命余辉碳点

以制备多色液相余辉 CDs 作为成像探针为目的，首先，对 B,N,P-CDs_{280} 进行退火热处理得到 A-CDs。退火处理后的 A-CDs 在 345nm 的最佳激发波长下，最佳磷光发射波长为 524nm。且随着激发波长的增加，磷光发射可以红移至 550nm。A-CDs 磷光寿命为 926.97ms。对其进行 SiO_2 包覆得到 A-CDs@SiO_2 溶液，其最佳磷光发射波长为 513nm，磷光寿命为 1263.40ms。A-CDs@SiO_2 在 200μg/mL 的浓度下，细胞存活率仍高于 80%。对小鼠进行尾静脉注射 A-CDs@SiO_2 24h 后，主要器官组织切片未见异常，血常规检测参数均无统计学差异。说明 A-CDs@SiO_2 具有较低的生物毒性。将其用于小鼠生物成像，注射 A-CDs@SiO_2 的小鼠的 ROI 的磷光发光强度均值为 3.260×10^6 p/(s·cm^2·sr)，不需要实时激发，还可避免生物自体荧光干扰，且 A-CDs@SiO_2 在注射后 1h 内重新激发都能收集到磷光信号，表现出优异的成像性能和良好的应用前景。

然后，以溶胶-凝胶法将 B,N,P-CDs_{280} 和荧光染料 Rh6G、RhB 分别共同包覆进 SiO_2 当中，基于 FRET 理论，得到分别具有黄色和橙红色液相余辉的 CDs/Rh6G@SiO_2 和 CDs/RhB@SiO_2。CDs/Rh6G@SiO_2 的最佳荧光和余辉发射中心均位于 558nm 处，CDs/RhB@SiO_2 的最佳荧光和余辉发射中心均位于600nm处，余辉寿命分别为1032.82ms和766.39ms。CDs/Rh6G@SiO_2和CDs/RhB@SiO_2在浓度达到200μg/mL时，溶血率仍低于5%。当CDs/Rh6G@SiO_2和CDs/RhB@SiO_2浓度达到200μg/mL时，HL-7702细胞存活率仍高于80%。且对小鼠尾静脉注射样品24h后，其主要器官组织未见明显异常。小鼠的血常规参数均无统计学差异。这说明CDs/Rh6G@SiO_2和CDs/RhB@SiO_2具有较低的生物毒性，可以作为磷光探针。注射CDs/Rh6G@SiO_2的小鼠的ROI的余辉发光强度均值为3.579×10^6 p/(s·cm^2·sr)，在注射后1h仍能检测到信号；注射CDs/RhB@SiO_2的ROI余辉发光强度均值为4.971×10^6 p/(s·cm^2·sr)，在注射后3h仍能检测到信号。在生物光学成像领域表现出优异的性能。

7.2 主要创新点

本书的主要创新点在于总结功能化CDs（靶向高尔基体CDs、磁性Gd-CDs和余辉CDs）的性质、合成方法以及生物成像应用原理，为其在生物医药领域的广泛应用提供了可靠的借鉴思路与方法。

具体地，对于靶向高尔基体CDs、磁性Gd-CDs和余辉CDs的创新性研究体现在：

① 采用配体-受体主动靶向作用策略，首次在CDs结构中引入磺酰胺基团与COX-2进行主动结合，通过简单的一步法合成得到发射橙光和红光的高尔基体靶向型CDs，在简化高尔基体靶向型CDs合成步骤的同时，实现高尔基体特异性靶向性（Pearson系数=0.92，0.87），进一步结合光物理表征和理论计算证明了磺酰胺基团和COX-2的特异性作用来源于氢键诱导的靶向作用。

② 采用结构和官能团继承策略，开发出高磁共振纵向弛豫率的红光钆掺杂CDs，得到的Gd-CDs的发射波长为640nm，纵向弛豫率为58.701L/(mmol·s)。然后利用化学偶联法和静电相互作用修饰HA，构建出具有良好生物安全性、靶向性、FL/MRI双模态成像能力的Gd-

CDs-HA。

③ 采用退火处理方法调控 CDs 的表面态和碳核态，得到最佳磷光发射波长为 525nm 的 A-CDs，通过将其嵌入 SiO_2 中得到液相中最佳磷光发射波长为 513nm 的 A-CDs@SiO_2，实现黄绿色液相余辉。再以 CDs 为能量供体，Rh6G 和 RhB 为能量受体，SiO_2 为基质，通过 FRET 得到在液相中发射黄色和红色余辉的 CDs/Rh6G@SiO_2 和 CDs/RhB@SiO_2。

7.3 趋势分析

7.3.1 制备方法趋势

① 尝试进行大规模反应制备实验，优化功能化 CDs 探针的最佳合成参数，致力于实现高性能 CDs 探针批量化制备。

② 提高红光 Gd-CDs 的荧光量子产率。考察 Gd-CDs 的结构与荧光量子产率之间的关系，进一步调整原料比例或溶剂种类，优化 Gd-CDs 的最佳合成工艺，致力于实现荧光量子产率较高的红光 Gd-CDs 的制备。

③ 合成长波长无基质固态磷光 CDs。无基质固态磷光 CDs 为发展长波长液相磷光 CDs 探针提供原料，从而增强其组织穿透力和降低对生物的损害，对发展余辉 CDs 探针应用具有重要意义。

④ 提高多色余辉 CDs 的发射效率和延长发射寿命。低余辉发射效率和短寿命在一定程度上限制了 CDs 的应用，特别是在成像方面。更高的量子产率和更长的余辉寿命在实际应用中具有更大的优势。

⑤ 扩展多色余辉 CDs 的激发光范围。目前 CDs 的余辉激发光主要集中在紫外光，但紫外光对人体有一定伤害且穿透性弱，将 CDs 的余辉激发光从紫外光转移到可见光，甚至是近红外光也是一个艰巨的挑战。

7.3.2 应用趋势

功能化 CDs 在生物成像领域中的应用已受到研究者们的关注，未来的应用趋势表现在：

① 高尔基体在肿瘤或炎症细胞中产生的蛋白质或酶含量比正常细胞或组织高，因而高尔基体也是一个癌症等疾病的潜在治疗靶点。因此，如果能将靶向高尔基体 CDs 探针应用于区分正常细胞和肿瘤细胞并对癌症等疾病实行监测和治疗，将对肿瘤的早期发现以及高效诊疗的实现有重要意义。

② 局限于 Gd-CDs 的化疗作用，未来可研究能够光动力治疗或者光热治疗的 Gd-CDs，结合 FL/MRI 双模态成像，实现成像监测的化疗与光动力治疗/光热治疗结合的治疗技术，有望提高肿瘤治疗效果。因此，Gd-CDs 双模态探针在 FL/MRI 成像、监测与治疗领域仍有极大的探索空间。

③ 目前，余辉 CDs 探针已被初步应用于生物体内外成像，但若能结合光动力治疗或纳米粒子载药等技术，并配合高分辨光学显微镜，将能实现对细胞进行微观结构观测和治疗，从而在癌症等疾病治疗中发挥重要作用。因此，余辉 CDs 探针在生物成像、监测与治疗领域仍有巨大的发展潜力。

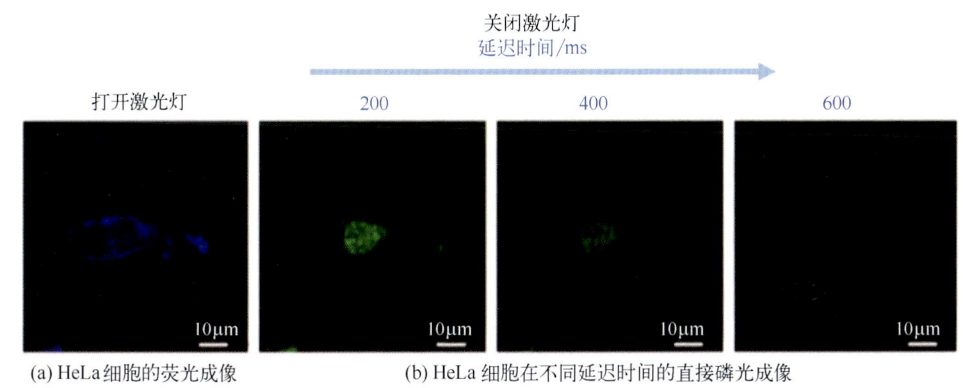

(a) HeLa细胞的荧光成像 (b) HeLa 细胞在不同延迟时间的直接磷光成像

图 2-2 HeLa 细胞的荧光成像及 HeLa 细胞在不同延迟时间的直接磷光成像 [58]

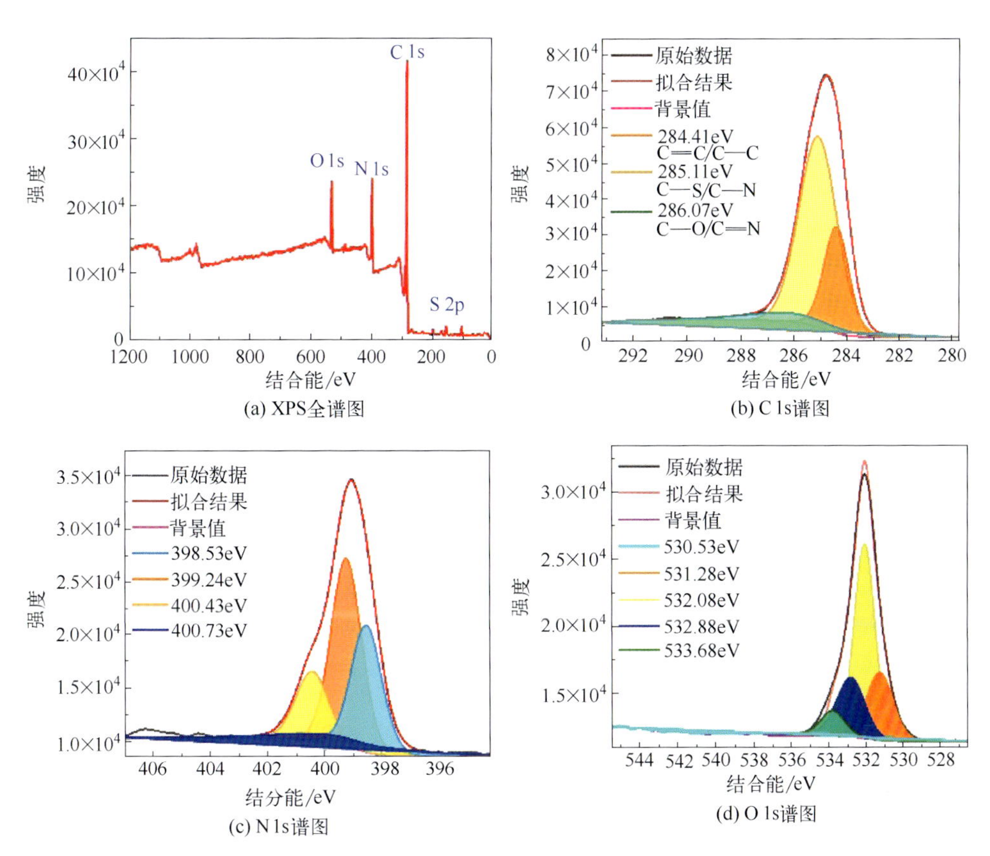

(a) XPS全谱图

(b) C 1s谱图

(c) N 1s谱图

(d) O 1s谱图

图 3-5

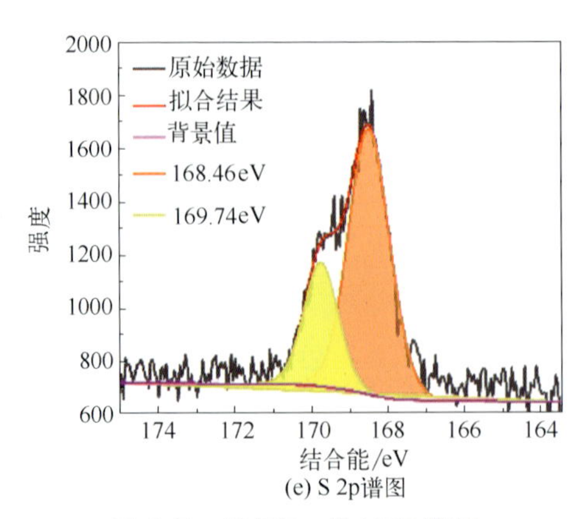

(e) S 2p谱图

图 3-5　GTCDs 的 XPS 谱图

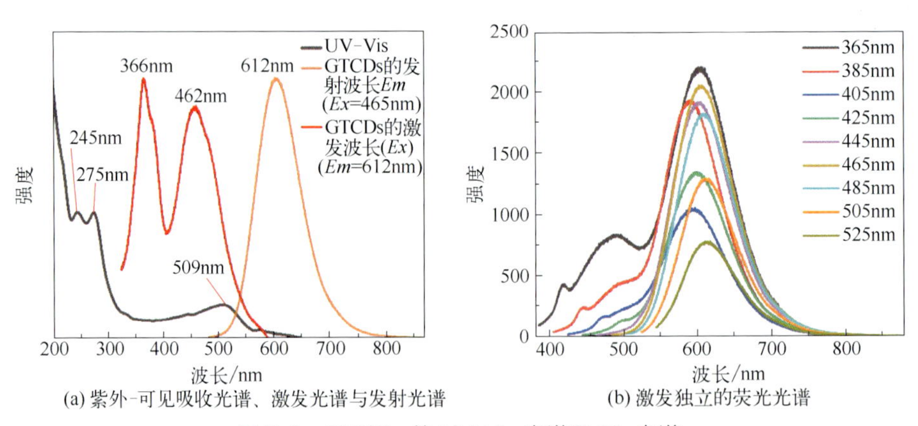

(a) 紫外-可见吸收光谱、激发光谱与发射光谱　　(b) 激发独立的荧光光谱

图 3-6　GTCDs 的 UV-Vis 光谱和 PL 光谱

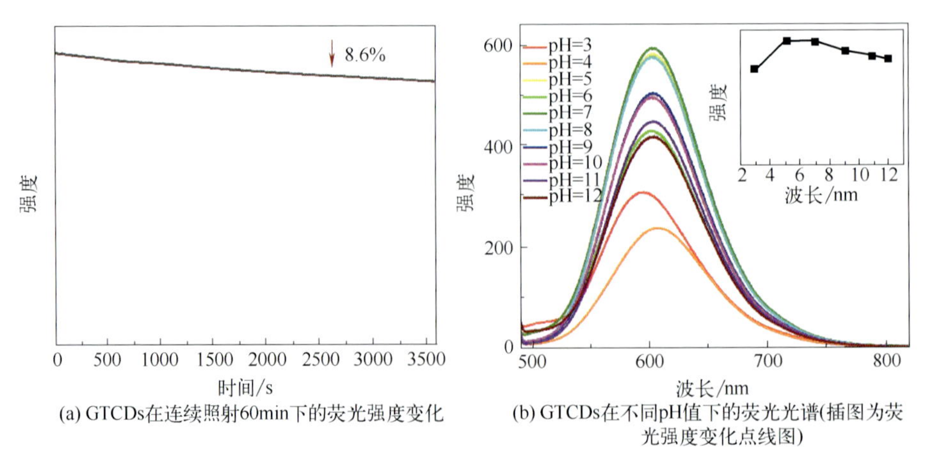

(a) GTCDs在连续照射60min下的荧光强度变化　　(b) GTCDs在不同pH值下的荧光光谱(插图为荧光强度变化点线图)

图 3-7　GTCDs 在连续照射 60min 下以及不同 pH 值下的荧光光谱

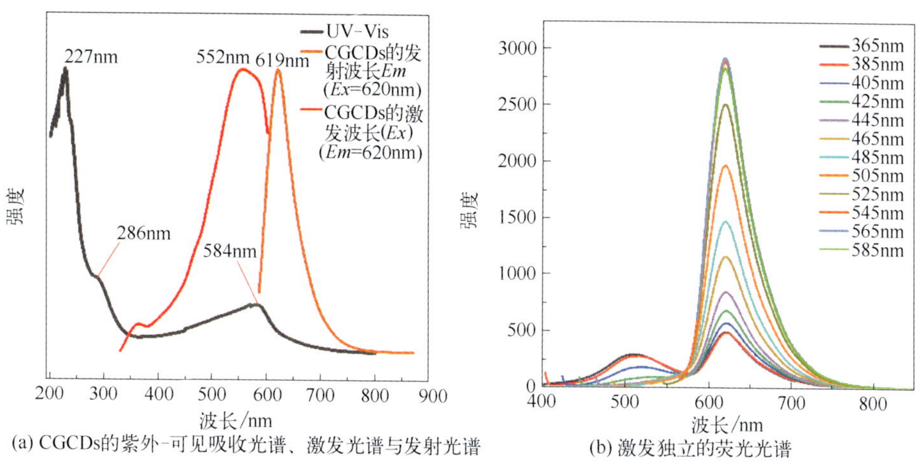

图 3-8　CGCDs 的 UV-Vis 光谱与 PL 光谱

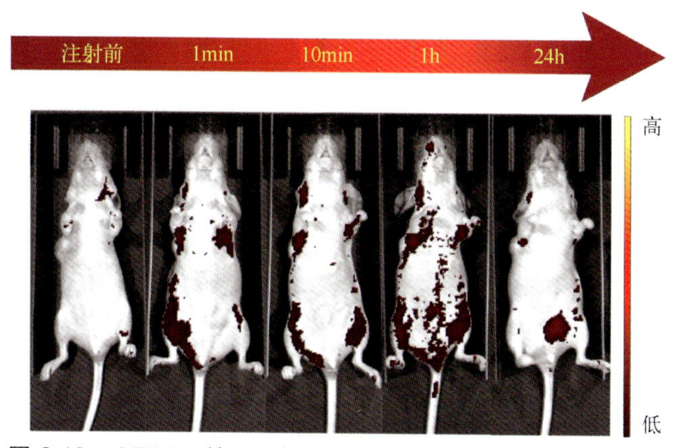

图 3-10　GTCDs 处理后的 BALB/c 小鼠体内时间依赖成像图

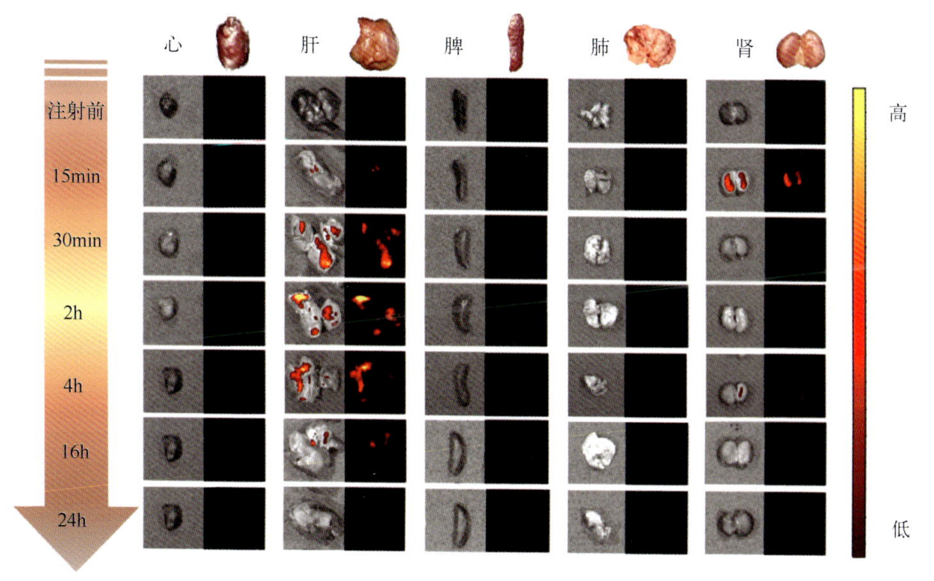

图 3-11　GTCDs 在 BALB/c 小鼠体内不同时间下心、肝、脾、肺、肾的光学和体外荧光图像

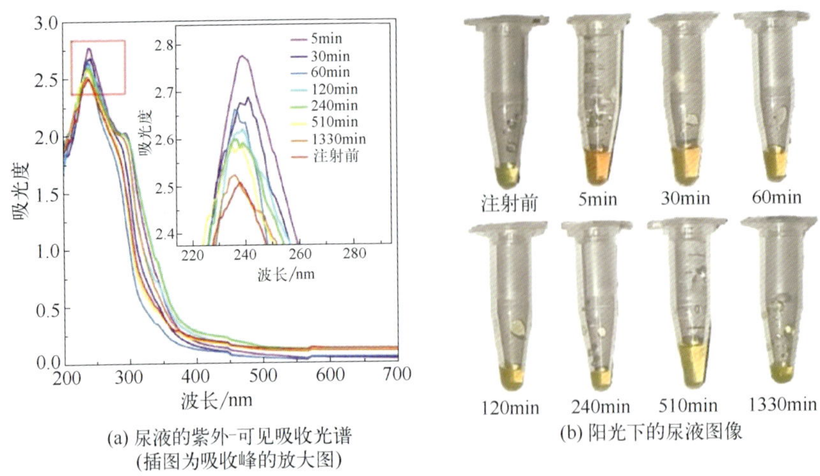

(a) 尿液的紫外-可见吸收光谱
(插图为吸收峰的放大图)

(b) 阳光下的尿液图像

图 3-12　在不同时间段尾静脉注射 GTCDs 后 BALB/c 裸鼠尿液的紫外-可见吸收光谱和在阳光下的图像

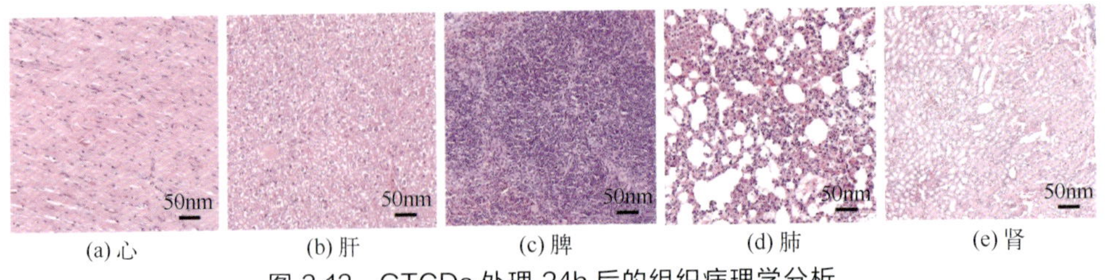

(a) 心　(b) 肝　(c) 脾　(d) 肺　(e) 肾

图 3-13　GTCDs 处理 24h 后的组织病理学分析

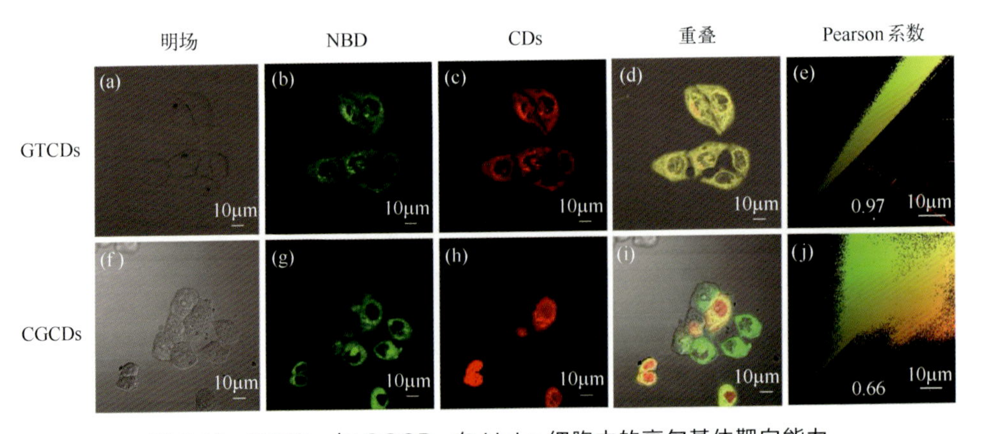

图 3-14　GTCDs 与 CGCDs 在 HeLa 细胞中的高尔基体靶向能力

(a)、(f) GTCDs 与 NBD 对 HeLa 细胞共孵育的明场图像；(b)、(g) NBD 与 HeLa 细胞共孵育的 CLSM 图像；(c)、(h) HeLa 细胞中 GTCDs 与 CGCDs 的 CLSM 图像；(d)、(i) 荧光以及明场的合并图像；(e)、(j) 共定位散点图

Ex/Em=458nm/(580～700nm)

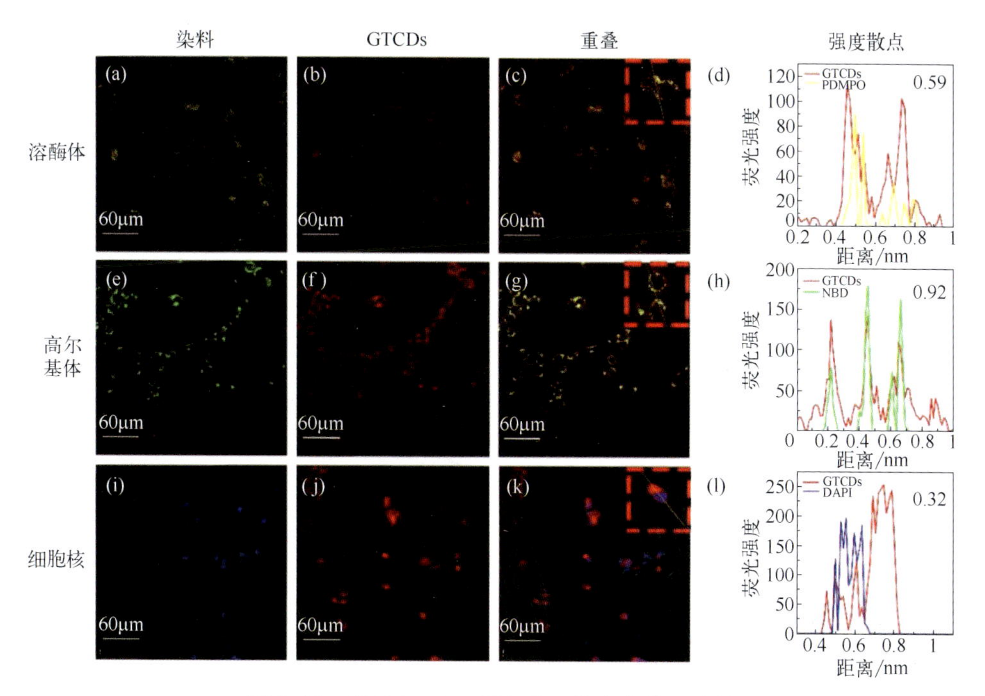

图 3-15　GTCDs 在不同细胞器的定位效果比较

(a)、(e)、(i) 分别为 PDMPO [Ex/Em=488nm/(520～570) nm]、NBD [Ex/Em=488nm/(520～560nm)]、DAPI [Ex/Em=358nm/(420～500nm)] 的 CLSM 图像；(b)、(f)、(j) GTCDs [Ex/Em=553nm/(611～663nm)] 的 CLSM 图像；(c)、(g)、(k) 合并图像；(d)、(h)、(l) 强度散点图

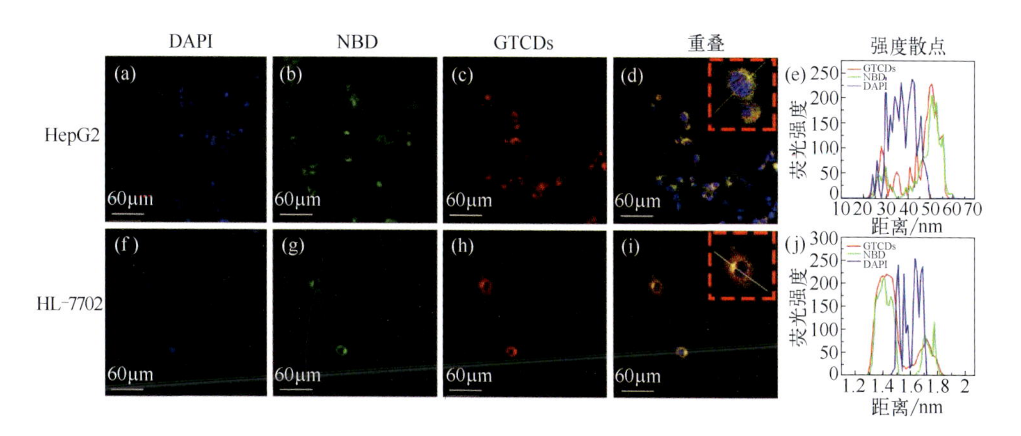

图 3-16　HepG2 和 HL-7702 细胞中 GTCDs、NBD 和 DAPI 的共定位成像

(a)、(f) DAPI [Ex/Em=358nm/ (420～500nm)] 的 CLSM 图像；(b)、(g) NBD [Ex/Em=488nm/(520～560nm)] 的 CLSM 图像；(c)、(h) GTCDs [Ex/Em=458nm/(580～700nm)] 的 CLSM 图像；(d)、(i) 合并图像；(e)、(j) 强度散点图

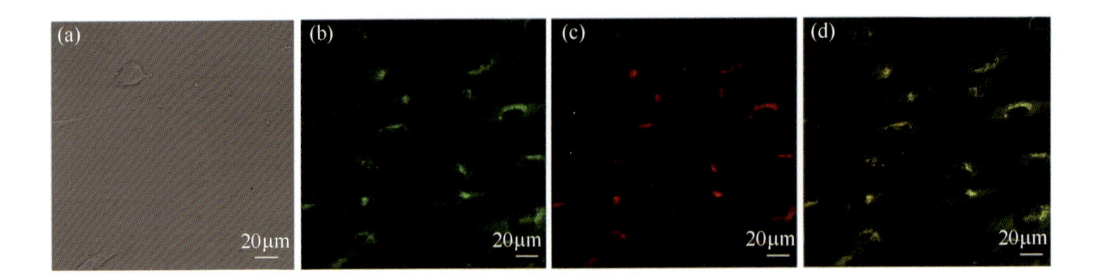

图 3-17　GTCDs 和 NBD 在 HSF 细胞中的共定位成像

Ex/Em=458nm/(580～700nm)

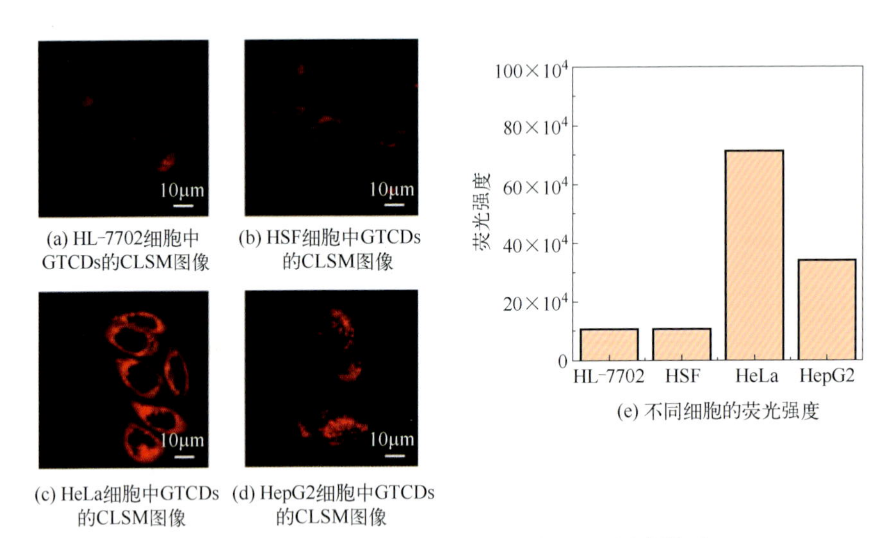

(a) HL-7702细胞中GTCDs的CLSM图像　(b) HSF细胞中GTCDs的CLSM图像

(c) HeLa细胞中GTCDs的CLSM图像　(d) HepG2细胞中GTCDs的CLSM图像

(e) 不同细胞的荧光强度

图 3-18　HL-7702、HSF、HeLa 和 HepG2 细胞中 GTCDs 的 CLSM 图像及不同细胞的荧光强度

Ex/Em=458nm/(580～700nm)

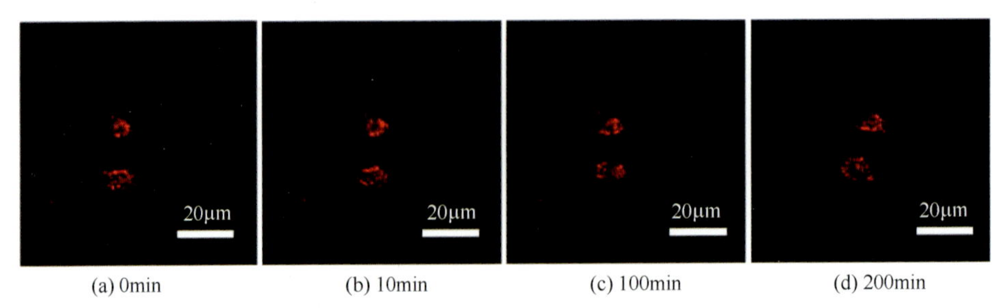

(a) 0min　(b) 10min　(c) 100min　(d) 200min

图 3-19　GTCDs 与 HeLa 共孵育 0min、10min、100min 和 200min 的 CLSM 图像

Ex/Em=458nm/(580～640) nm；CoolLED pE-4000：10 mW/mm^2

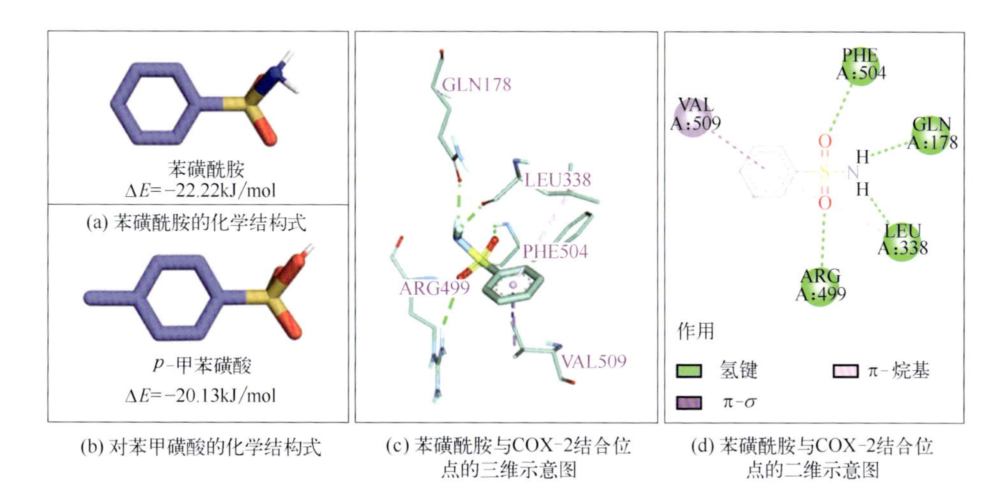

(b) 对苯甲磺酸的化学结构式　(c) 苯磺酰胺与COX-2结合位点的三维示意图　(d) 苯磺酰胺与COX-2结合位点的二维示意图

图 3-20　苯磺酰胺和对甲苯磺酸的化学结构式及苯磺酰胺与 COX-2 结合位点的三维与二维示意图

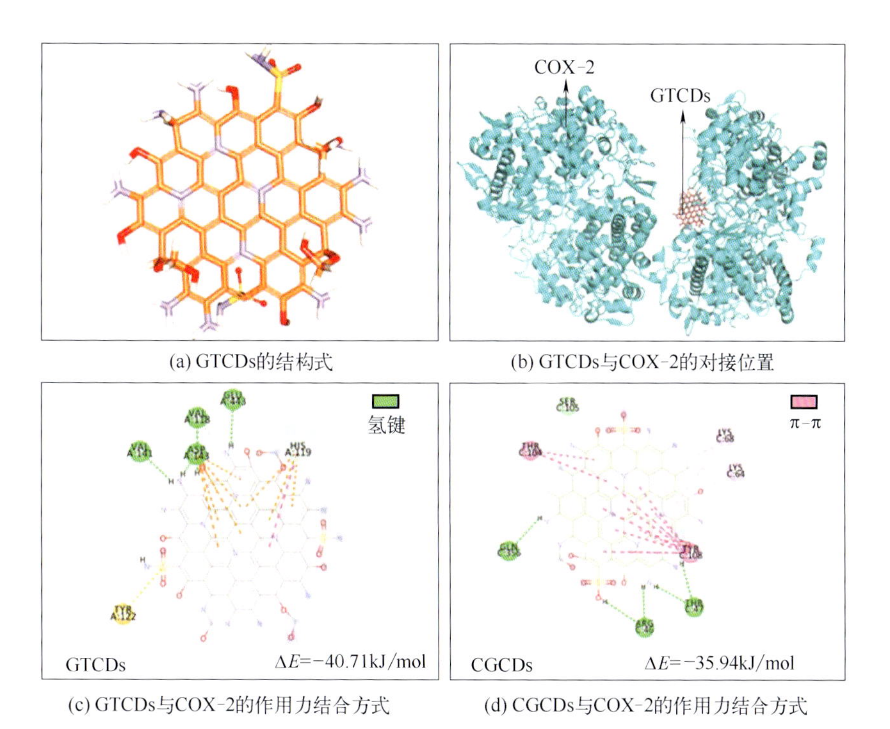

(a) GTCDs的结构式　(b) GTCDs与COX-2的对接位置

(c) GTCDs与COX-2的作用力结合方式　(d) CGCDs与COX-2的作用力结合方式

图 3-21　GTCDs 的结构式及 GTCDs、CGCDs 与 COX-2 的相互作用方式

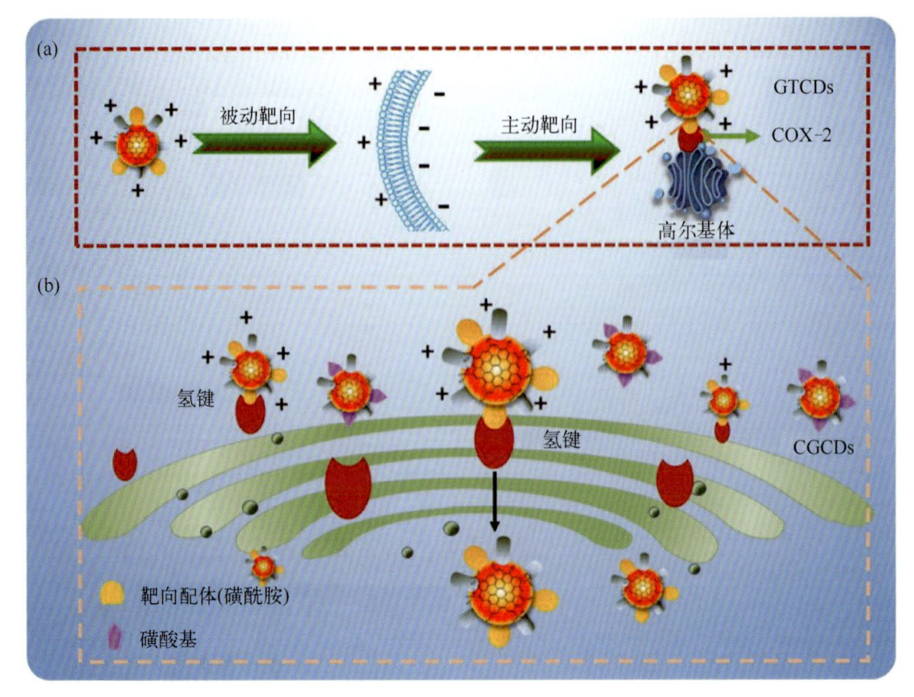

图 3-22 GTCDs 的靶向作用及 GTCDs 和 CGCDs 与高尔基体作用示意图

(a) GTCDs 的被动和主动靶向作用；(b) GTCDs 和 CGCDs 与高尔基体作用示意图

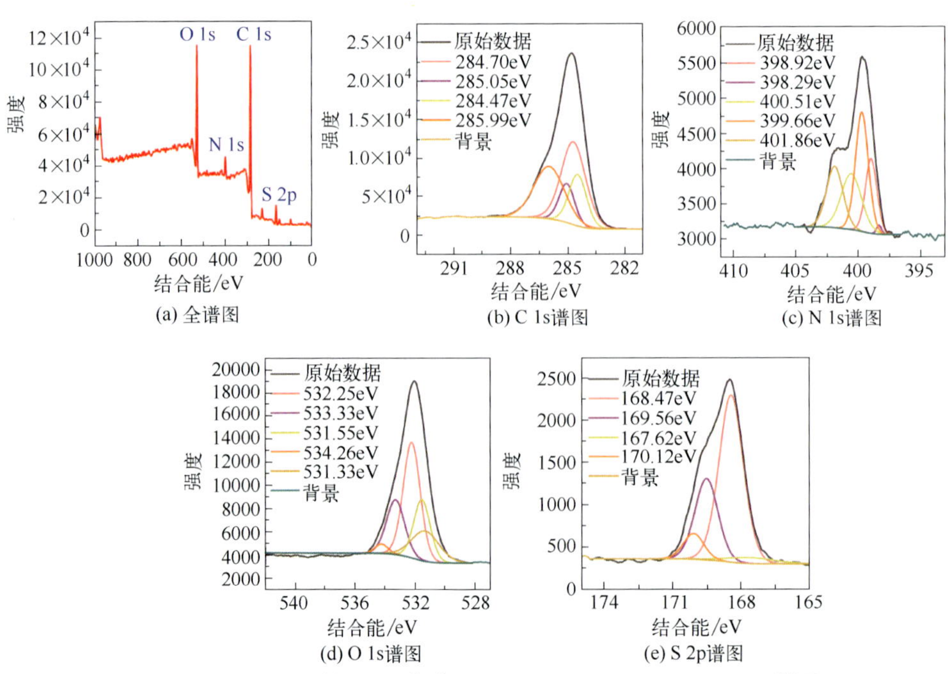

图 3-25 RGCDs 的 XPS 全谱图及 C 1s、N 1s、O 1s、S 2p 谱图

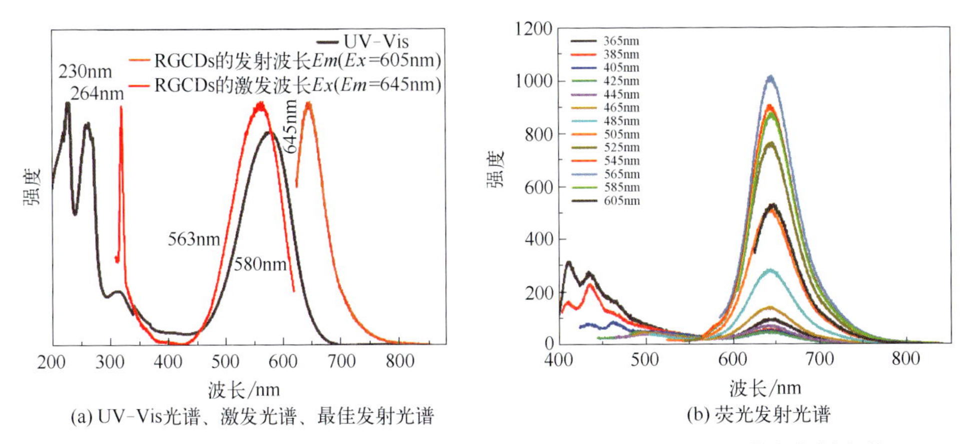

图 3-27　RGCDs 的 UV-Vis 光谱、激发光谱、最佳发射光谱和荧光发射光谱

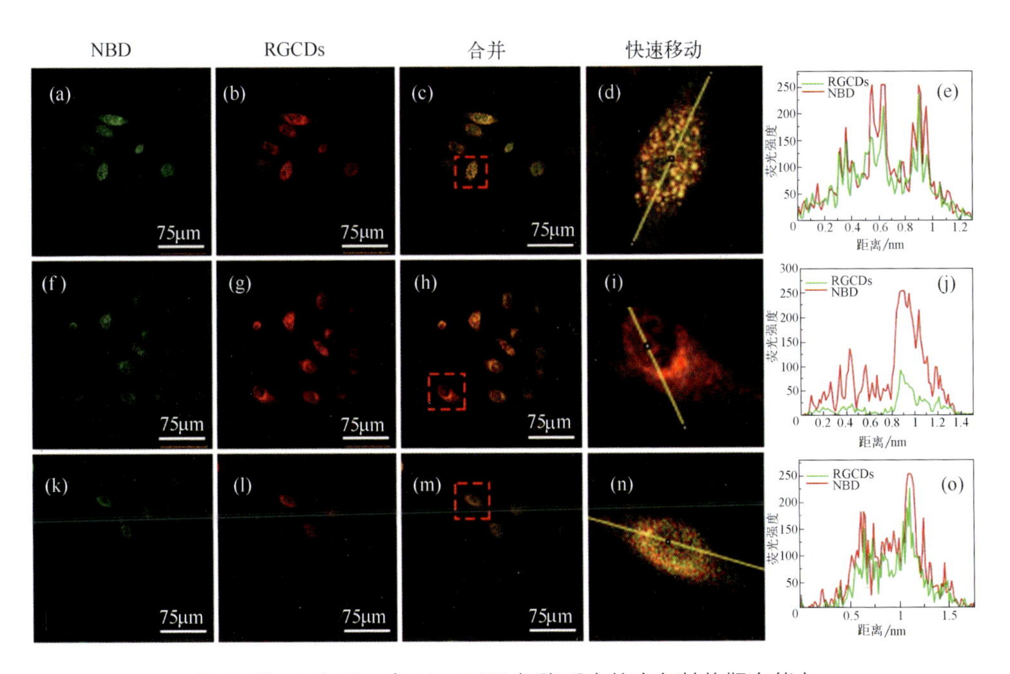

图 3-29　RGCDs 在 HL-7702 细胞系中的高尔基体靶向能力

(a)、(f)、(k) NBD 的 CLSM 图像；(b)、(g)、(l) RGCDs 的 CLSM 图像；(c)、(h)、(m) 合并图像；(d)、(i)、(n) 合并图像的放大图像；(e)、(g)、(o) 强度散点图

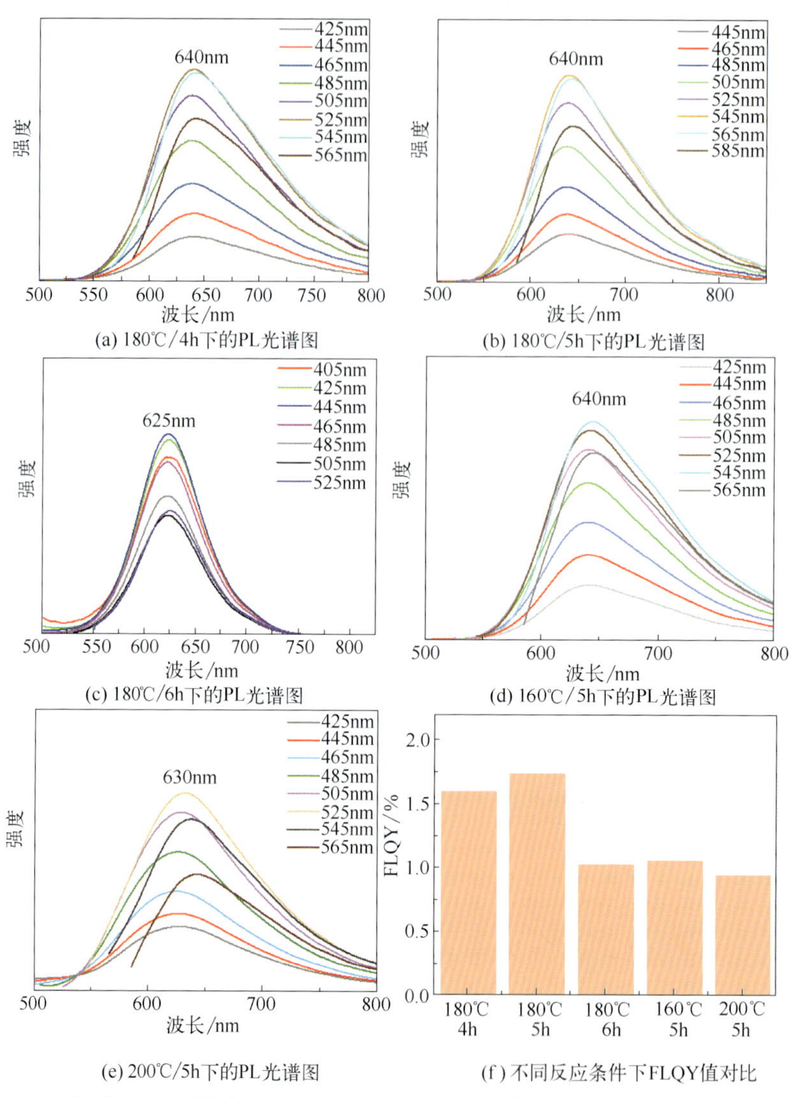

(a) 180℃/4h下的PL光谱图

(b) 180℃/5h下的PL光谱图

(c) 180℃/6h下的PL光谱图

(d) 160℃/5h下的PL光谱图

(e) 200℃/5h下的PL光谱图

(f) 不同反应条件下FLQY值对比

图 4-1 不同反应条件下 Gd-CDs 的 PL 光谱图及 FLQY 值对比

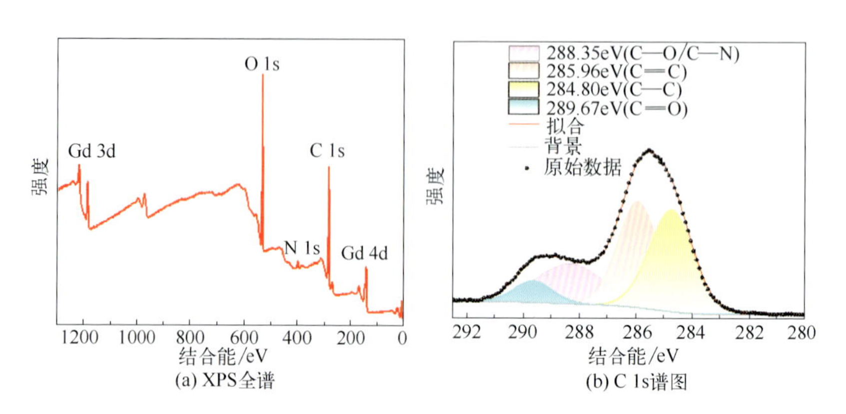

(a) XPS全谱

(b) C 1s谱图

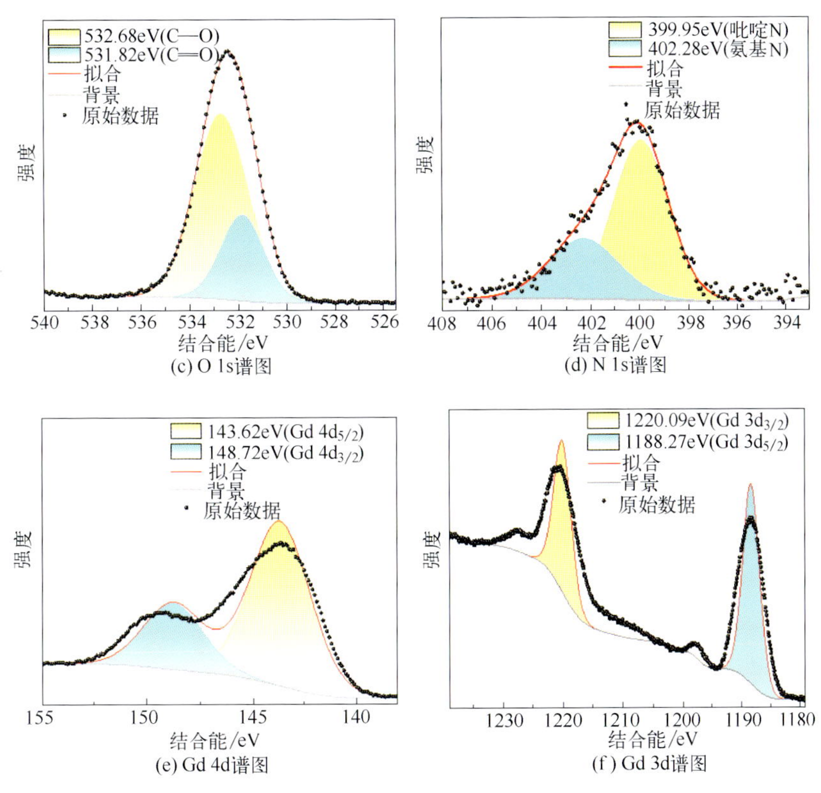

(c) O 1s谱图 (d) N 1s谱图

(e) Gd 4d谱图 (f) Gd 3d谱图

图 4-3 Gd-CDs 的 XPS 谱图及其 C 1s、O 1s、N 1s、Gd 4d、Gd 3d 谱图

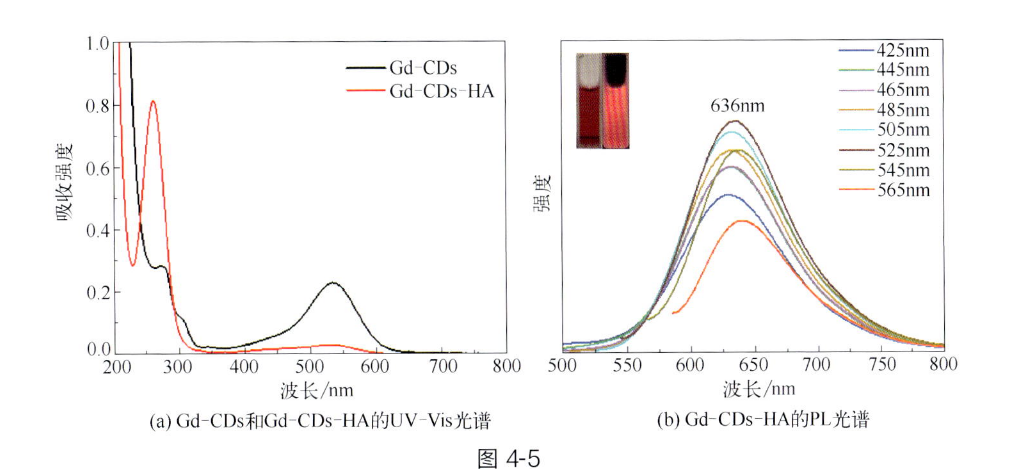

(a) Gd-CDs和Gd-CDs-HA的UV-Vis光谱 (b) Gd-CDs-HA的PL光谱

图 4-5

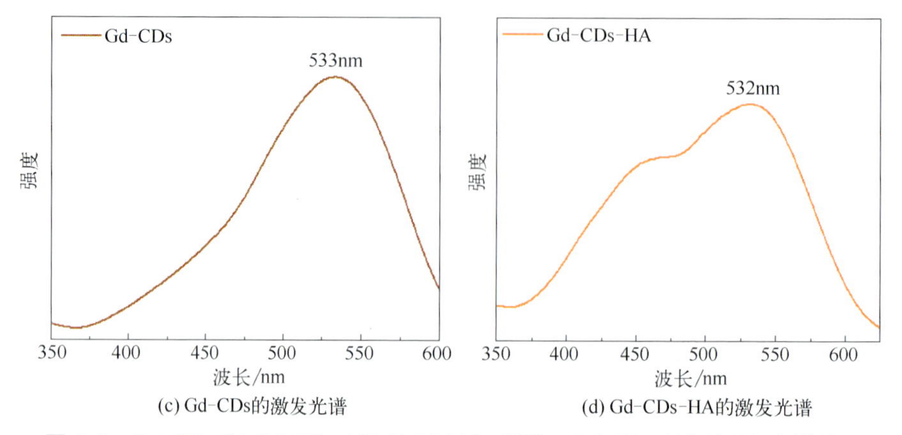

图 4-5 Gd-CDs 和 Gd-CDs-HA 的 UV-Vis 光谱、Gd-CDs-HA 的 PL 光谱及 Gd-CDs 与 Gd-CDs-HA 的激发光谱

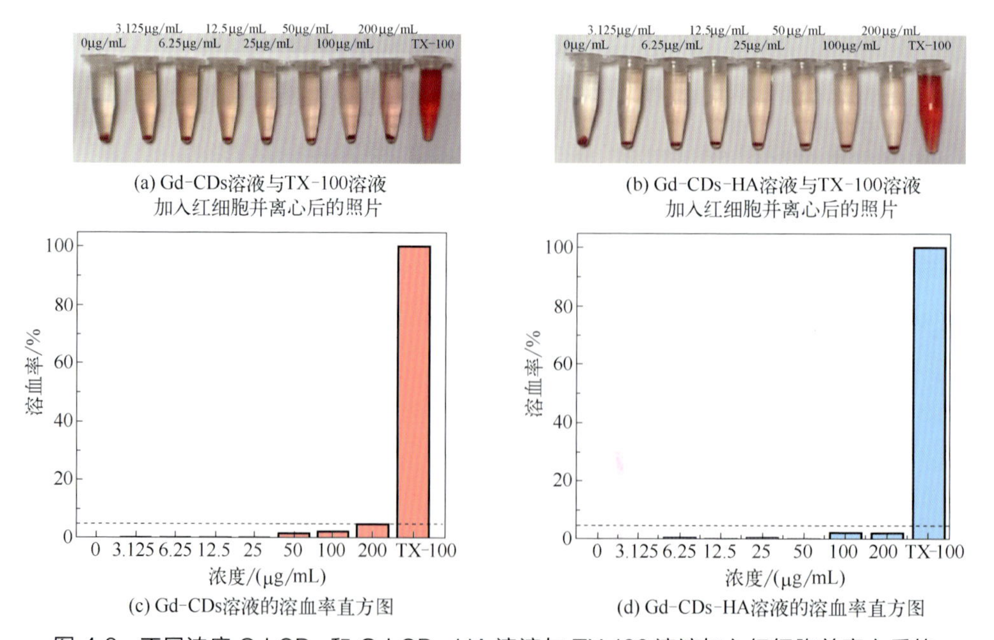

图 4-8 不同浓度 Gd-CDs 和 Gd-CDs-HA 溶液与 TX-100 溶液加入红细胞并离心后的照片及不同浓度 Gd-CDs 和 Gd-CDs-HA 溶液的溶血率直方图

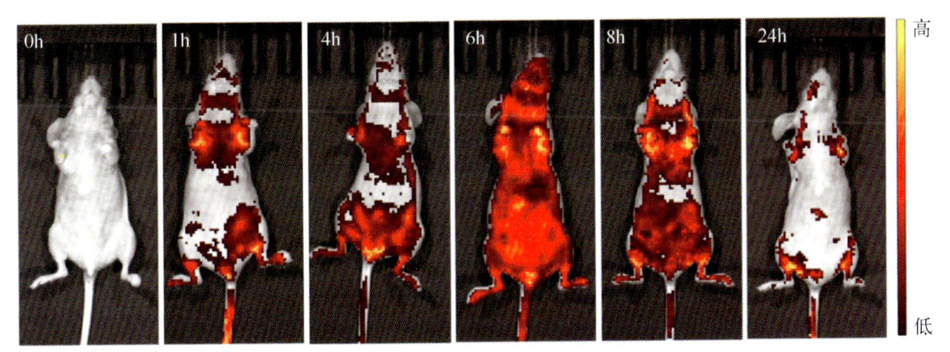

(a) 裸鼠静脉注射Gd-CDs-HA不同时间后的体内FL成像

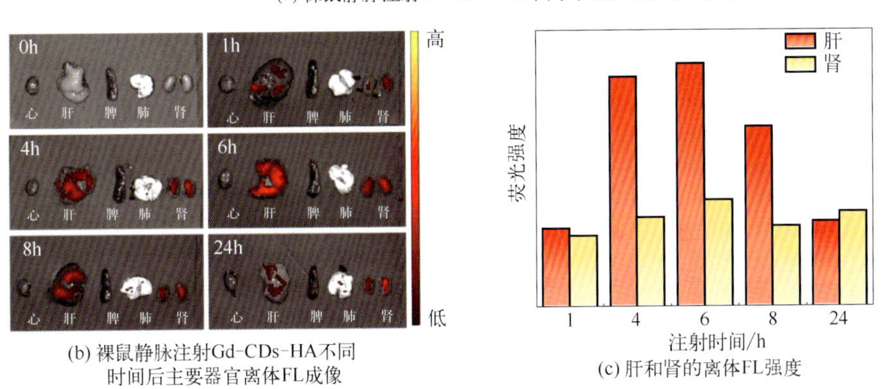

(b) 裸鼠静脉注射Gd-CDs-HA不同时间后主要器官离体FL成像

(c) 肝和肾的离体FL强度

图 4-9　裸鼠静脉注射 Gd-CDs-HA 不同时间后的体内 FL 成像、主要器官离体 FL 成像和肝脏和肾脏的离体 FL 强度

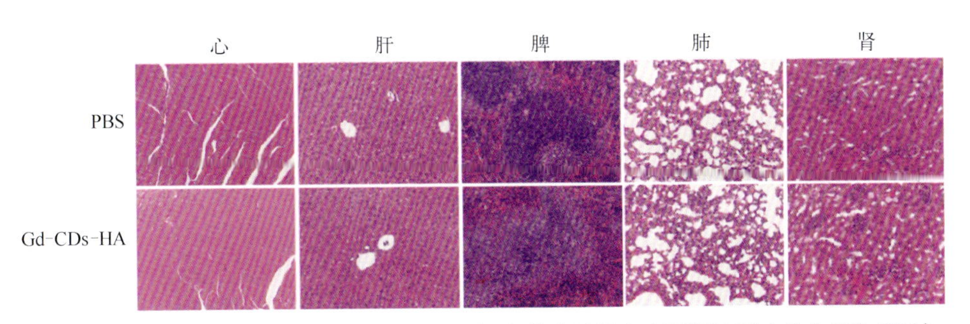

图 4-10　对照组和 Gd-CDs-HA 溶液处理后裸鼠的内脏器官病理切片图（放大倍数 200）

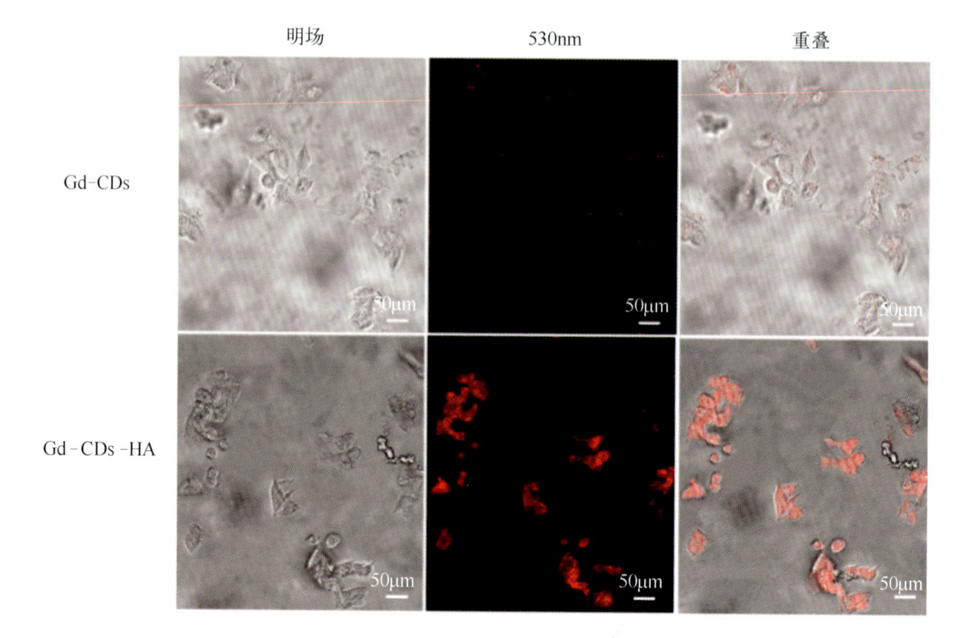

图 4-12 Gd-CDs 和 Gd-CDs-HA 在 HepG2 细胞中培养 4h 后的明场、荧光以及重叠图像

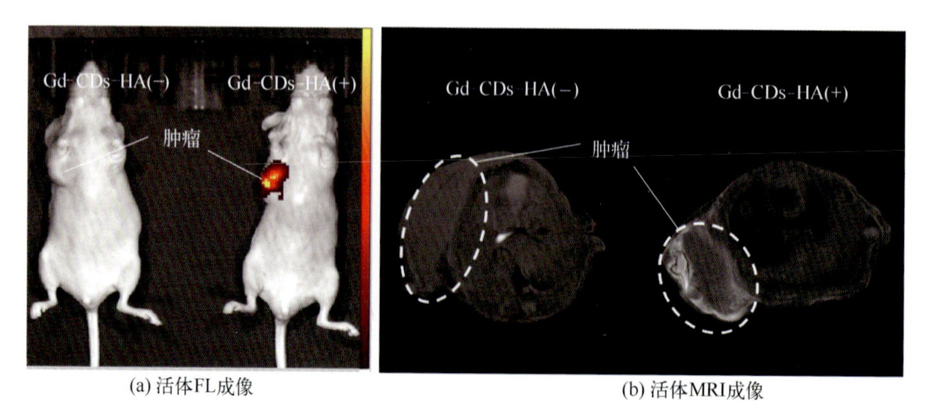

(a) 活体FL成像

(b) 活体MRI成像

图 4-14 荷瘤鼠静脉注射 Gd-CDs-HA 后的活体 FL 成像和活体 MRI 成像

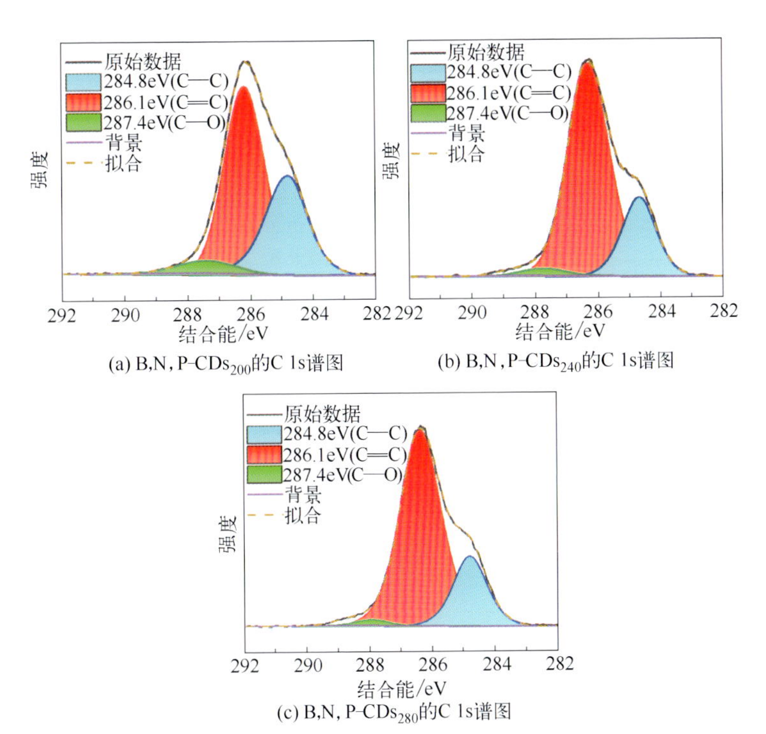

(a) B,N, P-CDs_{200}的C 1s谱图

(b) B,N, P-CDs_{240}的C 1s谱图

(c) B,N, P-CDs_{280}的C 1s谱图

图 5-3 B,N,P-CDs_{200}、B,N,P-CDs_{240} 和 B,N,P-CDs_{280} 的高分辨率 C 1s 谱图

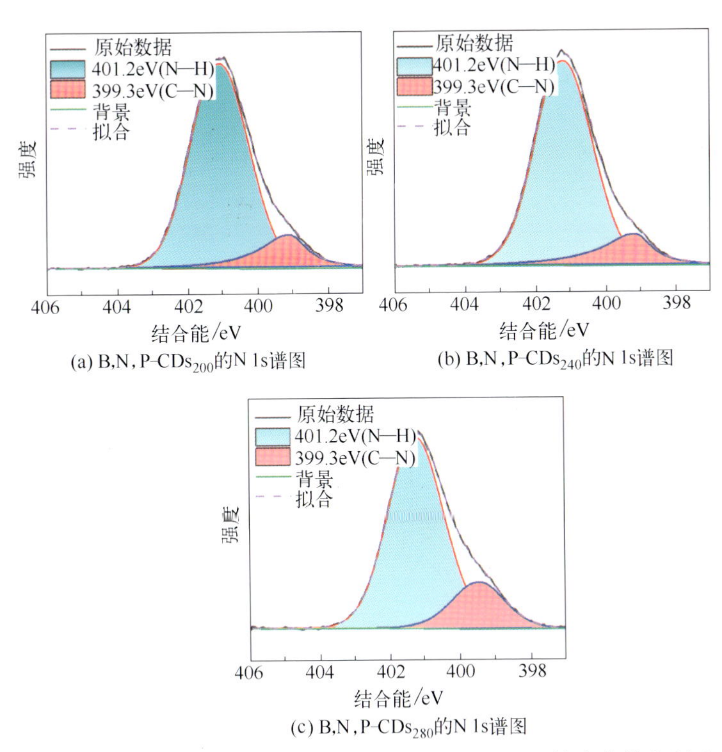

(a) B,N, P-CDs_{200}的N 1s谱图

(b) B,N, P-CDs_{240}的N 1s谱图

(c) B,N, P-CDs_{280}的N 1s谱图

图 5-4 B,N,P-CDs_{200}、B,N,P-CDs_{240} 和 B,N,P-CDs_{280} 的高分辨率 N 1s 谱图

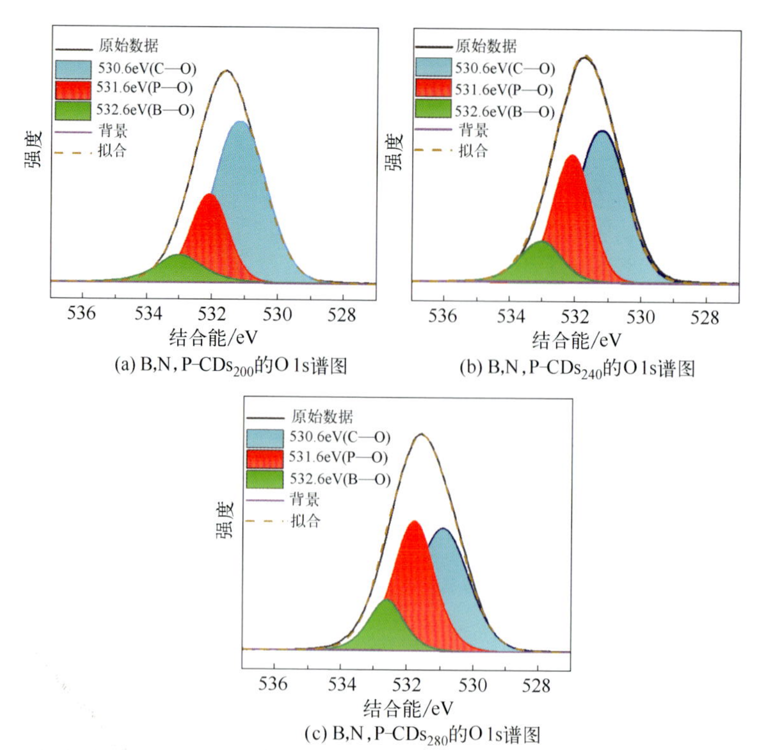

(a) B,N, P-CDs$_{200}$的O 1s谱图

(b) B,N, P-CDs$_{240}$的O 1s谱图

(c) B,N, P-CDs$_{280}$的O 1s谱图

图 5-5 B,N,P-CDs$_{200}$、B,N,P-CDs$_{240}$ 和 B,N,P-CDs$_{280}$ 的高分辨率 O 1s 谱图

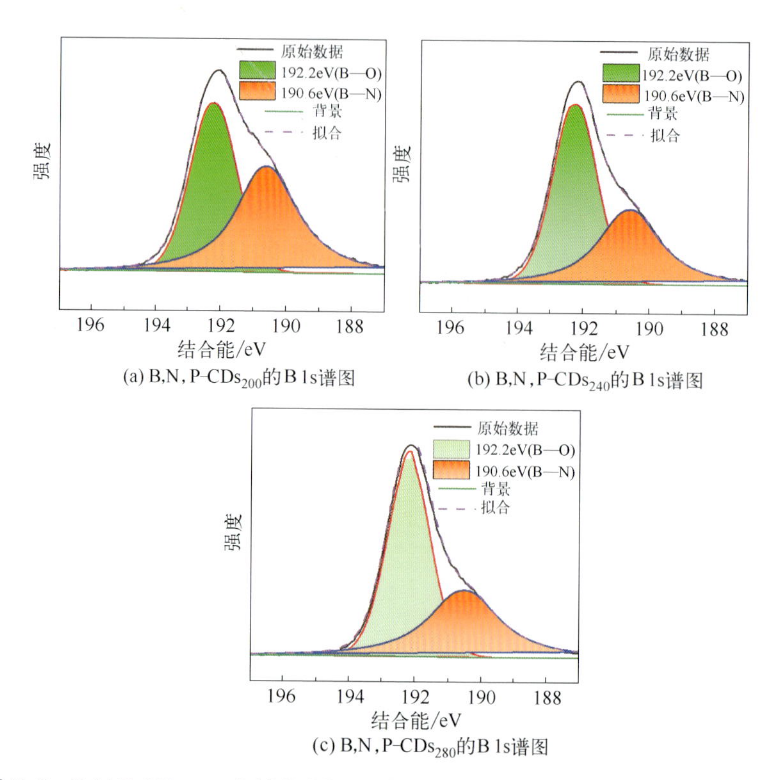

(a) B,N, P-CDs$_{200}$的B 1s谱图

(b) B,N, P-CDs$_{240}$的B 1s谱图

(c) B,N, P-CDs$_{280}$的B 1s谱图

图 5-6 B,N,P-CDs$_{200}$、B,N,P-CDs$_{240}$ 和 B,N,P-CDs$_{280}$ 的高分辨率 B 1s 谱图

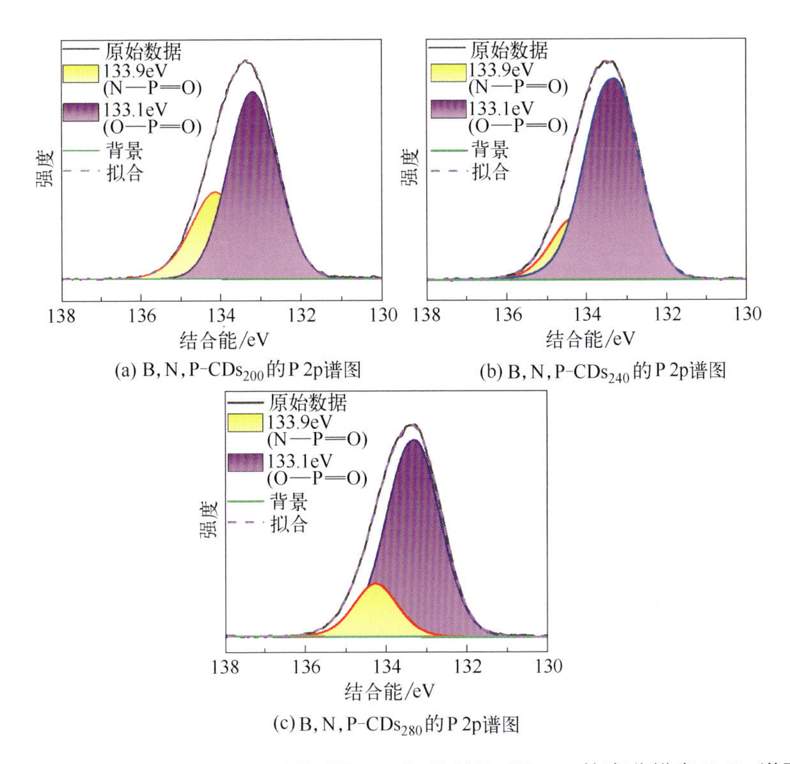

图 5-7 B,N,P-CDs$_{200}$、B,N,P-CDs$_{240}$ 和 B,N,P-CDs$_{280}$ 的高分辨率 P 2p 谱图

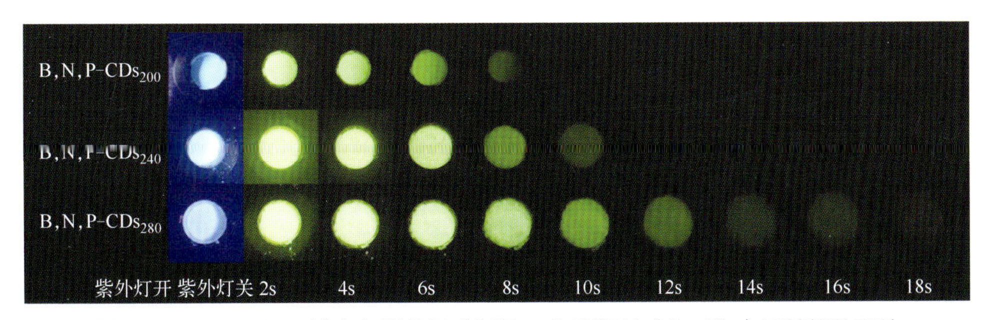

图 5-8 B,N,P-CDs 粉末在紫外灯（365nm）开和关（2～18s）下拍摄的照片

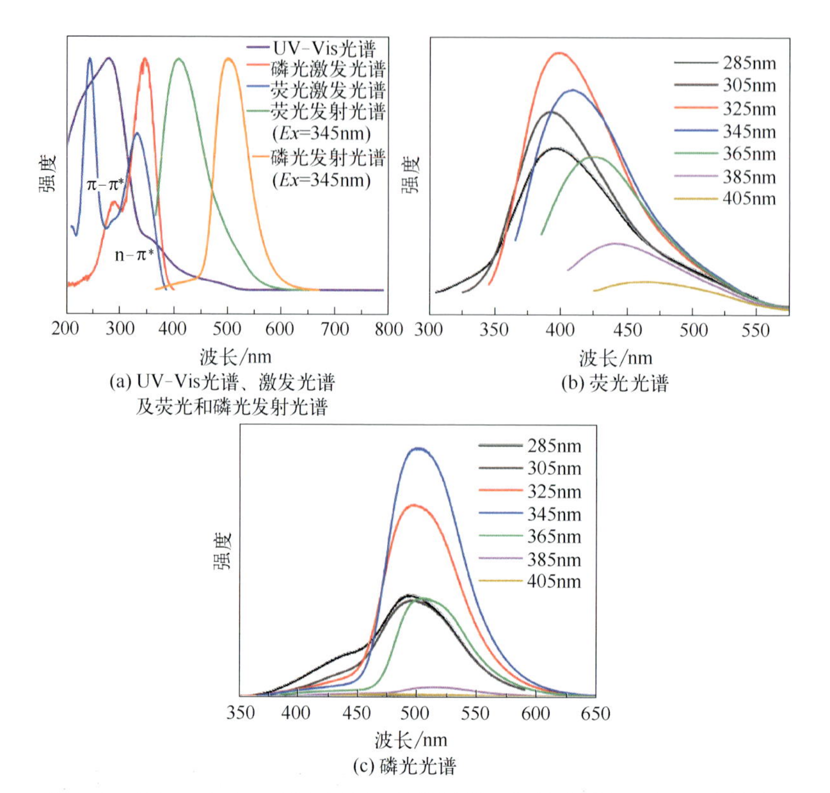

图 5-9 B,N,P-CDs$_{280}$ 的 UV-Vis 吸收光谱、激发光谱与 345nm 激发下的荧光和磷光发射光谱、荧光光谱、磷光光谱

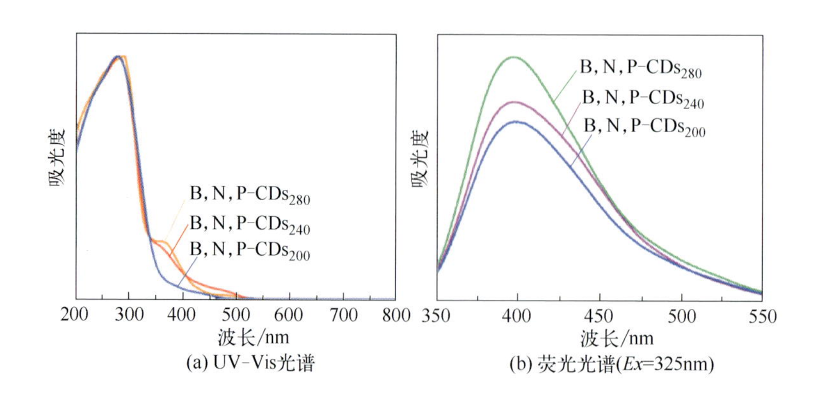

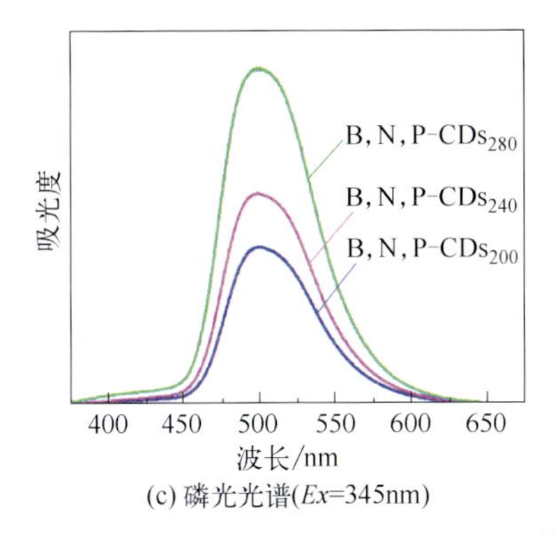

(c) 磷光光谱(Ex=345nm)

图 5-10　B,N,P-CDs_{200}、B,N,P-CDs_{240}和 B,N,P-CDs_{280} 的 UV-Vis 吸收光谱、荧光光谱（Ex= 325nm）和磷光光谱（Ex= 345nm）

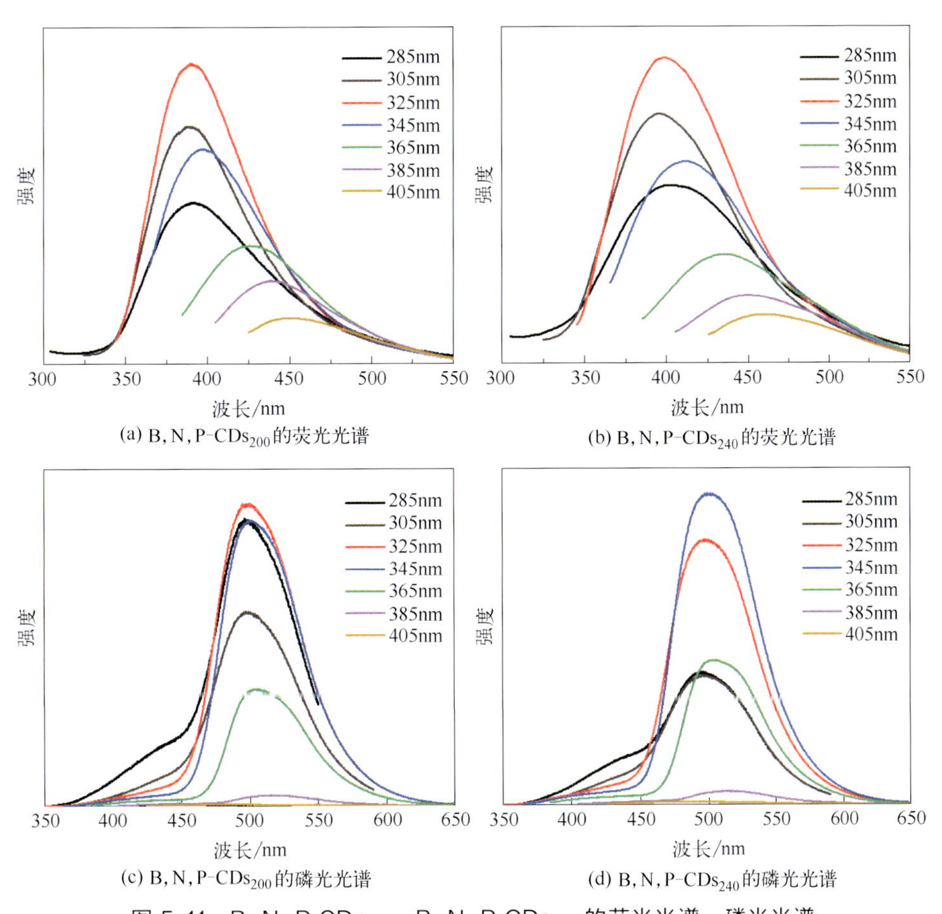

(a) B, N, P-CDs_{200}的荧光光谱

(b) B, N, P-CDs_{240}的荧光光谱

(c) B, N, P-CDs_{200}的磷光光谱

(d) B, N, P-CDs_{240}的磷光光谱

图 5-11　B, N, P-CDs_{200}、B, N, P-CDs_{240} 的荧光光谱、磷光光谱

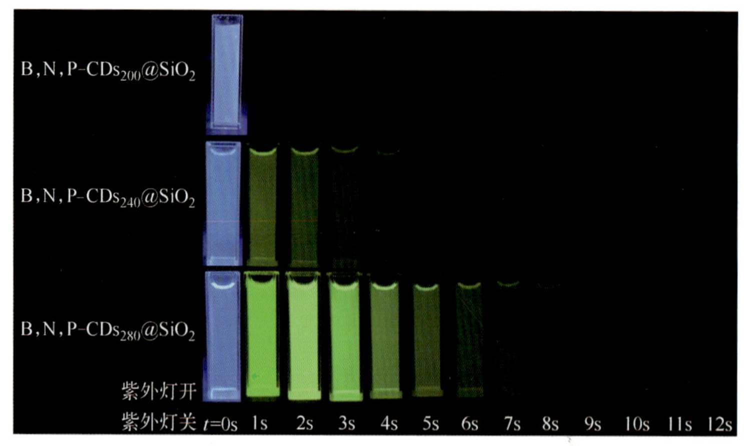

图 5-16 B,N,P-CDs@SiO_2 水溶液分别在 1~12s 的 UV 灯（365nm）下的照片

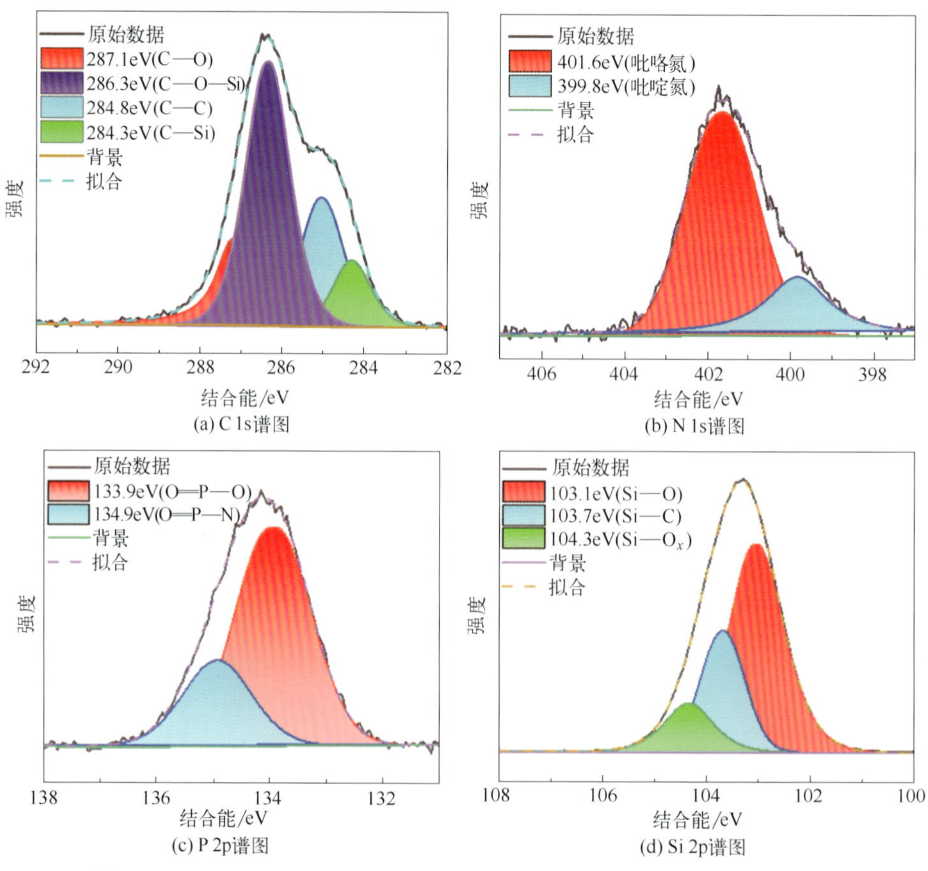

图 5-19 B,N,P-CDs_{280}@SiO_2 的高分辨 C 1s、N 1s、P 2p、Si 2p 谱图

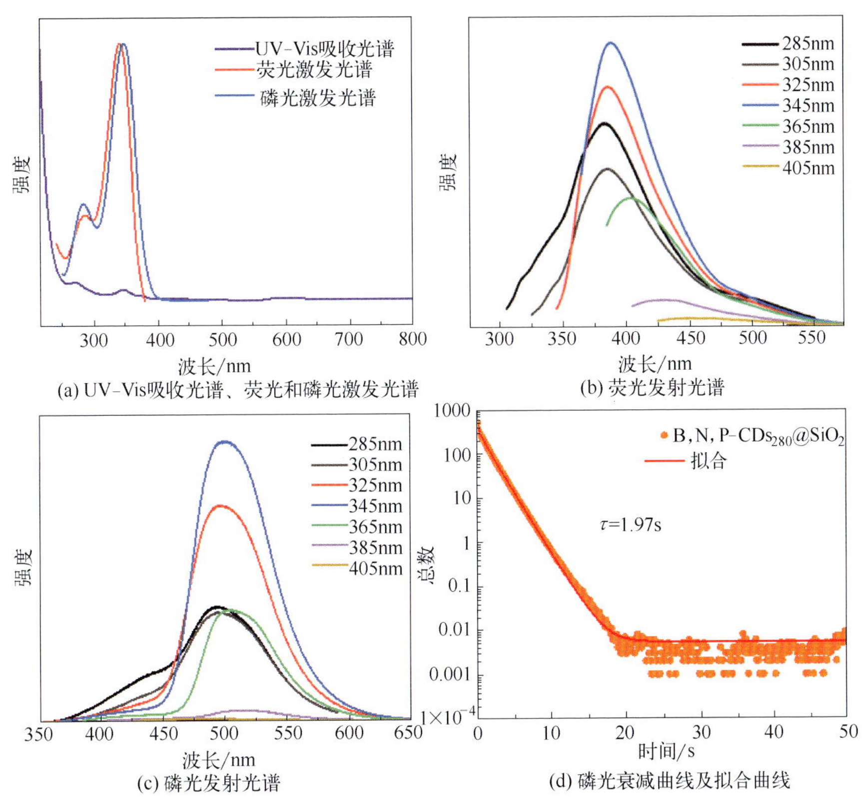

(a) UV-Vis吸收光谱、荧光和磷光激发光谱
(b) 荧光发射光谱
(c) 磷光发射光谱
(d) 磷光衰减曲线及拟合曲线

图 5-20　B,N,P-CDs_{280}@SiO_2 的 UV-Vis 吸收光谱、荧光光谱、磷光光谱表征

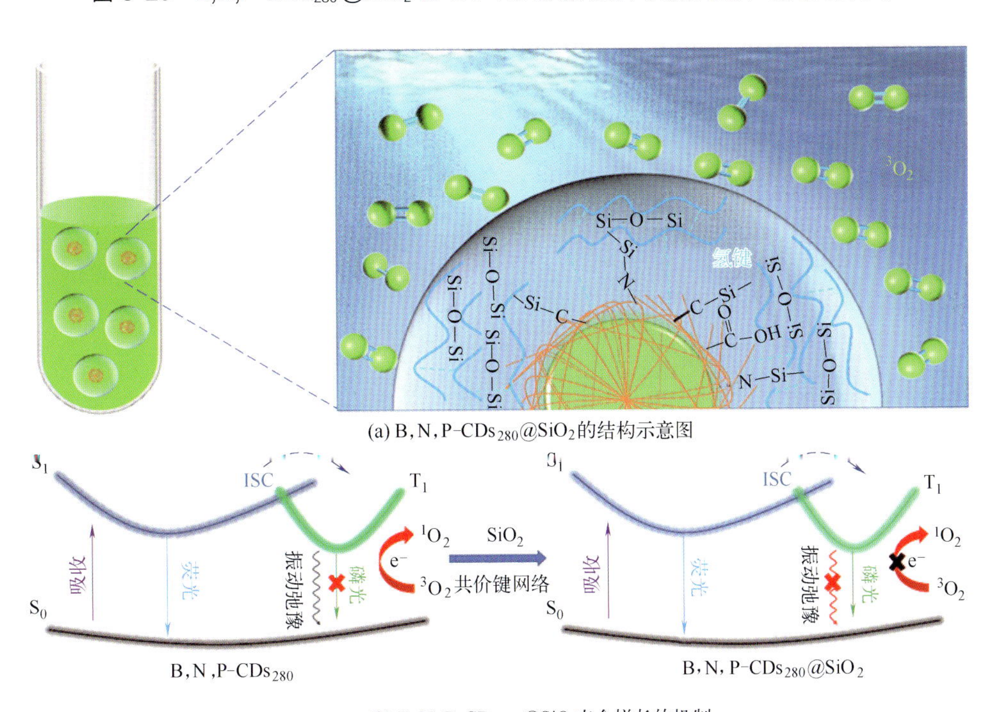

(a) B,N,P-CDs_{280}@SiO_2的结构示意图
(b) B,N,P-CDs_{280}@SiO_2寿命增长的机制

图 5-21　B,N,P-CDs_{280}@SiO_2 的磷光机理

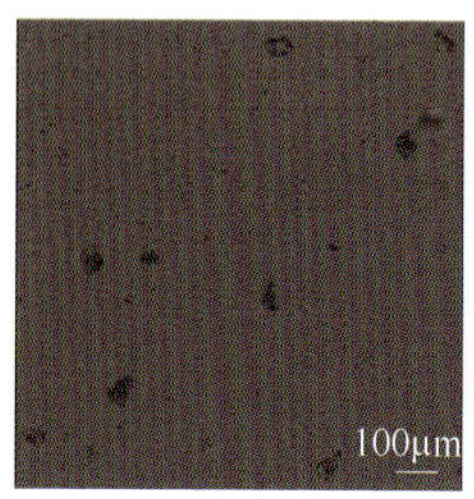

(a) B, N, P-CDs@SiO_2对HepG2细胞共孵育的明场图像

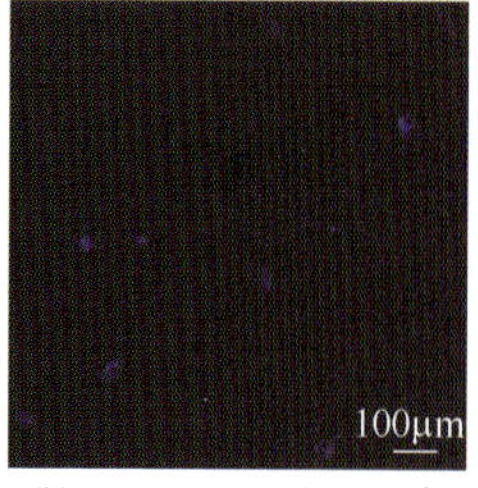

(b) B, N, P-CDs@SiO_2对HepG2细胞共孵育的荧光图像

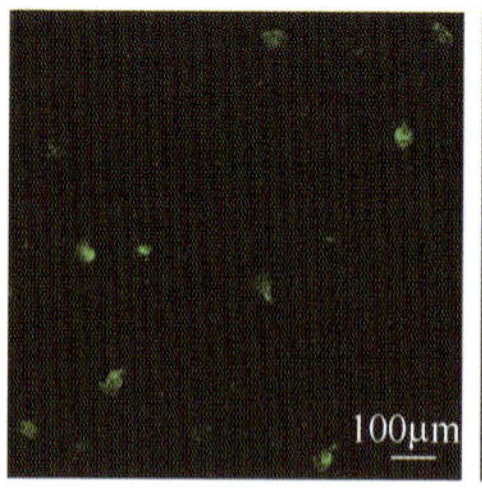

(c) B, N, P-CDs@SiO_2对HepG2细胞共孵育的磷光图像

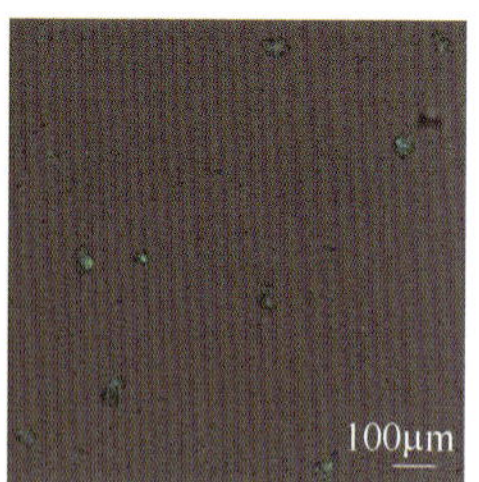

(d) 荧光、磷光和明场的合并图像

图 5-23 HepG2 细胞中 B,N,P-CDs@SiO_2 的共聚焦成像

$Ex/Em=365$nm/(375～575)nm

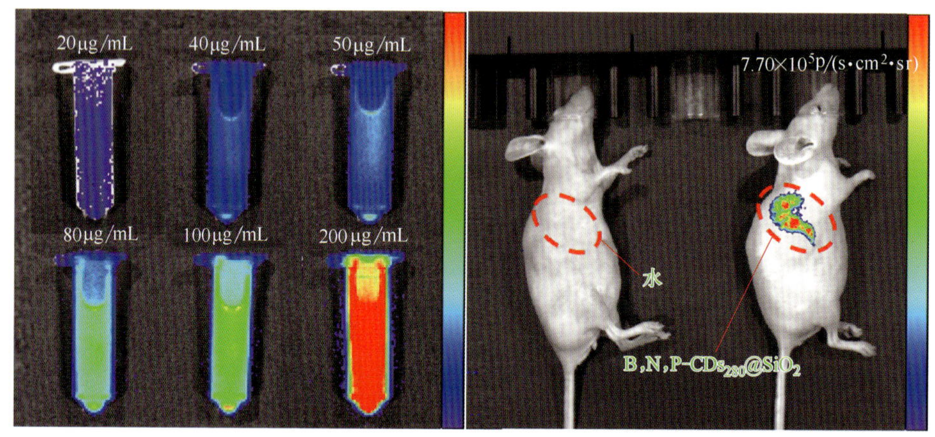

(a) 不同浓度下B, N, P-CDs_{280}@SiO_2的磷光图像

(b) 皮下注射B, N, P-CDs_{280}@SiO_2和水的两只小鼠的磷光成像

图 5-24 不同浓度下 B, N, P-CDs_{280}@SiO_2 的磷光图像及皮下注射 B, N, P-CDs_{280}@SiO_2 和水的两只小鼠的磷光成像

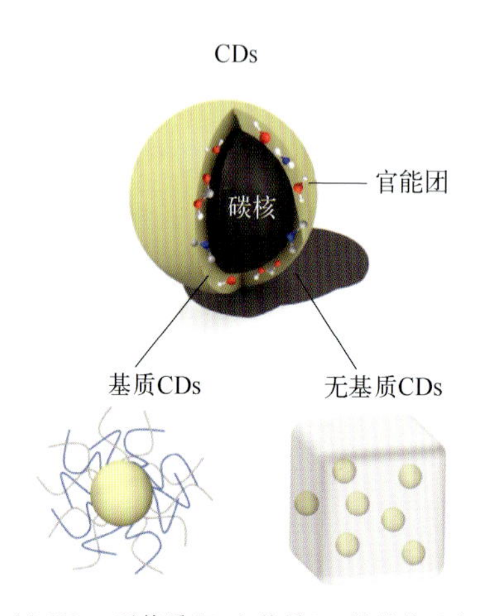

(a) CDs、无基质CDs和基质CDs的结构示意图

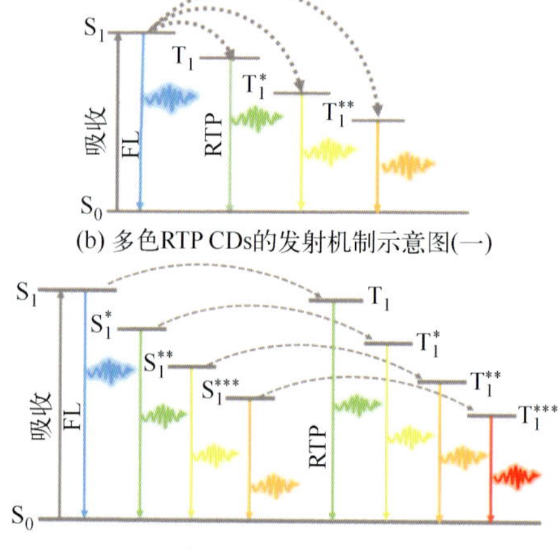

(b) 多色RTP CDs的发射机制示意图(一)

(c) 多色RTP CDs的发射机制示意图(二)

图 6-1 CDs、无基质 CDs、基质 CDs 的结构示意图及多色 RTP CDs 的发射机制示意图

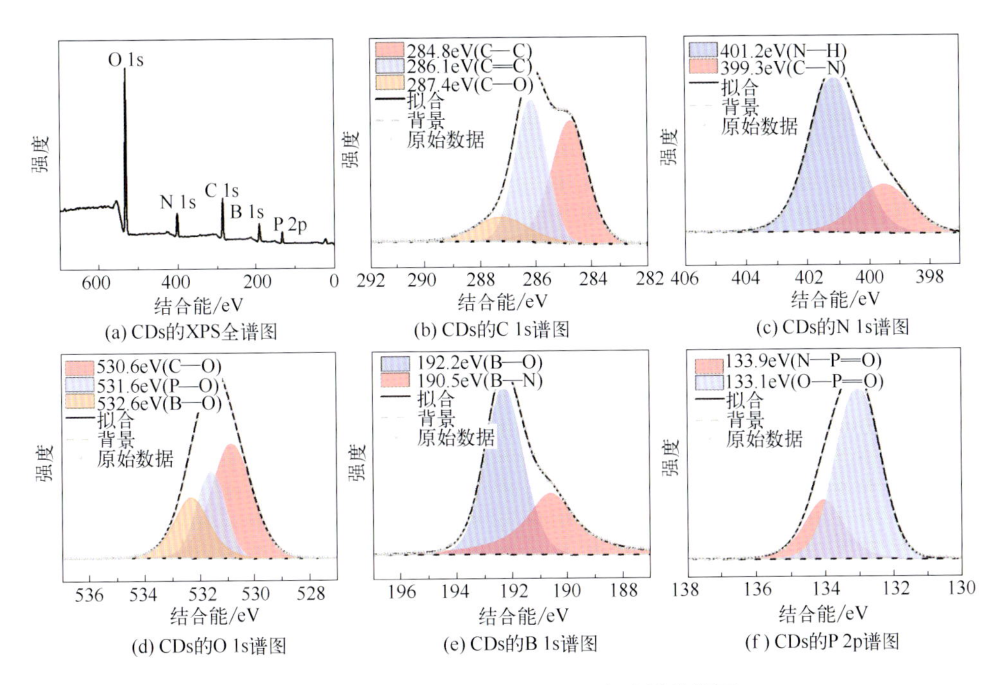

图 6-3　CDs 的 XPS 全谱图及高分辨分谱图

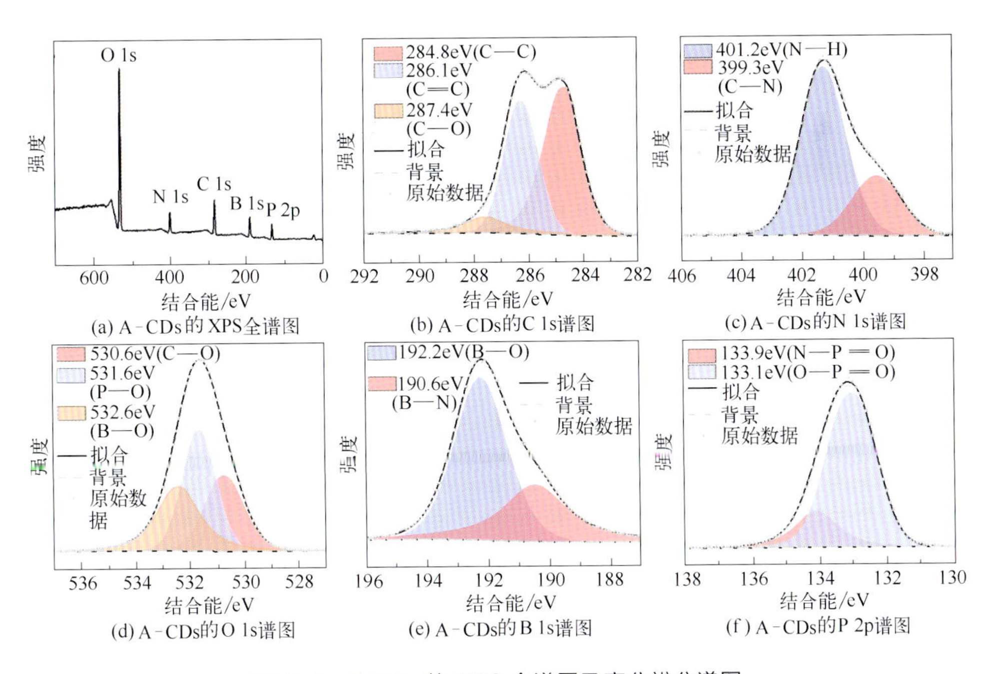

图 6-4　A-CDs 的 XPS 全谱图及高分辨分谱图

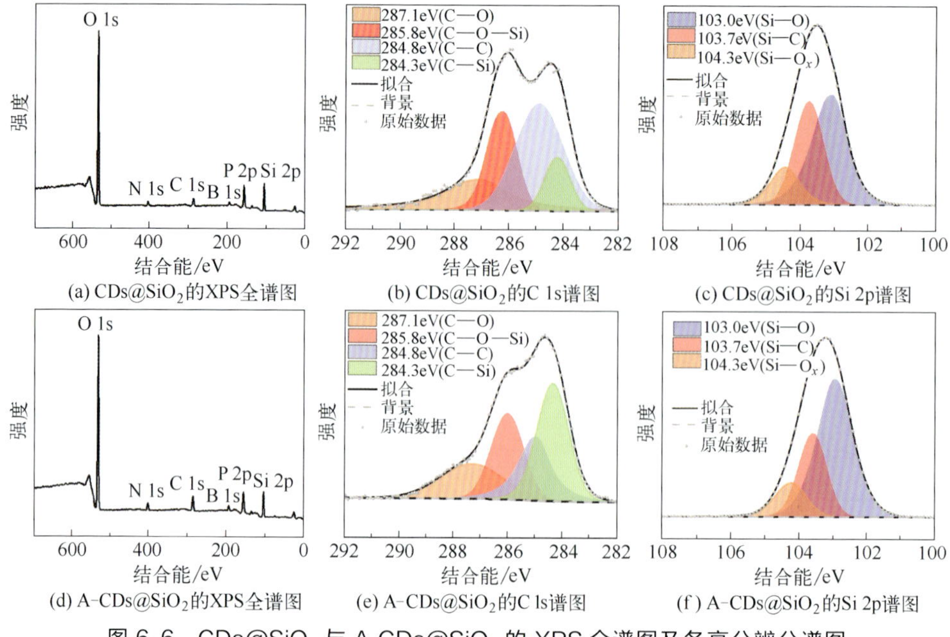

图 6-6　$CDs@SiO_2$ 与 A-$CDs@SiO_2$ 的 XPS 全谱图及各高分辨分谱图

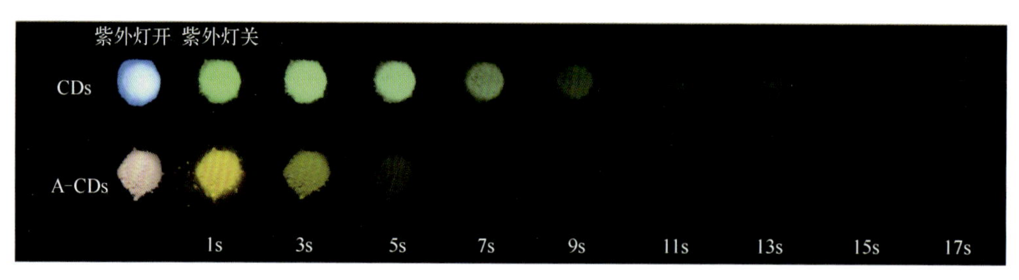

图 6-7　CDs 和 A-CDs 粉末在紫外灯（365nm）开和关下拍摄的照片

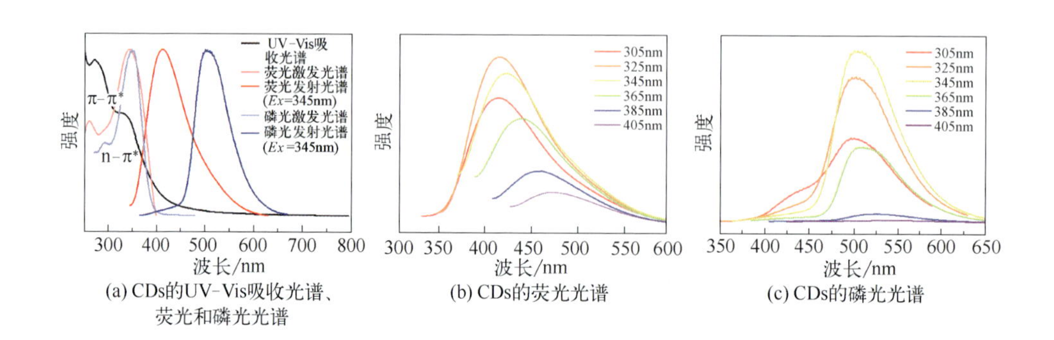

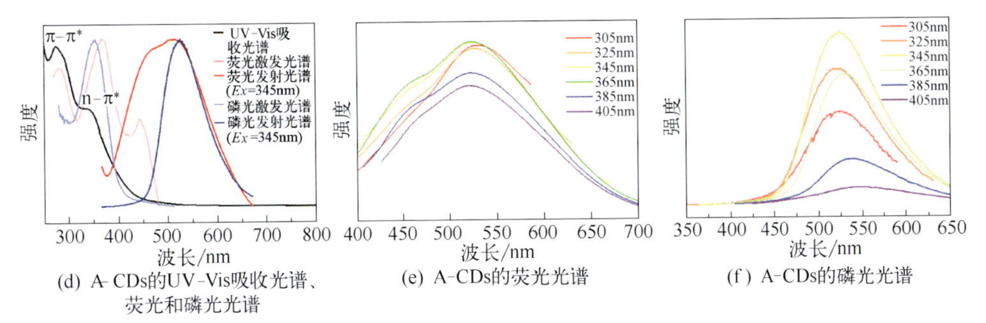

(d) A-CDs的UV-Vis吸收光谱、荧光和磷光光谱

(e) A-CDs的荧光光谱

(f) A-CDs的磷光光谱

图 6-8 CDs 与 A-CDs 的 UV-Vis 吸收光谱、荧光激发光谱、荧光发射光谱和磷光发射光谱

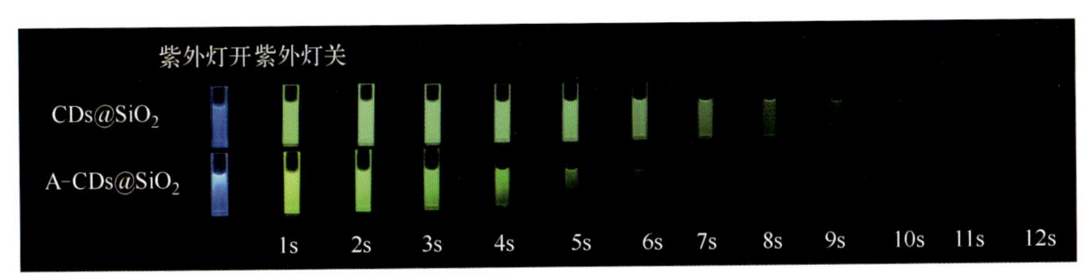

图 6-10 $CDs@SiO_2$ 和 $A-CDs@SiO_2$ 水溶液分别在 1~12s 的 UV 灯（365nm）下的照片

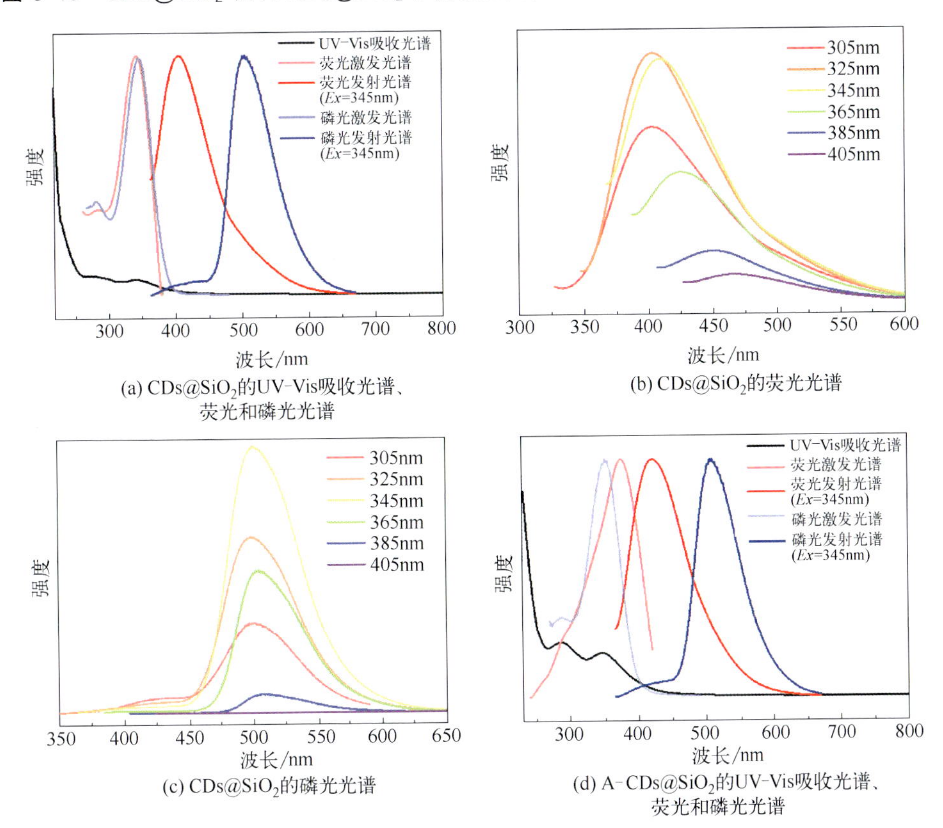

(a) $CDs@SiO_2$的UV-Vis吸收光谱、荧光和磷光光谱

(b) $CDs@SiO_2$的荧光光谱

(c) $CDs@SiO_2$的磷光光谱

(d) $A-CDs@SiO_2$的UV-Vis吸收光谱、荧光和磷光光谱

图 6-11

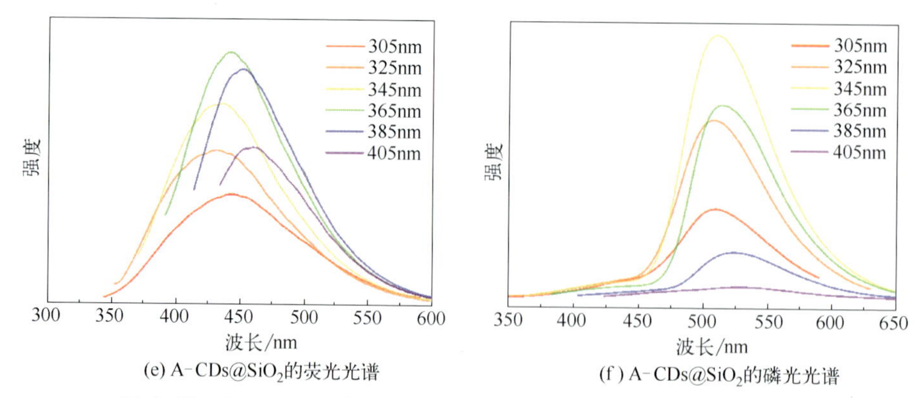

(e) A-CDs@SiO_2的荧光光谱　　(f) A-CDs@SiO_2的磷光光谱

图 6-11　CDs@SiO_2 的 UV-Vis 吸收光谱、荧光激发光谱、荧光发射光谱和磷光发射光谱

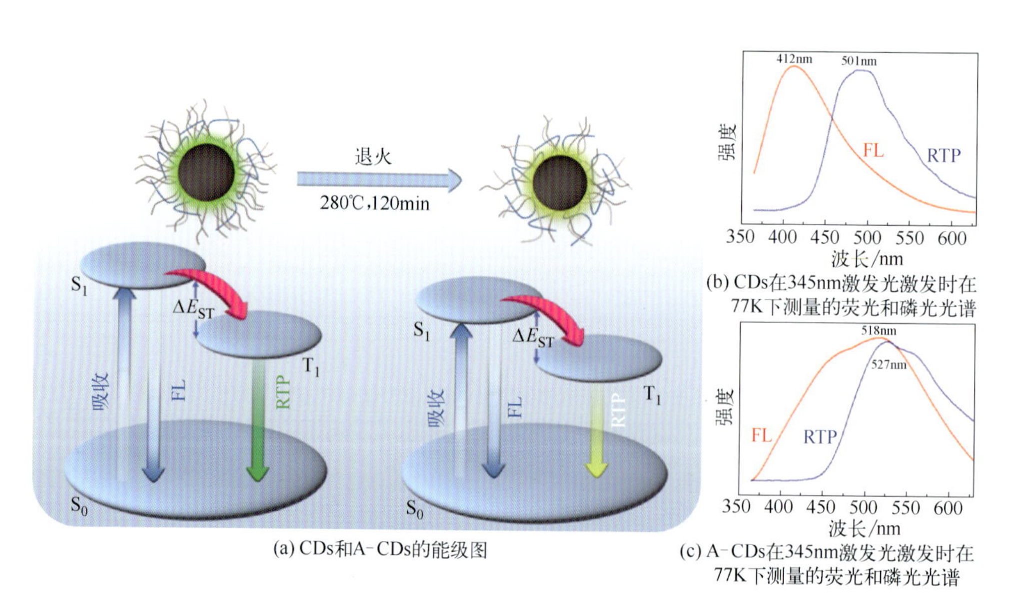

(a) CDs和A-CDs的能级图

(b) CDs在345nm激发光激发时在77K下测量的荧光和磷光光谱

(c) A-CDs在345nm激发光激发时在77K下测量的荧光和磷光光谱

图 6-14　CDs 和 A-CDs 的能级图及其在 345nm 激发光激发时在 77K 下测量的荧光和磷光光谱

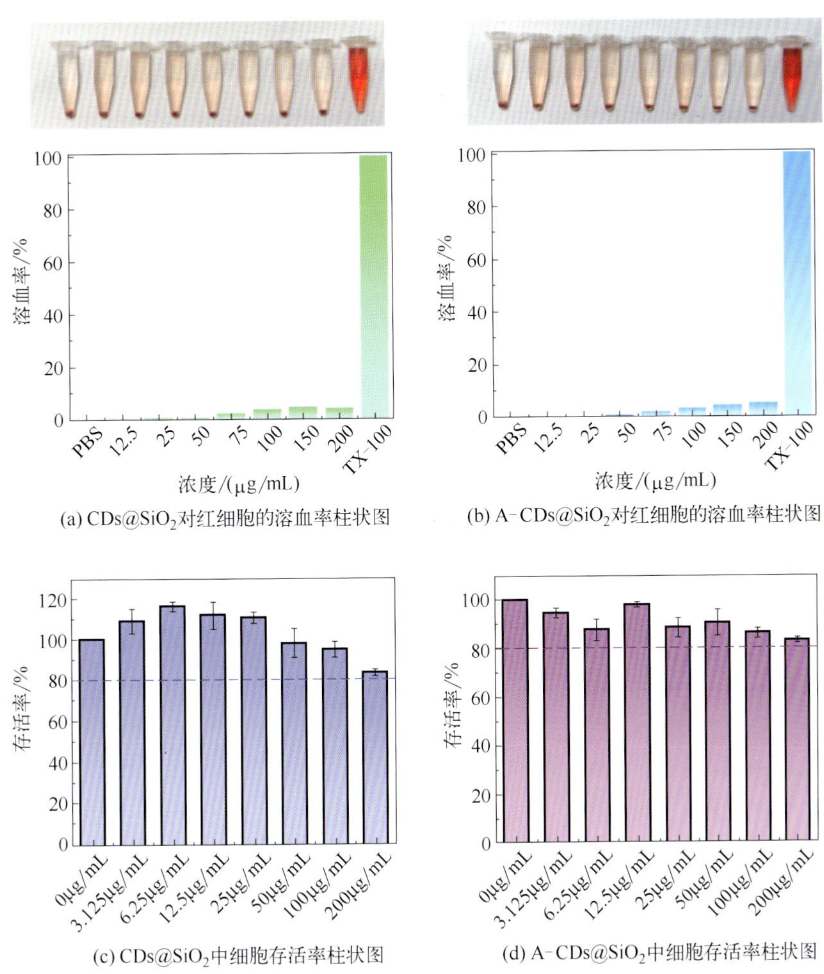

图 6-15 $CDs@SiO_2$ 和 A-$CDs@SiO_2$ 对红细胞的溶血率 [PBS 为阴性对照，曲拉通 100（TX-100）为阳性对照]

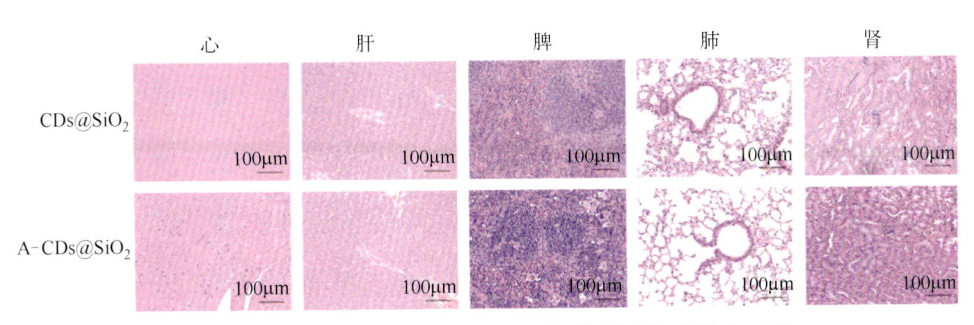

图 6-16 $CDs@SiO_2$ 和 A-$CDs@SiO_2$ 处理 24h 后的心、肝、脾、肺、肾组织病理学分析

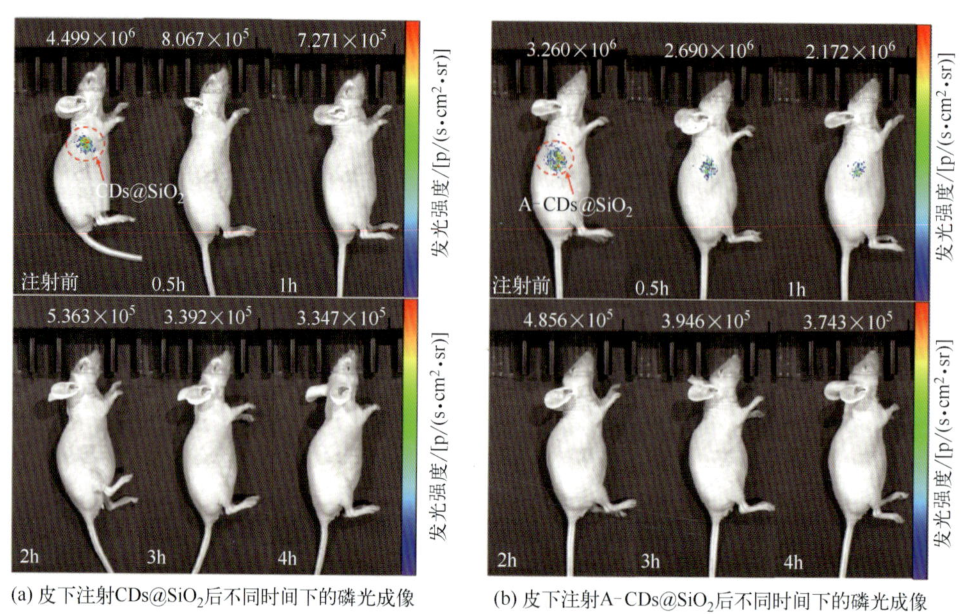

(a) 皮下注射$CDs@SiO_2$后不同时间下的磷光成像　　(b) 皮下注射A-$CDs@SiO_2$后不同时间下的磷光成像

图 6-18　皮下注射 $CDs@SiO_2$ 和 A-$CDs@SiO_2$ 后不同时间下的磷光图像

圆圈表示 $CDs@SiO_2$ 和 A-$CDs@SiO_2$ 的注射位置

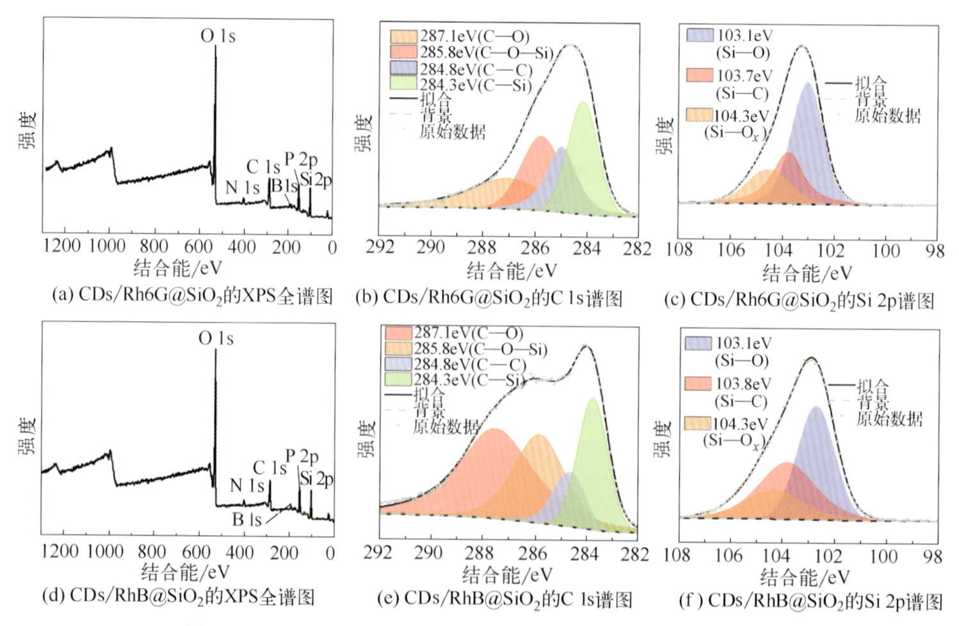

(a) $CDs/Rh6G@SiO_2$的XPS全谱图　(b) $CDs/Rh6G@SiO_2$的C 1s谱图　(c) $CDs/Rh6G@SiO_2$的Si 2p谱图

(d) $CDs/RhB@SiO_2$的XPS全谱图　(e) $CDs/RhB@SiO_2$的C 1s谱图　(f) $CDs/RhB@SiO_2$的Si 2p谱图

图 6-20　$CDs/Rh6G@SiO_2$ 与 $CDs/RhB@SiO_2$ 的 XPS

全谱图及高分辨 C 1s、Si 2p 谱图

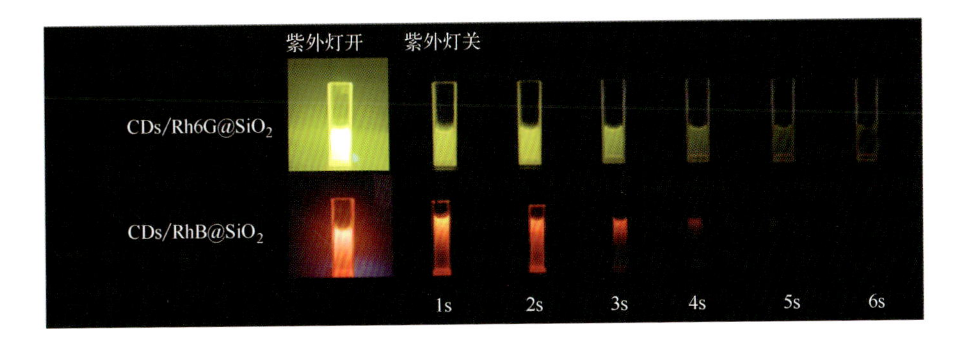

图 6-21 $CDs/Rh6G@SiO_2$ 和 $CDs/RhB@SiO_2$ 水溶液分别在 1~6s 的 UV 灯（365nm）下的照片

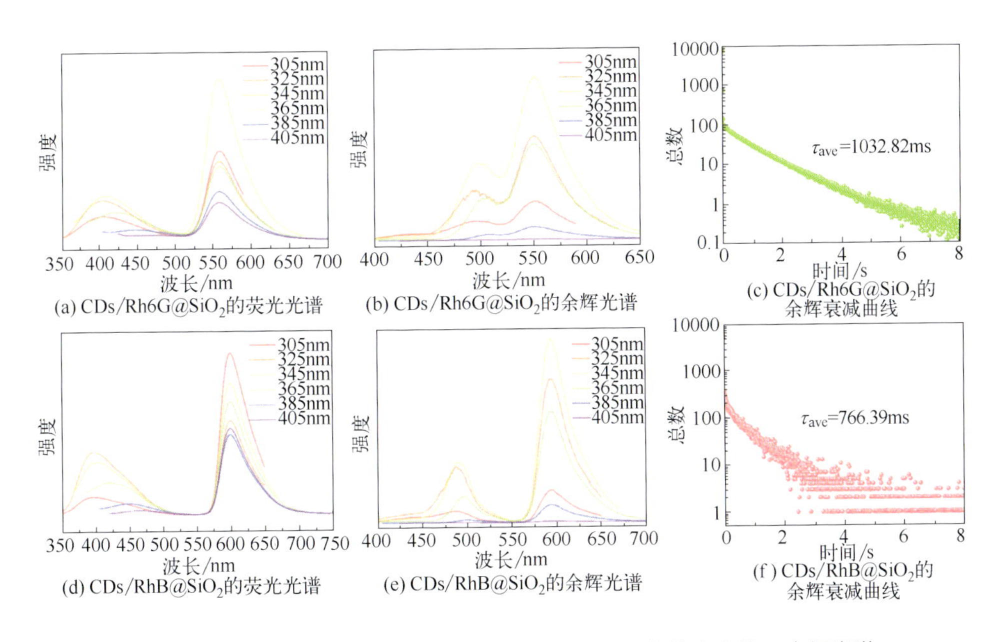

图 6-22 $CDs/Rh6G@SiO_2$ 和 $CDs/RhB@SiO_2$ 的荧光光谱、余辉光谱和余辉衰减曲线（E_x = 345nm）

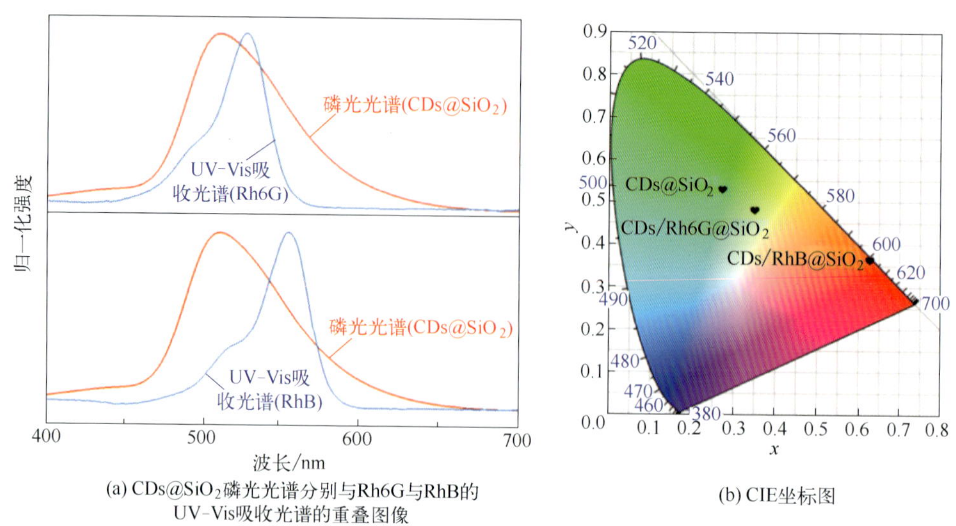

图 6-23　$CDs@SiO_2$ 的磷光光谱分别与 Rh6G 和 RhB 的 UV-Vis 吸收光谱的重叠图像及其 CIE 坐标图

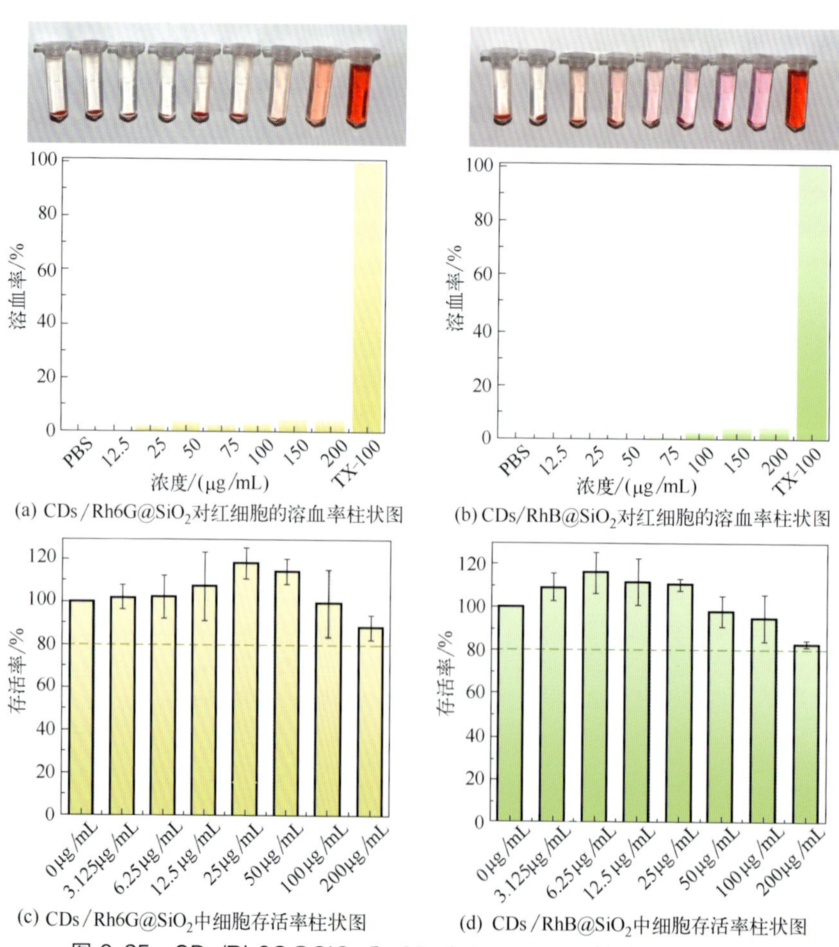

图 6-25　$CDs/Rh6G@SiO_2$ 和 $CDs/RhB@SiO_2$ 对红细胞的溶血率（PBS 为阴性对照，TX-100 为阳性对照）及其细胞存活率柱状图

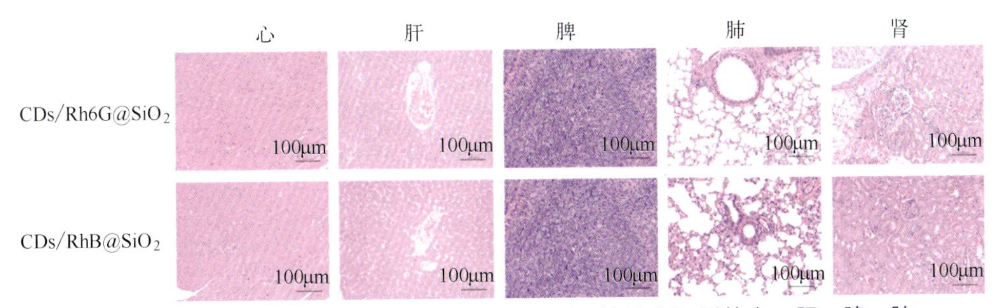

图 6-26　CDs/Rh6G@SiO_2 和 CDs/RhB@SiO_2 处理 24h 后的心、肝、脾、肺、肾组织病理学分析

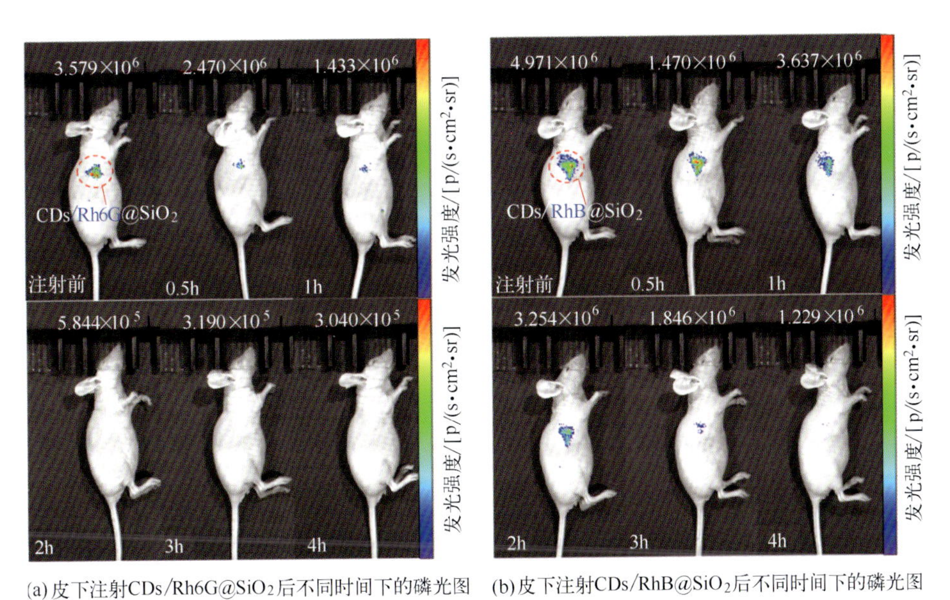

(a) 皮下注射CDs/Rh6G@SiO_2后不同时间下的磷光图　(b) 皮下注射CDs/RhB@SiO_2后不同时间下的磷光图

图 6-28　皮下注射 CDs/Rh6G@SiO_2 和 CDs/RhB@SiO_2 后不同时间下的磷光图像

圆圈表示注射位置